민물고기 필드 가이드
Identification Guide To Freshwater Fishes Of Korea

한국 생물 목록 15
Checklist Of Organisms In Korea 15

민물고기 필드 가이드
Identification Guide To Freshwater Fishes Of Korea

펴 낸 날 | 2015년 7월 1일 초판 1쇄
지 은 이 | 한정호, 박찬서, 안제원, 안광국, 백운기
펴 낸 이 | 조영권
만 든 이 | 노인향
꾸 민 이 | 강대현

펴 낸 곳 | **자연과생태**
주소_서울 마포구 신수로 25-32, 101(구수동)
전화_02)701-7345-6 팩스_02)701-7347
홈페이지_www.econature.co.kr
등록_제2007-000217호

ISBN 978-89-97429-55-4   93490

한정호, 박찬서, 안제원, 안광국, 백운기 ⓒ 2015

- 국립중앙과학관의 제작 지원을 받아 만든 책입니다.
- 이 책의 저작권은 저자에게 있으며, 저작권자의 허가 없이 복제, 복사, 인용, 전제하는 행위는 법으로 금지되어 있습니다.

한국 생물 목록 15
Checklist Of Organisms In Korea 15

민물고기
필드 가이드

Identification Guide To Freshwater Fishes Of Korea

글·사진 한정호, 박찬서, 안제원, 안광국, 백운기

자연과생태

저자서문

　자연생태계의 모든 야생 동식물은 수억 년 혹은 수천만 년에 이르는 긴 세월을 지내오며 기후 및 지리적 환경에 적응한 유전자들의 집합체입니다. 따라서 각 지역마다 고유한 종이 만들어지고, 이들은 지질적인 사건에 의해 다른 지역으로 이동·분포하기도 합니다. 이러한 생물종이 모여 군집이나 생태계를 만들며 현재와 같은 다양한 자연환경이 형성되었습니다.

　그중 하나인 담수생태계는 여러 동식물이 조화를 이루며 살아가는 서식처입니다. 우리나라 담수생태계에는 어류 200여 종이 살며, 이 중 60종(전체의 28%)이 한국 고유종입니다. 이들은 물속 먹이사슬의 최상위 포식자로서 담수생태계의 구조와 기능을 조절하며, 생태계 건강성을 나타내는 중요한 지표입니다.

　담수어류와 인간의 관계도 떼어 놓을 수 없습니다. 인류는 담수어류를 식량 자원으로 이용해왔으며, 관상어로 기르거나 낚시를 하며 아름다움과 여가생활을 즐겼습니다. 또한 생물학 및 의학에서는 중요한 실험의 연구 재료로도 활용합니다.

　그런데 안타깝게도 국토의 효율적 이용이라는 명분을 내세우며 산업화 및 도시화가 급격하게 진행되면서 담수생태계의 면적이 감소하고 있습니다. 당연히 담수에서 살아가는 생물도 줄어들게 되었습니다. 또한 우리는 담수어류를 대부분 보신용이나 관찰용으로만 취급하는 경향이 있습니다. 담수생태계에서의 역할, 인류와의 유대를 너무나 저평가하고 있는 것입니다. 담수생태계와 담수어류를 보전하려는 관심과 노력이 필요합니다.

이 책에서는 우리나라 담수어류 149종을 소개합니다. 형태 및 생태적 특징을 기술하고 전체적인 외형과 각 부위별 상세 사진을 담아 종을 구별하는 데 도움이 되도록 했습니다. 이 책을 통해 많은 분들이 우리나라의 하천과 그곳에 사는 담수어류를 쉽게 알아보고 더욱 사랑하게 되길 바랍니다.

2015년 6월 **저자 일동**

차례

머리말 **4**
일러두기 **10**
민물고기의 형태, 서식처, 용어 설명 **11**
한국산 민물고기 목록 **21**
한국산 민물고기 과 검색표 **30**

민물고기 149종

칠성장어 *Lethenteron japonicus* **36**
다묵장어 *Lethenteron reissneri* **38**
뱀장어 *Anguilla japonica* **40**
웅어 *Coilia nasus* **42**
밴댕이 *Sardinella zunasi* **44**
전어 *Konosirus punctatus* **46**
잉어 *Cyprinus carpio* **48**
이스라엘잉어 *Cyprinus carpio* **50**
붕어 *Carassius auratus* **52**
떡붕어 *Carassius cuvieri* **54**
초어 *Ctenopharyngodon idellus* **56**
흰줄납줄개 *Rhodeus ocellatus* **58**
한강납줄개 *Rhodeus pseudosericeus* **60**
각시붕어 *Rhodeus uyekii* **62**
떡납줄갱이 *Rhodeus notatus* **64**
납자루 *Acheilognathus lanceolata* **66**
묵납자루 *Acheilognathus signifer* **68**
칼납자루 *Acheilognathus koreensis* **70**
임실납자루 *Acheilognathus somjinensis* **72**
줄납자루 *Acheilognathus yamatsuatae* **74**
큰줄납자루 *Acheilognathus majusculus* **76**

납지리 *Acheilognathus rhombeus* **78**
큰납지리 *Acanthorhodeus macropterus* **80**
가시납지리 *Acanthorhodeus gracilis* **82**
참붕어 *Pseudorasbora parva* **84**
돌고기 *Pungtungia herzi* **86**
감돌고기 *Pseudopungtungia nigra* **88**
가는돌고기 *Pseudopungtungia tenuicorpa* **90**
쉬리 *Coreoleuciscus splendidus* **92**
새미 *Ladislabia taczanowskii* **94**
참중고기 *Sarcocheilichthys variegatus wakiyae* **96**
중고기 *Sarcocheilichthys nigripinnis morii* **98**
줄몰개 *Gnathopogon strigatus* **100**
긴몰개 *Squalidus gracilis majimae* **102**
몰개 *Squalidus japonicus coreanus* **104**
참몰개 *Squalidus chankaensis tsuchigae* **106**
점몰개 *Squalidus multimaculatus* **108**
누치 *Hemibarbus labeo* **110**
참마자 *Hemibarbus longirostris* **112**
어름치 *Hemibarbus mylodon* **114**
모래무지 *Pseudogobio esocinus* **116**
버들매치 *Abbottina rivularis* **118**
왜매치 *Abbottina springeri* **120**
꾸구리 *Gobiobotia macrocephala* **122**
돌상어 *Gobiobotia brevibarba* **124**
흰수마자 *Gobiobotia nakdongensis* **126**
모래주사 *Microphysogobio koreensis* **128**
돌마자 *Microphysogobio yaluensis* **130**
여울마자 *Microphysogobio rapidus* **132**
됭경모치 *Microphysogobio jeoni* **134**
배가사리 *Microphysogobio longidorsalis* **136**

대두어 *Aristichthys nobilis* 138
황어 *Tribolodon hakonensis* 140
연준모치 *Phoxinus phoxinus* 142
버들치 *Rhynchocypris oxycephalus* 144
버들개 *Rhynchocypris steindachneri* 146
금강모치 *Rhynchocypris kumgangensis* 148
버들가지 *Rhynchocypris semotilus* 150
왜몰개 *Aphyocypris chinensis* 152
갈겨니 *Zacco temminckii* 154
참갈겨니 *Zacco koreanus* 156
피라미 *Zacco platypus* 158
끄리 *Opsariichthys uncirostris amurensis* 160
눈불개 *Squaliobarbus curriculus* 162
강준치 *Erythroculter erythropterus* 164
백조어 *Culter brevicauda* 166
치리 *Hemiculter eigenmanni* 168
대륙종개 *Orthrias nudus* 170
종개 *Orthrias toni* 172
쌀미꾸리 *Lefua costata* 174
미꾸리 *Misgurnus anguillicaudatus* 176
미꾸라지 *Misgurnus mizolepis* 178
새코미꾸리 *Koreocobitis rotundicaudata* 180
얼룩새코미꾸리 *Koreocobitis naktongensis* 182
참종개 *Iksookimia koreensis* 184
부안종개 *Iksookimia pumila* 186
미호종개 *Iksookimia choii* 188
왕종개 *Iksookimia longicorpa* 190
남방종개 *Iksookimia hugowolfeldi* 192
동방종개 *Iksookimia yongdokensis* 194
기름종개 *Cobitis hankugensis* 196

점줄종개 *Cobitis lutheri* 198
줄종개 *Cobitis tetralineata* 200
북방종개 *Iksookimia pacifica* 202
수수미꾸리 *Kichulchoia multifasciata* 204
좀수수치 *Kichulchoia brevifasciata* 206
동자개 *Pseudobagrus fulvidraco* 208
눈동자개 *Pseudobagrus koreanus* 210
꼬치동자개 *Pseudobagrus brevicorpus* 212
대농갱이 *Leiocassis ussuriensis* 214
밀자개 *Leiocassis nitidus* 216
종어 *Leiocassis longirostris* 218
메기 *Silurus asotus* 220
미유기 *Silurus microdorsalis* 222
자가사리 *Liobagrus mediadiposalis* 224
퉁가리 *Liobagrus andersoni* 226
퉁사리 *Liobagrus obesus* 228
빙어 *Hypomesus nipponensis* 230
은어 *Plecoglossus altivelis altivelis* 232
산천어, 송어 *Oncorhynchus masou masou* 234
무지개송어 *Oncorhynchus myskiss* 236
숭어 *Mugil cephalus* 238
가숭어 *Chelon haematocheilus* 240
송사리 *Oryzias latipes* 242
대륙송사리 *Oryzias sinensis* 244
학공치 *Hyporhamphus sajori* 246
큰가시고기 *Gasterosteus aculeatus* 248
가시고기 *Pungitius sinensis* 250
잔가시고기 *Pungitius kaibarae* 252
드렁허리 *Monopterus albus* 254
둑중개 *Cottus koreanus* 256

한둑중개 *Cottus hangiongensis* **258**
꺽정이 *Trachidermus fasciatus* **260**
농어 *Lateolabrax japonicus* **262**
쏘가리 *Siniperca scherzeri* **264**
꺽지 *Coreoperca herzi* **266**
꺽저기 *Coreoperca kawamebari* **268**
블루길 *Lepomis macrochirus* **270**
큰입배스 *Micropterus salmoides* **272**
나일틸라피아 *Oreochromis niloticus* **274**
주둥치 *Leiognathus nuchalis* **276**
강주걱양태 *Repomucenus olidus* **278**
동사리 *Odontobutis platycephala* **280**
얼룩동사리 *Odontobutis interrupta* **282**
남방동사리 *Odontobutis obscura* **284**
좀구굴치 *Micropercops swinhonis* **286**
날망둑 *Gymnogobius castaneus* **288**
꾹저구 *Gymnogobius urotaenia* **290**
문절망둑 *Acanthogobius flavimanus* **292**
흰발망둑 *Acanthogobius lactipes* **294**
풀망둑 *Synechogobius hasta* **296**
갈문망둑 *Rhinogobius giurinus* **298**
밀어 *Rhinogobius brunneus* **300**
민물두줄망둑 *Tridentiger bifasciatus* **302**
검정망둑 *Tridentiger obscurus* **304**
민물검정망둑 *Tridentiger brevispinis* **306**
날개망둑 *Favonigobius gymnauchen* **308**
모치망둑 *Mugilogobius abei* **310**
짱뚱어 *Boleophthalmus pectinirostris* **312**
말뚝망둥어 *Periophthalmus modestus* **314**
큰볏말뚝망둥어 *Periophthalmus magnuspinnatus* **316**

미끈망둑 *Luciogobius guttatus* **318**
사백어 *Leucopsarion petersii* **320**
개소겡 *Odontamblyopus lacepedii* **322**
버들붕어 *Macropodus ocellatus* **324**
가물치 *Channa argus* **326**
도다리 *Pleuronichthys cornutus* **328**
복섬 *Takifugu niphobles* **330**
흰점복 *Takifugu poecilonotus* **332**

주요 참고 문헌 **334**
사진으로 찾아보기 **337**
국명 찾아보기 **355**
학명 찾아보기 **357**

일러두기

- 한반도 휴전선 이남의 담수역과 기수역에 서식하는 민물고기 149종을 실었다.
- 물고기의 분류와 순서는 넬슨(Nelson, 1994)의 분류 체계를 기준으로 했으며, 학명과 명명자는 가능한 가장 최근의 것을 사용했다.
- '민물고기 외형 및 구조'와 '민물고기가 사는 자연환경'을 앞부분에 실어 본문의 내용을 이해하는 데 도움이 되도록 했다.
- 한국산 민물고기 목록과 검색표를 수록했다.
- 본문 각 종의 설명에는 분류, 국명, 학명, 명명자, 형태정보(몸길이, 체색과 무늬, 주요 형질), 생태정보(서식지, 먹이습성, 행동습성)를 특성별로 수록했다.
- 어종 구별에 도움을 주고자 살아 있는 개체를 촬영해 몸 색깔이 그대로 나타난 체형 사진을 싣고, 그 밖에 부위별 특징을 담은 사진을 함께 제시했다.
- 각 종의 특성을 정리한 표에서 내성 및 섭식 특성은 「수생태 건강성 조사 및 평가(VI)」 기준을 근거로 기술했다.
- 어류학 용어를 가능한 쉽게 풀어 썼으며, 기본적인 용어는 따로 설명했다.
- 이 책에 쓰인 사진은 저자들이 현장과 실내에서 직접 촬영한 것이며, 일부 도움 받은 사진은 해당 사진에 저작권을 표시했다.
- 부록에는 학명과 국명 찾기를 수록했으며, 동정할 종을 빨리 찾을 수 있도록 책에 수록한 종의 사진 목록을 수록했다.

민물고기의 형태, 서식처, 용어 설명

외형과 머리 구조

미병부(caudal peduncle) 물고기의 몸통을 지나 꼬리자루에서 꼬리지느러미 전까지의 부분이다.

새파(gill raker) 아가미를 지탱하는 골격인 새궁 안쪽에 줄지어 나 있는 골질의 돌기, 육식 물고기의 경우 길이가 짧고 수가 적다.

새개골(opercular gill) 경골어류의 아가미뚜껑 내면에 생기며 아가미 기능을 하는 아가미덮개를 이루는 뼈를 말한다.

새공(gill opening) 어류 아가미의 구멍을 말한다.

새조골(branchiostegal ray) 아가미뚜껑 아랫면에 위치하는 가느다란 띠 모양의 뼈로

새조골의 수는 분류학상 중요한 형질이다.
비공(nostril) 어류의 콧구멍으로 감각기관 중 하나다.
안경(eye diameter) 눈의 최대 수평 지름을 말한다.
융기연(ridge margin) 가장자리의 튀어나온 부분이다.
전장(total length) 주둥이 앞 끝에서부터 꼬리지느러미 말단까지의 가장 긴 길이이다.
체고(body depth) 몸통부에서 가장 높은 부분이다.
체장(body, standard length) 물고기 주둥이 앞 끝에서부터 꼬리지느러미 기부까지의 길이다.
측선(lateral line) 물고기의 몸통 양옆에 나 있는 주요 감각기관으로 감각세포가 연결되어 있어 유속과 수온, 수심, 진동, 압력 등을 감지할 수 있다. 대개 아가미 뒤쪽에서 꼬리지느러미 기점까지 연결되며, 물고기에 따라 2줄 이상이거나 몸통의 중간에서 끝나거나 아예 없는 경우도 있다.

지느러미의 기조 유형

극조(spinous ray) 끝이 뾰족하고 딱딱한 기조, 마디가 없는 가시 형태의 구조물이다.
기름지느러미(adipose fin) 등지느러미와 꼬리지느러미 사이에 있는 기조가 없는 작은 지느러미다.
기조(fin ray) 지느러미 막을 지지하는 단단한 막대 모양의 골격 구조물이다.

기조막(inter-spinous membrane) 가시와 가시 사이를 연결하는 막이다.
연조(soft ray) 지느러미막을 지지하는 기조의 일종으로 부드러운 마디가 있다.

비늘 형태

원린   즐린

원린(cycloid scale) 대부분의 원시적인 경골어류가 지닌 둥글거나 계란모양의 비늘로, 성장선이 있어 연령을 조사하는 데도 이용한다.
즐린(ctenoid scale) 고등한 경골어류에서 볼 수 있는 비늘로, 비늘 뒤쪽에 작은 가시 모양 돌기가 있어 잘 구분되나, 어떤 종류는 그 가시가 미소해 구분이 어려운 경우도 있다.

외형적 특성

거치   안하극   골질반

거치(serration) 톱니처럼 생긴 돌기다.
골질반(lamina circularis) 미꾸리과 어류에서만 볼 수 있는 것으로 수컷 가슴지느러미 제2기조가 두꺼워지고 기부가 팽배한 뼈의 구조다.
안하극(infraorbital spine) 눈 아래에 나 있는 가시 모양 돌기다.

무늬

감베타 반문(Gambetta's zone) 미꾸리과 물고기의 몸에 있는 일정한 무늬로 미꾸리과 어류의 분류에 이용한다. 감베타는 이탈리아 어류 학자의 이름이다.
파마크(parr mark) 연어과의 어린 물고기가 담수에 머무는 동안 몸통을 따라 나타나는 타원형의 짙은 무늬를 말한다.

꼬리지느러미 모양

양엽형   오목형   절단형

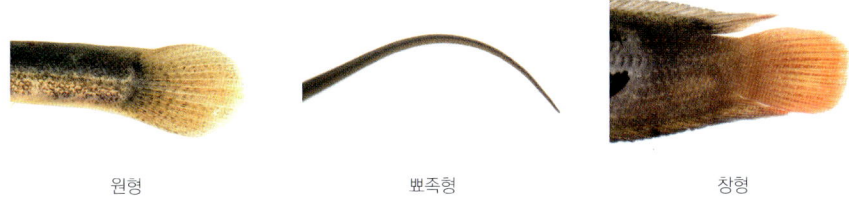

원형

뾰족형

창형

물고기의 모양

단면 옆면

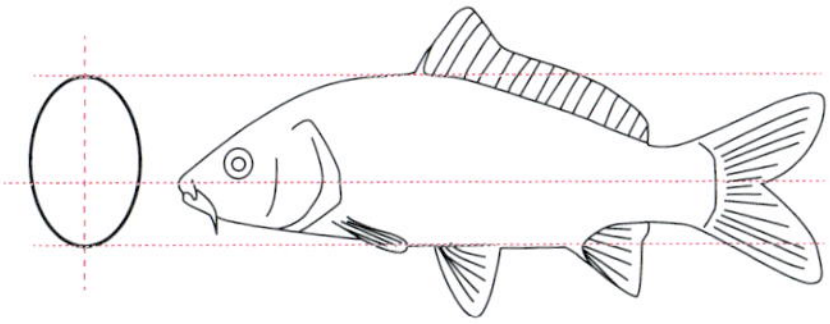

유선 모양(방주형)

단면 옆면

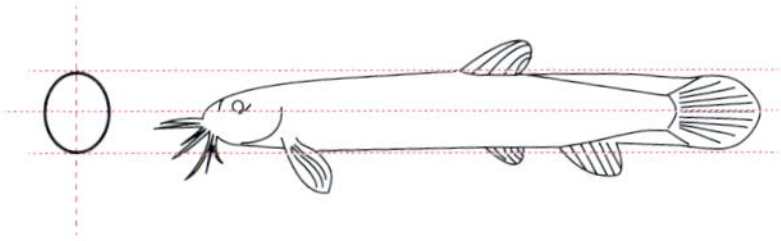

리본 모양(리본형)

단면 옆면

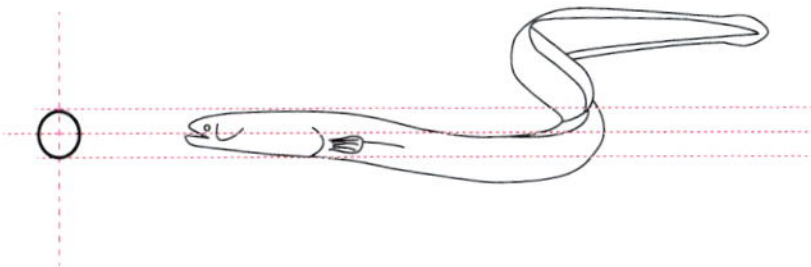

가늘고 긴 모양(장어형)

단면 옆면

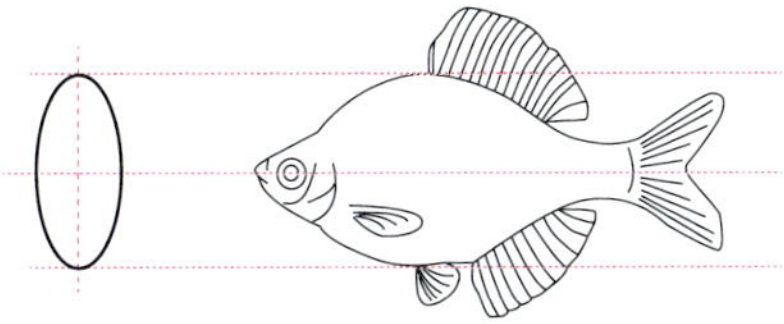

옆으로 납작한 모양(리본형)

단면 옆면

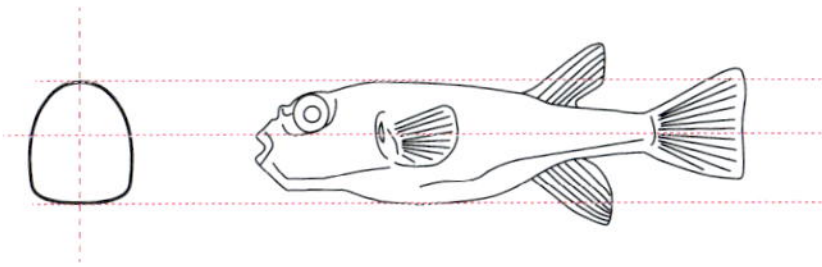

원뿔 모양(구형)

단면 옆면

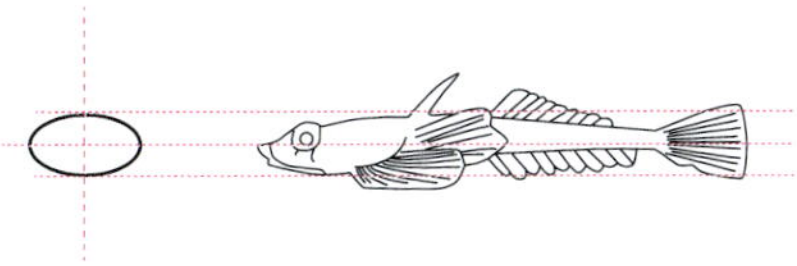

위아래로 납작한 모양(리본형)

물고기의 서식처 유형(유수생태계)

계류
강이 시작되는 최상류로 바위가 많고 물살이 매우 빠르며 경사가 급하다. 수온은 낮으며 용존산소량이 매우 높다.

상류
물길이 좌우로 굽으며 돌과 자갈이 많고 물살이 빠르다. 큰 돌과 자갈 바닥으로 이루어진 여울이 길게 나타난다. 수온이 비교적 낮고 용존산소가 높다.

중류
하천의 유폭이 넓어지고 유량이 많은 수역으로, 작은 자갈이 깔린 여울과 모래가 깔린 소(pool)가 반복적으로 연결되며 물 흐름은 전반적으로 느리다.

하류
강폭은 매우 넓고 수심이 깊어 물의 양이 많으며 물의 투명도는 전반적으로 탁하다. 바닥은 모래와 펄이 깔려 있고, 중류에서 떠내려 오는 많은 양의 유기물이 가라앉아 이곳에 사는 생물들의 먹이원이 된다.

기수역
강이나 하천이 바다와 만나는 강의 최하류 지역으로 밀물과 썰물에 의한 염분도의 농도 변화가 심하고 민물생태계와 해양생태계를 연결하는 지점으로 독특한 생태계를 형성한다.

농수로
농업용수 사용을 위해 만들어진 수로로 어류의 좋은 서식처 중에 하나이나 계절에 따른 수위 변동이 심해 서식처가 불안정하므로 종 다양성은 낮은 편이다.

물고기의 서식처 유형(정수생태계)

댐호
강이나 하천을 인위적으로 가로막아 만든 인공호수로. 주로 다목적 용도로 사용하기 위해 만들어진 곳이다.

인공보
하천 주변 농경지에 용수공급을 위해 만든 곳으로 상류역 농경지에서 다량의 농폐수와 유기물 등이 꾸준히 유입되어 종 다양성은 비교적 낮다.

습지
하천, 연못, 늪으로 둘러싸인 습한 땅으로 자연적인 환경에 의해 항상 수분이 유지되고 있는 또는 유지되는 서식지다.

석호
해류, 조류, 하천 등의 작용으로 운반된 토사가 바다와 격리되어 형성된 자연호수로 담수역 혹은 해수가 유입되어 섞인 기수역 특성을 보인다.

저수지
하천에서 물의 과다 또는 과소를 조절하기 위해 만든 서식처로 하천에서 충분한 용수를 확보할 수 없을 때 지표수를 저장할 목적으로 만들어졌다.

둠벙(웅덩이)
논과 밭 인근에 넓고 오목하게 파인 곳에 물이 고여 형성된다.

그 외 용어 설명

갑각류(crustacea) 절지동물의 한 강으로 몸이 껍질로 이루어졌다.
강하성 어류(catadromous fishes) 담수에서 성장한 후 바다로 내려가 산란하는 어류를 말하며, 바다에서 부화한 후 다시 담수로 거슬러 올라와 생활하는 뱀장어 같은 종을 말한다.
계류(gill) 산골짜기의 빠른 속도로 흐르는 물이다.
고유종(endemic species) 지리적으로 한정된 지역에만 서식하는 종이다.
기부(origin) 기관 또는 부속기관이 몸통과 연결되는 부위 중 가장 앞쪽 끝 지점이다.
기저(base) 기관 또는 부속기관과 몸통이 연결되는 부위다.
단각류(amphipods) 절지동물로 갑각류의 한 목이다.
담수어(freshwater fish) 엄밀하게는 일생을 담수에서 생활하는 어류를 말하지만, 이 도감에서는 담수역과 기수역에 서식하는 어류와 소하성, 강하성, 주연성 어류를 통틀어 취급했다.
돌기(protuberance) 물체나 동식물의 몸체에 뾰족하게 튀어나오거나 도드라진 부분이다.
두족류(cephlopods) 연체류의 한 강으로 오징어류, 문어류가 속한다.
등각류(isopods) 절지동물로 갑각류의 한 목이다.
렙토세팔루스(leptocephalus) 알에서 갓 깨어난 뱀장어의 치어로, 댓잎 모양으로 생겨 '버들잎뱀장어' 또는 '댓잎뱀장어'라고도 한다.
멸종위기종(endangered species) 개체수가 적어 멸종할 위험이 높은 종으로, 멸종위기등급은 멸종의 위험도를 나타내는 지표다.
반문(band pattern) 물고기의 표면에 전체 체색과 다르게 나타나는 색이나 무늬다.
변태(metamorphosis) 자어, 치어기에는 성어와 현저히 다른 형태를 나타낸 후 성어의 형태로 성장하는 것으로 넙치류, 가자미류, 뱀장어류 등에서 주로 나타난다.
부성란(drift egg) 알이 물보다 가벼워 수면에 뜨는 것으로, 가물치, 농어, 버들붕어의 알이 속한다. 알들이 서로 붙지 않고 떨어져 있는 부성란을 분리 부성란이라 한다.
부착조류(attached algae) 물속에서 돌, 펄, 수몰 나무 등 하천 바닥이나 구조물에 붙어 서식하는 조류로 주로 규조류에 속한다.

산란관(ovipositor) 산란철이 되면 납자루아과 어류, 중고기 및 참중고기는 가늘고 긴 튜브 형태의 산란관을 통해 특정 종류의 조개에 알을 낳는다.
성적 이형(sex dimorphism) 자웅이체인 동물인 경우 암수 개체의 외부 형태가 완전히 구분되어 나타나는 현상을 말한다.
소하성 어류(anadromous fishes) 바다에서 성장한 후 담수로 거슬러 올라와 산란하는 어류로, 부화한 치어는 바다로 다시 내려가 성장한다. 연어, 송어 등이 여기에 속한다.
수서곤충(aquatic insect) 생활사(life cycle)의 일부 또는 전부를 물속에서 생활하는 곤충류로 대부분은 내륙의 하천, 호소, 습지 등 담수에 서식한다.
액골(frontal) 경골어류의 두개골 등 쪽 전반부를 덮고 있는 넓은 골편으로 1쌍이다.
연안(coast) 수심 200m보다 얕은 바다로, 육지에 연접한 지역을 말한다.
외연(ecto margin) 바깥쪽 가장자리를 말한다.
요각류(copepods) 갑각류 요각아강에 속하는 종류로 담수 및 해수에 많이 번식하며, 수중 먹이사슬의 제1차 소비자로서 중요한 역할을 한다.
유생기(young stage) 성체가 되기 전의 유생기를 말한다.
육봉형(landlocked form) 해수와 담수를 왕래하는 종이 담수에 적응해 일생을 담수에 서만 사는 생활형이다.
자어(larva) 부화 후부터 지느러미 기조 수가 정수로 나타나는 시기까지의 새끼, 부화 직후부터 난황 흡수를 마칠 때까지의 시기를 전기 자어(pre larva stage), 난황 흡수 직후부터 지느러미 기조가 정수로 될 때까지의 시기를 후기 자어(post larva stage)라고 한다.
종(species) 분류의 기본 단위로, 일정한 형태, 생태 및 유전적 특징을 가지면서 다른 종과는 생식적으로 격리된 집단을 말한다.
종대 반문(longitudinal, stripe band) 몸 앞뒤의 길이에 따라 길게 이어지는 반문이다.
주연성 물고기(peripheral fish) 기수역에서 생활하거나 일생 중에 잠시 강이나 바다로 갔다가 돌아오는 어류다.
천연기념물(natural monument) 자연사적으로나 학술적으로 희귀성과 고유성이 있고 심미적인 가치가 있는 어종이나 그 서식지를 보호하기 위해 지정한 것이다.
추성(nuptial tubercles) 잉어과 어류의 2차 성징으로, 생식기 수컷 대부분의 머리와 지느러미 그리고 몸의 표피가 두껍게 되어서 사마귀처럼 돌출되는 돌기다.

치어(young fish) 후기 자어기 이후부터 성어기(반문과 색체에 나타나는 특징을 지닌 시기) 이전까지의 어린 물고기를 말한다.
치어기(juvenile stage) 난황 흡수 이후, 각 지느러미가 정수에 달하기까지의 시기를 말한다.
피질돌기(dermal flap) 어류 피부에 있는 돌기.
학명(scientific name) 국제적으로 통용되는 라틴어로 표기된 생물 이름으로, 속명 이상의 분류군은 한 단어로 쓰고, 종명은 속명과 종소명 2개 단어로, 그리고 아종명은 속명, 종소명, 아종명 3개 단어로 표기한다.
혼인색(nuptial color) 산란기에 피부에 나타나는 현란한 체색을 말하며, 수컷이 더 뚜렷하다.
후비공(posterior nostril) 경골어류에 있는 콧구멍 2개 중 뒤쪽 콧구멍을 말한다.
흡반(sucker) 일부가 둥글게 변형되어 다른 물체나 생물체에 부착하는 장치로, 원구류는 입이, 망둑어과 어류는 배지느러미가 흡반으로 변형되었다.

한국산 민물고기 목록(17목 39과 215종)

칠성장어목 Petromyzontiformes

칠성장어과 Petromyzontidae
1. 칠성장어 *Lethenteron japonicus* (Martens, 1868) (멸종위기야생동식물Ⅱ급)
2. 다묵장어 *Lethenteron reissneri* (Dybowski, 1869) (멸종위기야생동식물Ⅱ급)
3. 칠성말배꼽 *Lethenteron morii* (Berg, 1931) (한국 고유종)

철갑상어목 Acipenseriformes

4. 철갑상어 *Acipenser sinensis* Gray, 1834
5. 칼상어 *Acipenser dabryanus* Duméril, 1868
6. 용상어 *Acipenser medirostris* Ayres, 1854

뱀장어목 Anguilliformes

뱀장어과 Anguillidae
7. 뱀장어 *Anguilla japonica* Temminck and Schlegel, 1846
8. 무태장어 *Anguilla marmorata* Quoy and Gaimard, 1824 (천연기념물(서식지))

청어목 Clupeiformes

멸치과 Engraulidae
9. 웅어 *Coilia nasus* (Temminck and Schlegel, 1846)
10. 싱어 *Coilia mystus* (Linnaeus, 1758)

청어과 Clupeidae
11. 밴댕이 *Sardinella zunasi* (Bleeker, 1854)
12. 전어 *Konosirus punctatus* (Temminck and Schlegel, 1846)

잉어목 Cypriniformes

잉어과 Cyprinidae

잉어아과 Cyprininae
13. 잉어 *Cyprinus carpio* Linnaeus, 1758
14. 이스라엘잉어 *Cyprinus carpio, Israel carp* Linnaeus, 1758 (외래종)
15. 붕어 *Carassius auratus* (Linnaeus, 1758)

16. 떡붕어 *Carassius cuvieri* Temminck and Schlegel, 1846 (외래종)
17. 초어 *Ctenopharyngodon idellus* (Cuvier and Valenciennes, 1844) (외래종)

    납자루아과 Acheilognathinae
18. 흰줄납줄개 *Rhodeus ocellatus* (Kner, 1867)
19. 한강납줄개 *Rhodeus pseudosericeus* Jeon and Ueda, 2001 (한국 고유종, 멸종위기야생동식물 Ⅱ급)
20. 납줄개 *Rhodeus uyekii* (Pallas, 1776)
21. 각시붕어 *Rhodeus uyekii* (Mori, 1935) (한국 고유종)
22. 떡납줄갱이 *Rhodeus notatus* Nichols, 1929
23. 서호납줄갱이 *Rhodeus hondae* (Jordan and Metz, 1913) (한국 고유종, 절멸)
24. 납자루 *Acheilognathus lanceolata* (Temminck and Schlegel, 1846)
25. 묵납자루 *Acheilognathus signifer* Berg, 1907 (한국 고유종, 멸종위기야생동식물Ⅱ급)
26. 칼납자루 *Acheilognathus koreensis* Kim and Kim, 1990 (한국 고유종)
27. 임실납자루 *Acheilognathus somjinensis* Kim and Kim, 1991 (한국 고유종, 멸종위기야생동식물Ⅰ급)
28. 줄납자루 *Acheilognathus yamatsuatae* Mori, 1928 (한국 고유종)
29. 큰줄납자루 *Acheilognathus majusculus* Kim and Yang, 1998 (한국 고유종)
30. 납지리 *Acheilognathus rhombeus* (Temminck and Schlegel, 1846)
31. 큰납지리 *Acanthorhodeus macropterus* Bleeker, 1871
32. 가시납지리 *Acanthorhodeus gracilis* Regan, 1890 (한국 고유종)

    모래무지아과 Gobioninae
33. 참붕어 *Pseudorasbora parva* (Temminck and Schlegel, 1846)
34. 돌고기 *Pungtungia herzi* Herzenstein, 1892
35. 감돌고기 *Pseudopungtungia nigra* Mori, 1935 (한국 고유종, 멸종위기야생동식물Ⅰ급)
36. 가는돌고기 *Pseudopungtungia tenuicorpa* Jeon and Choi, 1980 (한국 고유종, 멸종위기야생동식물Ⅱ급)
37. 쉬리 *Coreoleuciscus splendidus* Mori, 1935 (한국 고유종)
38. 새미 *Ladislabia taczanowskii* Dybowski, 1869
39. 참중고기 *Sarcocheilichthys variegatus wakiyae* Mori, 1927 (한국 고유종)
40. 중고기 *Sarcocheilichthys nigripinnis morii* Jordan and Hubbs, 1925 (한국 고유종)
41. 북방중고기 *Sarcocheilichthys nigripinnis czerskii* (Berg, 1914)
42. 줄몰개 *Gnathopogon strigatus* (Regan, 1908)
43. 긴몰개 *Squalidus gracilis majimae* (Jordan and Hubbs, 1925) (한국 고유종)
44. 몰개 *Squalidus japonicus coreanus* (Berg, 1906) (한국 고유종)
45. 참몰개 *Squalidus chankaensis tsuchigae* (Jordan and Hubbs, 1925) (한국 고유종)
46. 점몰개 *Squalidus multimaculatus* Hosoya and Jeon, 1984 (한국 고유종)
47. 모샘치 *Gobio cynocephalus* Dybowski, 1869
48. 케톱치 *Coreius heterodon* (Bleeker, 1864)

49. 누치 *Hemibarbus labeo* (Pallas, 1707)
50. 참마자 *Hemibarbus longirostris* (Regan, 1908)
51. 어름치 *Hemibarbus mylodon* (Berg, 1907) (한국 고유종, 천연기념물)
52. 모래무지 *Pseudogobio esocinus* (Temminck and schlegel, 1846)
53. 버들매치 *Abbottina rivularis* (Basilewsky, 1855)
54. 왜매치 *Abbottina springeri* Banarescu and Nalbant, 1973 (한국 고유종)
55. 꾸구리 *Gobiobotia macrocephala* Mori, 1935 (한국 고유종, 멸종위기야생동식물Ⅱ급)
56. 돌상어 *Gobiobotia brevibarba* Mori, 1935 (한국 고유종, 멸종위기야생동식물Ⅱ급)
57. 흰수마자 *Gobiobotia nakdongensis* Mori, 1935 (한국 고유종, 멸종위기야생동식물Ⅰ급)
58. 압록자그사니 *Mesogobio lachneri* Banarescu and Nalbant, 1973 (한국 고유종)
59. 두만강자그사니 *Mesogobio tumensis* Chang, 1979 (한국 고유종)
60. 모래주사 *Microphysogobio koreensis* Mori, 1935 (한국 고유종, 멸종위기야생동식물Ⅱ급)
61. 돌마자 *Microphysogobio yaluensis* (Mori, 1928) (한국 고유종)
62. 여울마자 *Microphysogobio rapidus* Chae and Yang, 1999 (한국 고유종, 멸종위기야생동식물Ⅰ급)
63. 됭경모치 *Microphysogobio jeoni* Kim and Yang, 1999 (한국 고유종)
64. 배가사리 *Microphysogobio longidorsalis* Mori, 1935 (한국 고유종)
65. 두우쟁이 *Saurogobio dabryi* Bleeker, 1871

황어아과 Leuciscinae
66. 야레 *Leuciscus waleckii* (Dybowski, 1869)
67. 백련어 *Hypophthalmichthys molitrix* (Cuvier and Valenciennes, 1844) (외래종)
68. 대두어 *Aristichthys nobilis* (Richardson, 1844) (외래종)
69. 황어 *Tribolodon hakonensis* (Günther, 1880)
70. 대황어 *Tribolodon brandtii* (Dybowski, 1872)
71. 연준모치 *Phoxinus phoxinus* (Linnaeus, 1758)
72. 버들치 *Rhynchocypris oxycephalus* (Sauvage and Dabry, 1874)
73. 버들개 *Rhynchocypris steindachneri* (Sauvage, 1883)
74. 동버들개 *Rhynchocypris percnurus* (Pallas, 1811)
75. 금강모치 *Rhynchocypris kumgangensis* (Kim, 1980) (한국 고유종)
76. 버들가지 *Rhynchocypris semotilus* (Jordan and Starks, 1905) (한국 고유종, 멸종위기야생동식물Ⅱ급)

피라미아과 Danioninae
77. 왜몰개 *Aphyocypris chinensis* Günther, 1868
78. 갈겨니 *Zacco temminckii* (Temminck and Schlegel, 1846)
79. 참갈겨니 *Zacco koreanus* Kim, Oh and Hosoya, 2005 (한국 고유종)
80. 피라미 *Zacco platypus* (Temminck and Schlegel, 1902)
81. 끄리 *Opsariichthys uncirostris amurensis* Berg, 1940
82. 눈불개 *Squaliobarbus curriculus* (Richardson, 1846)

강준치아과 Cultrinae
83. 강준치 *Erythroculter erythropterus* (Basilewsky, 1855)
84. 백조어 *Culter brevicauda* Günther, 1868 (멸종위기야생동식물II급)
85. 치리 *Hemiculter eigenmanni* (Jordan and Metz, 1913) (한국 고유종)
86. 살치 *Hemiculter leucisculus* (Basilewsky, 1855)

종개과 Balitoridae
87. 대륙종개 *Orthrias nudus* (Bleeker, 1865)
88. 종개 *Orthrias toni* (Dybowsky, 1869)
89. 쌀미꾸리 *Lefua costata* (Kessler, 1876)

미꾸리과 Cobitidae
90. 미꾸리 *Misgurnus anguillicaudatus* (Cantor, 1842)
91. 미꾸라지 *Misgurnus mizolepis* Günther, 1888
92. 새코미꾸리 *Koreocobitis rotundicaudata* (Wakiya and Mori, 1929) (한국 고유종)
93. 얼룩새코미꾸리 *Koreocobitis naktongensis* (Kim, Park and Nalbant, 2000) (한국 고유종, 멸종위기야생동식물I급)
94. 참종개 *Iksookimia koreensis* (Kim, 1975) (한국 고유종)
95. 부안종개 *Iksookimia pumila* (Kim and Lee, 1987) (한국 고유종, 멸종위기야생동식물II급)
96. 미호종개 *Iksookimia choii* (Kim and Son, 1984) (한국 고유종, 멸종위기야생동식물I급, 천연기념물)
97. 왕종개 *Iksookimia longicorpa* (Kim, Choi and Nalbant, 1976) (한국 고유종)
98. 남방종개 *Iksookimia hugowolfeldi* Nalbant, 1993 (한국 고유종)
99. 동방종개 *Iksookimia yongdokensis* Kim and Park, 1977 (한국 고유종)
100. 기름종개 *Cobitis hankugensis* Kim, Park, Son and Nalbant, 2003 (한국 고유종)
101. 점줄종개 *Cobitis lutheri* Rendahl, 1935
102. 줄종개 *Cobitis tetralineata* Kim, Park and Nalbant, 1999 (한국 고유종)
103. 북방종개 *Iksookimia pacifica* Kim, Park and Nalbant, 1999 (한국 고유종)
104. 수수미꾸리 *Kichulchoia multifasciata* (Wakiya and Mori, 1929) (한국 고유종)
105. 좀수수치 *Kichulchoia brevifasciata* (Kim and Lee, 1995) (한국 고유종, 멸종위기야생동식물II급)

메기목 **Siluriformes**

동자개과 Bagridae
106. 동자개 *Pseudobagrus fulvidraco* (Richardson, 1846)
107. 눈동자개 *Pseudobagrus koreanus* Uchida, 1990 (한국 고유종)
108. 꼬치동자개 *Pseudobagrus brevicorpus* (Mori, 1936) (한국 고유종, 멸종위기야생동식물I급, 천연기념물)

109. 대농갱이 *Leiocassis ussuriensis* (Dybowski, 1871)
110. 밀자개 *Leiocassis nitidus* (Sauvage and Dabryi, 1874)
111. 종어 *Leiocassis longirostris* Günther, 1864

   메기과 Siluridae
112. 메기 *Silurus asotus* Linnaeus, 1758
113. 미유기 *Silurus microdorsalis* (Mori, 1936) (한국 고유종)

   챤넬동자개과 Siluridae
114. 챤넬동자개 *Ictalurus punctatus* (Rafinesque, 1818) (외래종)

   퉁가리과 Amblycipitidae
115. 자가사리 *Liobagrus mediadiposalis* Mori, 1936 (한국 고유종)
116. 퉁가리 *Liobagrus andersoni* Regan, 1908 (한국 고유종)
117. 퉁사리 *Liobagrus obesus* Son, Kim and Choo, 1987 (한국 고유종, 멸종위기야생동식물 I급)

   바다빙어목 Osmeriformes

   바다빙어과 Osmeridae
118. 빙어 *Hypomesus nipponensis* McAllister, 1963
119. 은어 *Plecoglossus altivelis altivelis* Temminck and Schlegel, 1846

   뱅어과 Salangidae
120. 국수뱅어 *Salanx ariakensis* Kishinouye, 1902
121. 벚꽃뱅어 *Hemisalanx prognathus* Regan, 1908
122. 도화뱅어 *Neosalanx andersoni* (Rendahl, 1923)
123. 젓뱅어 *Neosalanx jordani* Wakiya and Takahashi, 1937 (한국 고유종)
124. 실뱅어 *Neosalanx hubbsi* Wakiya and Takahashi, 1937
125. 붕퉁뱅어 *Protosalanx chinensis* (Basilewsky, 1855)
126. 뱅어 *Salangichthys microdon* Bleeker, 1860

   연어목 Salmoniformes

   연어과 Salmonidae
127. 우레기 *Coregonus ussuriensis* Berg, 1906
128. 사루기 *Thymallus articus articus jaluensis* Mori, 1928 (한국 고유종)
129. 열목어 *Brachymystax lenok tsinlingensis* Li, 1966 (멸종위기야생동식물 II급, 천연기념물(서식지))
130. 연어 *Oncorhynchus keta* (Walbaum, 1792)
131. 곱사연어 *Oncorhynchus gorbuscha* (Walbaum, 1792)
132. 산천어(육봉형), 송어(강해형) *Oncorhynchus masou masou* (Brevoort, 1856)
133. 은연어 *Onchorhynchus kisutch* (Walbaum, 1792) (외래종)

134. 무지개송어 *Oncorhynchus myskiss* (Walbaum, 1792) (외래종)
135. 자치 *Hucho ishikawai* Mori, 1928 (한국 고유종)
136. 홍송어 *Salvelinus malmus* (Walbaum, 1792)
137. 곤들매기 *Salvelinus malmus* (Walbaum, 1792)

대구목 Gardiformes

대구과 Gadidae
138. 모오캐 *Lota lota* (Linnaeus, 1758)

숭어목 Mugiliformes

숭어과 Mugilidae
139. 숭어 *Mugil cephalus* Linnaeus, 1758
140. 등줄숭어 *Chelon affinis* (Günther, 1861)
141. 가숭어 *Chelon haematocheilus* (Temminck and Schlegel, 1845)

동갈치목 Beloniformes

송사리과 Adrianichthyoidae
142. 송사리 *Oryzias latipes* (Temminck and Schlegel, 1846)
143. 대륙송사리 *Oryzias sinensis* Chen, Uwa and Chu, 1989)

학공치과 Hemiramphidae
144. 줄공치 *Hyporhamphus intermedius* (Cantor, 1842)
145. 학공치 *Hyporhamphus sajori* (Temminck and Schlegel, 1845)

큰가시고기목 Gasterosteiformes

큰가시고기과 Gasterosteidae
146. 큰가시고기 *Gasterosteus aculeatus* (Linnaeus, 1758)
147. 가시고기 *Pungitius sinensis* (Guichenot, 1869) (멸종위기야생동식물Ⅱ급)
148. 두만가시고기 *Pungitius tymensis* (Nikolsky, 1889)
149. 청가시고기 *Pungitius pungitius* (Linnaeus, 1758)
150. 잔가시고기 *Pungitius kaibarae* Tanaka, 1915 (한국 고유종, 멸종위기야생동식물Ⅱ급)

실고기과 Syngnathidae
151. 실고기 *Syngnathus schlegeli* Kaup, 1856

드렁허리목 Synbranchiformes

드렁허리과 Synbranchidae
152. 드렁허리 *Monopterus albus* (Zuiew, 1793)

쏨뱅이목 **Scorpaeniformes**

양볼락과 Scorpaenidae
153. 조피볼락 *Sebastes schlegeli* Hilgendorf, 1880

양태과 Platycephalidae
154. 양태 *Platycephalus indicus* (Linnaeus, 1758)

둑중개과 Cottidae
155. 둑중개 *Cottus koreanus* Fujii, Yabe and Choi, 2005 (한국 고유종, 멸종위기야생동식물Ⅱ급)
156. 한둑중개 *Cottus hangiongensis* Mori, 1930 (한국 고유종, 멸종위기야생동식물Ⅱ급)
157. 참둑중개 *Cottus czerskii* Berg, 1913
158. 개구리꺽정이 *Myxocephalus stelleri* Tilesius, 1811
159. 꺽정이 *Trachidermus fasciatus* Heckel, 1837

농어목 **Perciformes**

농어과 Moronidae
160. 농어 *Lateolabrax japonicus* (Cuvier, 1828)

꺽지과 Centropomidae
161. 쏘가리 *Siniperca scherzeri* Steindachner, 1892 (천연기념물(황쏘가리))
162. 꺽지 *Coreoperca herzi* Herzenstein, 1896 (한국 고유종)
163. 꺽저기 *Coreoperca kawamebari* (Temminck and Schlegel, 1842) (멸종위기야생동식물Ⅱ급)

검정우럭과 Centrachidae
164. 블루길 *Lepomis macrochirus* Rafinesque, 1819 (외래종)
165. 큰입배스 *Micropterus salmoides* (Lacepède, 1802) (외래종)

시클리과 Cichlidae
166. 나일틸라피아 *Oreochromis niloticus* (Linnaeus, 1758) (외래종)

주둥치과 Leiognathidae
167. 주둥치 *Leiognathus nuchalis* (Temminck and Schlegel, 1845)

돛양태과 Callonymidae

168. 강주걱양태 *Repomucenus olidus* (Günther, 1873)

    구굴무치과 Eleotridae
169. 구굴무치 *Eleotris oxycephala* Temminck and Schlegel, 1845

    동사리과 Odontobutidae
170. 동사리 *Odontobutis platycephala* Iwata and Jeon, 1985 (한국 고유종)
171. 얼룩동사리 *Odontobutis interrupta* Iwata and Jeon, 1985 (한국 고유종)
172. 남방동사리 *Odontobutis obscura* (Temminck and Schlegel, 1845) (멸종위기야생동식물 I 급)
173. 좀구굴치 *Micropercops swinhonis* (Günther, 1873)

    망둑어과 Gobiidae
174. 날망둑 *Gymnogobius castaneus* (O'Shaughnessy, 1875)
175. 꾹저구 *Gymnogobius urotaenia* (Hilgendorf, 1879)
176. 왜꾹저구 *Gymnogobius macrognathus* (Bleeker, 1860)
177. 문절망둑 *Acanthogobius flavimanus* (Temminck and Schlegel, 1845)
178. 왜풀망둑 *Acanthogobius elongatus* (Ni and Wu, 1985)
179. 흰발망둑 *Acanthogobius lactipes* (Hilgendorf, 1879)
180. 비늘흰발망둑 *Acanthogobius lurdus* Ni and Wu, 1985
181. 풀망둑 *Synechogobius hasta* (Temminck and Schlegel, 1845)
182. 열동갈문절 *Sicyopterus japonicus* (Tanaka, 1909)
183. 애기망둑 *Pseudogobius masago* (Tomiyama, 1936)
184. 무늬망둑 *Bathygobius fuscus* (Rüppel, 1830)
185. 갈문망둑 *Rhinogobius giurinus* (Rutter, 1897)
186. 밀어 *Rhinogobius brunneus* (Temminck and Schlegel, 1845)
187. 민물두줄망둑 *Tridentiger bifasciatus* Steindachner, 1881
188. 황줄망둑 *Tridentiger nudicervicus* Tomiyama, 1934
189. 검정망둑 *Tridentiger obscurus* (Temminck and Schlegel, 1845)
190. 민물검정망둑 *Tridentiger brevispinis* Katsuyama, Arai and Nakamura, 1972
191. 줄망둑 *Acentrogobius pflaumii* (Bleeker, 1853)
192. 점줄망둑 *Acentrogobius pellidebilis* Lee and Kim, 1992 (한국 고유종)
193. 날개망둑 *Favonigobius gymnauchen* (Bleeker, 1860)
194. 모치망둑 *Mugilogobius abei* (Jordan and Snyder, 1901)
195. 제주모치망둑 *Mugilogobius fontinalis* (Jordan and Seale, 1901)
196. 꼬마청황 *Parioglossus dotui* Tomiyama, 1958
197. 짱뚱어 *Boleophthalmus pectinirostris* (Linnaeus, 1758)
198. 말뚝망둥어 *Periophthalmus modestus* Cantor, 1842
199. 큰볏말뚝망둥어 *Periophthalmus magnuspinnatus* Lee, Choi and Ryu, 1995 (한국 고유종)
200. 미끈망둑 *Luciogobius guttatus* Gill, 1859
201. 사백어 *Leucopsarion petersii* Hilgendorf, 1880

202. 빨갱이 *Ctenotrypauchen microcephalus* (Bleeker, 1860)
203. 개소겡 *Odontamblyopus lacepedii* (Temminck and Schlegel, 1845)

버들붕어과 Osphronemidae
204. 버들붕어 *Macropodus ocellatus* Cantor, 1842

가물치과 Channidae
205. 가물치 *Channa argus* (Cantor, 1842)

가자미목 **Pleuronectiformes**

가자미과 Pleuronectidae
206. 돌가자미 *Kareius bicoloratus* (Basilewsky, 1855)
207. 강도다리 *Platichthys stellatus* (Pallas, 1787)
208. 도다리 *Pleuronichthys cornutus* (Temminck and Schlegel, 1846)

참서대과 Cynoglossidae
209. 박대 *Cynoglossus semilaevis* Günther, 1873

복어목 **Tetraodontiformes**

참복과 Tetraodontidae
210. 까치복 *Takifugu xanthopterus* (Temminck and Schlegel, 1850)
211. 매리복 *Takifugu vermicularis* (Temminck and Schlegel, 1850)
212. 복섬 *Takifugu niphobles* (Jordan and Snyder, 1901)
213. 흰점복 *Takifugu poecilonotus* (Temminck and Schlegel, 1850)
214. 황복 *Takifugu obscurus* (Abe, 1949)
215. 자주복 *Takifugu rubripes* (Temminck and Schlegel, 1850)

한국 민물고기 과 검색표

01.
a. 입에는 진정한 턱이 없고, 대신 원형 흡반 모양이다. 짝지느러미가 없고, 새공이 7쌍 있다. 머리 위쪽 중간에 외비공이 1개 있다. ──── **칠성장어과**
b. 입에는 상·하 양악의 진정한 턱이 있고, 짝지느러미가 있으며, 새공을 덮는 아가미뚜껑이 있다. 머리 양측에 외비공이 2개 있다. ──── 2

02.
a. 꼬리지느러미는 부정형으로 상엽이 하엽보다 훨씬 크다. 몸 가운데에는 대형 인판 5줄이 종렬한다. ──── **철갑상어과**
b. 꼬리지느러미는 정형으로 상·하 양엽이 있을 경우는 거의 비슷하다. 몸에는 비늘이 고루 덮여 있거나 비늘이 없는 경우도 있다. ──── 3

03.
a. 가슴지느러미가 없다. ──── **드렁허리과**
b. 가슴지느러미가 있다. ──── 4

04.
a. 배지느러미가 없다. ──── 5
b. 배지느러미가 있다. ──── 7

05.
a. 몸통은 짧고 원통형이다. ──── **참복과**
b. 몸통은 가늘고 길어서 장어 같은 모양이다. ──── 6

06.
a. 등지느러미와 뒷지느러미의 후연이 꼬리지느러미와 연결된다. ──── **뱀장어과**
b. 등지느러미와 뒷지느러미의 후연이 꼬리지느러미와 분리된다. ──── **실고기과**

07.
a. 배지느러미가 몸 중간에 있으며, 가슴지느러미와 떨어져 있다. ──── 8
b. 배지느러미가 몸 앞쪽에 있으며, 가슴지느러미 가까이에 있다. ──── 20

08.
a. 등지느러미 뒤에 기름지느러미가 있다. ──── 9
b. 등지느러미 뒤에 기름지느러미가 없다. ──── 13

09.
a. 입수염은 8개 있고, 가슴지느러미와 등지느러미에 강한 가시가 1개 있다. ──── 10
b. 입수염은 없고, 가슴지느러미와 등지느러미에 가시가 없다. ──── 11

10.
a. 기름지느러미는 크고, 꼬리지느러미와 분리되며 옆줄은 완전하다. ──── 동자개과
b. 기름지느러미는 꼬리지느러미와 이어지고 옆줄은 불완전해 가슴지느러미를 넘지 않는다. ──── 퉁가리과

11.
a. 몸은 가늘고 길며 머리는 종편되었다. 살아 있을 때는 무색투명하고(죽으면 흰색), 비늘은 뒷지느러미 기부 위에 일렬로 있다. ──── 뱅어과
b. 몸은 약간 납작하고 투명하지 않다. 몸 전연에 비늘이 있다. ──── 12

12.
a. 비늘은 커서 종렬 비늘 수가 75개 이하다. ──── 바다빙어과
b. 비늘은 작아서 종렬 비늘 수가 100개 이상이다. ──── 연어과

13.
a. 하악은 상악보다 길고, 그 전단은 침 모양으로 튀어나왔다. ──── 학공치과
b. 하악은 상악보다 길지 않고, 침 모양도 아니다. ──── 연어과

14.
a. 상악 후단이 아가미뚜껑 후단에 달한다. ——————————— 멸치과
b. 상악 후단이 눈의 후단에 달하지 않는다. ——————————— 15

15.
a. 뒷지느러미 기저가 길어서 그 뒷부분이 꼬리지느러미와 연결된다. ——————— 메기과
b. 뒷지느러미 기저가 길지 않고, 그 뒷부분이 꼬리지느러미와 불연속이다. ———— 16

16.
a. 몸은 비교적 가늘고 길며, 비늘은 작고 피부에 묻혀 있다. ——————— 17
b. 몸은 유선형이고, 비늘은 크고 뚜렷하다. ——————————— 17

17.
a. 머리는 종편되었고, 안하극이 없으며, 상악 전단에 수염이 2쌍 있다. ——— 종개과
b. 머리는 측편되었고, 안하극이 있으며(미꾸리속은 예외), 상악 전단에 수염이 1쌍 있다. ——————————————————————————— 미꾸리과

18.
a. 꼬리지느러미 후연이 반듯하거나 약간 둥글다. ——————— 송사리과
b. 꼬리지느러미 후연이 두 갈래로 나뉜다. ——————————— 19

19.
a. 옆줄이 있고, 등지느러미 마지막 연조가 실 모양으로 길지 않다. ——— 잉어과
b. 옆줄이 없고, 등지느러미 마지막 연조가 실 모양으로 길다. ——————— 청어과

20.
a. 등지느러미 가시가 각각 분리되었다. ——————————— 큰가시고기과
b. 등지느러미 가시가 막으로 연결되었다. ——————————— 21

21.
a. 눈이 머리의 한쪽으로 치우쳐 있다. ─────────────── 22
b. 눈이 머리의 양쪽에 있다. ─────────────────── 23

22.
a. 뚜렷한 가슴지느러미가 있다. ─────────────── 가자미과
b. 뚜렷한 가슴지느러미가 없다. ─────────────── 참서대과

23.
a. 배지느러미 좌우가 유합해 흡반이 되고 옆줄은 없다. ─── 망둑어과
b. 배지느러미 좌우가 분리되어 흡반 모양이 아니다. ───── 24

24.
a. 몸에 비늘이 없고 배지느러미는 1극 2-4연조다. ────── 둑중개과
b. 몸에 비늘이 있고 배지느러미는 1극 5연조다. ──────── 25

25.
a. 뒷지느러미에 가시가 없다. ─────────────────── 26
b. 뒷지느러미에 가시가 있다. ─────────────────── 27

26.
a. 뒷지느러미 연조 수는 15개 이하다. ───────────── 양태과
b. 뒷지느러미 연조 수는 25개 이상이다. ───────────── 가물치과

27.
a. 뒷지느러미의 가시가 1개다. ────────────────── 28
b. 뒷지느러미의 가시가 3개 이상이다. ──────────── 29

28.
a. 새개골 뒤쪽 아래에 예리한 가시가 있고 몸의 모든 비늘은 즐린이다. 구굴무치과
b. 새개골 뒤쪽에 가시가 없고 몸 앞쪽의 비늘은 원린이며, 뒤쪽은 즐린이다. 동사리과

29.
a. 뒷지느러미 가시가 6개 이상이다. ─── 버들붕어과
b. 뒷지느러미 가시가 3개 이하다. ─── 30

30.
a. 등지느러미 2개가 서로 분리되었다. ─── 31
b. 등지느러미 2개가 막으로 이어지거나 아주 근접해 있다. ─── 32

31.
a. 꼬리지느러미 후연의 가운데는 파여 상·하 양엽이 구분된다. ─── 숭어과
b. 꼬리지느러미 후연의 가운데는 볼록하다. ─── 32

32.
a. 머리는 약간 측편이고, 제2등지느러미 기조 수는 20개 이상이다. ─── 대구과
b. 머리는 종편이고, 제2등지느러미 기조 수는 10개 이하다. ─── 돛양태과

33.
a. 머리 위쪽 피부 여러 곳에 가시가 뚜렷하게 있다. ─── 양볼락과
b. 머리 위쪽 피부에 가시가 없다. ─── 34

34.
a. 입이 앞으로 현저하게 돌출하는 특수한 구조다. ─── 주둥치과
b. 입이 앞으로 돌출하지 않는다. ─── 35

35.
a. 배지느러미 기저부에 돌기 모양의 인판이 있다. ─── 꺽지과
b. 배지느러미 기저부에 돌기 모양의 인판이 없다. ─── 농어과

민물고기 149종

칠성장어목 〉 칠성장어과 • Petromyzontiformes 〉 Petromyzontidae

칠성장어
Lethenteron japonicus (Martens, 1868)

몸은 가늘고 길다.

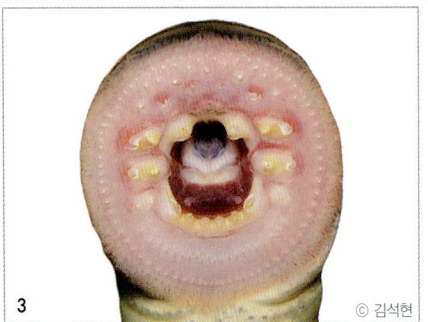

1 눈 뒤에 아가미구멍이 7쌍 있다. **2** 꼬리지느러미와 등지느러미가 연결되어 있다. **3** 입은 흡반 모양이며 입가에 돌기가 있고 턱은 없다.

형태 특징

몸길이 40~50cm이다.

체색과 무늬 등 쪽은 엷은 청색을 띤 진한 갈색이지만 배 쪽은 흰색이다. 꼬리지느러미 가장자리는 갈색 혹은 짙은 검은색이나 제2등지느러미는 희미하다.

주요 형질 몸은 가늘고 길며, 눈 뒤에 아가미구멍이 7쌍 있다. 콧구멍은 머리 위쪽에 있고 입과 연결되지 않았다. 턱은 없고 흡반 모양인 입가에 돌기가 있다. 제1등지느러미와 제2등지느러미가 분리되었다. 대체로 이빨은 잘 발달했으며, 상구치판(supra-oral laminae)에는 첨두가 2개, 하구치판(infra-oral laminae)에는 첨두가 6~7개 있다.

생태 특징

서식지 유생기 때는 하천 중·하류 진흙 속에서 4년 정도 산다.

먹이습성 유생기 때는 밤에 유기물이나 부착조류를 먹고 지내며, 성장 후 바다에서 2~3년을 지내는 동안에는 다른 어류의 몸에서 피를 빨아먹는다.

행동습성 산란기는 5~6월이며, 바다에서 강으로 올라와 모래, 자갈이 깔린 강바닥에 산란한다. 어린 시절에는 강에서 지내다가 바다로 내려가 2년 이상 생활한다. 애머시이트(ammocoete)라 불리는 알에서 깨어난 유생은 주로 강바닥의 진흙 속에서 유기물이나 조류를 걸러 먹는다. 변태를 거쳐 몸 크기가 15~20cm에 이르면 바다로 내려가 다른 물고기의 몸에 빨판을 붙여 영양분을 빨아먹는 기생생활을 한다. 40~50cm로 몸이 커지면 자갈이 깔려 있고 물 흐름이 있는 강으로 거슬러 올라와 짝짓기를 시작한다. 암컷은 알을 바닥의 모래나 자갈에 붙여서 낳고 수컷이 수정시킨다. 알을 8~11만 개 낳으며, 산란 후 암수 모두 죽는다.

국내 분포 동해 유입 하천과 낙동강에 분포한다.

국외 분포 일본 중·북부와 시베리아 헤이룽 강 수계, 사할린 및 북아메리카에 분포한다.

특이 사항 멸종위기야생동식물II급

서식특성	상류	상류/중류	중류	중류/하류	정수역	기수역
	수층종		저서종		여울–저서성종	
내성특성	민감종		중간종		내성종	
섭식특성	초식성		충식성	육식성		잡식성
관리현황	멸종위기I급	멸종위기II급		고유종	천연기념물	외래종

칠성장어목 〉 칠성장어과 • Petromyzontiformes 〉 Petromyzontidae

다묵장어
Lethenteron reissneri (Dybowski, 1869)

몸이 가늘고 길다.

1 눈 뒤에 아가미구멍이 7쌍 있다. **2** 턱이 없으며 입은 흡반 구조다. **3** 유생기 때의 머리 모양

형태특성

몸길이 약 20cm이다.
체색과 무늬 전체적으로 황갈색이며, 등 쪽은 어둡고 배 쪽은 연한 갈색이다.
주요 형질 몸은 가늘고 길며, 눈 뒤에 아가미구멍이 7쌍 있다. 빨판 입은 둥글고, 눈 사이에 콧구멍 1개가 있다. 제1등지느러미, 제2등지느러미, 꼬리지느러미는 연결되었다. 상구치판은 짧고 둔하며 양쪽에 첨두가 2개 있다.

생태특성

서식지 유생기 때는 물이 천천히 흐르는 하천 가장자리의 모래 속에서 살고, 다 자라면 자갈이 깔린 여울에서 산다.
먹이습성 유생기 때는 하천 바닥의 진흙이나 모래 속에 섞여 있는 유기물을 걸러 먹으며 다 자라면 아무것도 먹지 않는다.
행동습성 산란기는 4~6월이다. 자갈이나 모래 바닥에 웅덩이를 파고 산란하며, 산란과 방정을 끝낸 암수는 곧 죽는다. 알에서 깬 새끼는 물고기가 되는 게 아니라 아모코에테스(ammocoetes)라는 유생기를 약 3년간 거친다. 4년째 가을부터 겨울에 걸쳐 변태해 성어가 된다.

국내 분포 제주도를 제외한 전국 하천에 분포한다.
국외 분포 일본, 연해지방, 사할린 섬에도 분포한다.
특이 사항 멸종위기야생동식물II급

서식특성	상류	상류/중류	중류	중류/하류	정수역	기수역
	수층종		저서종		여울-저서성종	
내성특성	민감종		중간종		내성종	
섭식특성	초식성		충식성		육식성	잡식성
관리현황	멸종위기I급		멸종위기II급		고유종	천연기념물	외래종

뱀장어

Anguilla japonica Temminck and Schlegel, 1846

몸은 가늘고 긴 원통형이며 꼬리는 옆으로 납작하다.

1 아래턱이 위턱보다 길다. **2** 등지느러미, 꼬리지느러미, 뒷지느러미가 연결되었다. **3** 가슴지느러미 모양. 극조와 연조가 없다. **4** 몸통 표면의 무늬. 체크무늬가 있다.

형태특성

몸길이 약 10cm이다.

체색과 무늬 등 쪽은 밝은 청색이며, 배 쪽은 밝은 은백색이다. 배지느러미 전후에 예리한 인판이 발달했다.

주요 형질 몸은 옆으로 심하게 납작하고, 배 쪽으로 불룩하게 두드러졌다. 등지느러미 연조 수 15~17개, 뒷지느러미 연조 수 16~19개다. 눈은 아주 크고, 눈 사이에 작은 콧구멍이 2개 있다. 몸은 크고 얇은 비늘로 덮여 있으며, 옆줄은 없다. 아래턱은 위턱보다 앞으로 튀어나왔다. 뒷지느러미의 마지막 연조는 약간 길다.

생태특성

서식지 담수의 영향을 받는 기수역의 모래와 진흙이 있는 곳에서 집단으로 서식한다.

먹이습성 요각류와 규조류 등을 걸러 먹는다.

행동습성 서해 중남부에서 월동하고, 산란기는 4~6월이며, 강 하구와 연안에서 수온 16~18℃가 되면 산란한다. 알은 투명해 물 위에 뜨고, 부화 후 만 1년이 지나면 성어가 된다.

국내 분포 서해와 남해 기수역에 분포한다.
국외 분포 일본, 남중국, 대만에 분포한다.

서식특성	상류	상류/중류	중류	중류/하류	정수역	기수역
	수층종		저서종		여울-저서성종	
내성특성	민감종		중간종		내성종	
섭식특성	초식성		충식성		육식성	잡식성
관리현황	멸종위기I급	멸종위기II급		고유종	천연기념물	외래종

청어목 〉 청어과 • Clupeiformes 〉 Clupeidae

전어

Konosirus punctatus (Temminck and Schlegel, 1846)

몸은 옆으로 납작하며 배 쪽으로 볼록하다.

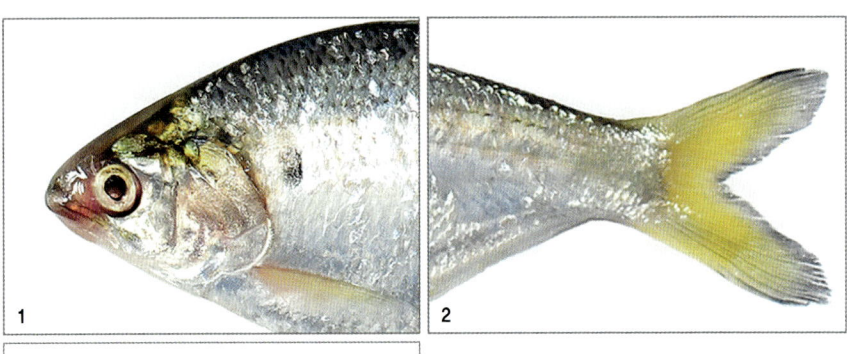

1 위턱과 아래턱의 길이는 비슷하고, 아가미덮개 옆으로 푸른색 반점이 있다. **2** 꼬리지느러미 가장자리는 검은색을 띠고, 가운데가 깊이 파였다. **3** 몸의 상단부는 담청색을 띠며, 등지느러미 마지막 연조가 길다.

형태 특성

몸길이 보통 15~25㎝이며, 최대 30㎝까지 자란다.

체색과 무늬 등 쪽은 담청색을 띠는 밝은 은백색으로 종대 반문이 배열된다. 몸 옆면에 큰 갈색 반점이 하나 있다.

주요 형질 몸은 옆으로 납작하며, 배 쪽으로 불룩하다. 등지느러미 연조 수 12~16개, 뒷지느러미 연조 수 17~23개다. 위턱과 아래턱의 길이는 비슷하고, 눈꺼풀이 있다. 가슴지느러미 위쪽에는 눈 크기만 한 검은 점이 있다. 등지느러미의 마지막 연조는 길게 뻗었다.

생태 특성

서식지 연안성 물고기로 항구의 내항, 내만, 하구의 기수역 등 깨끗한 곳보다는 유기물질이 많은 장소에 무리지어 서식한다. 보통 표층에서 중층을 회유하나, 대규모로 회유하지는 않고 일생 동안 서식지를 크게 벗어나지 않는다.

먹이습성 플랑크톤을 주로 먹으며, 물과 함께 플랑크톤을 흡입해 아가미 속의 새파로 걸러 먹는다. 그 외에 작은 갑각류와 해조류도 먹는다. 수명은 3년 정도다.

행동습성 산란기는 3~6월이며 지역에 따라 봄에서 여름에 걸쳐 강 하구에서 산란이 이루어진다. 주로 저녁 무렵에 기수역이나 내만에서 직경 1.5㎜ 정도인 부유란을 낳으며, 보통 암컷 1마리가 낳는 알은 10~14만 개다.

국내 분포 우리나라의 전 해역에 분포한다.
국외 분포 일본, 대만, 중국에 분포한다.

	상류	상류/중류	중류	중류/하류	정수역	기수역
서식특성						
	수층종		저서종		여울-저서성종	
내성특성	민감종		중간종		내성종	
섭식특성	초식성		충식성		육식성	잡식성
관리현황	멸종위기I급	멸종위기II급		고유종	천연기념물	외래종

잉어목 〉 잉어아과 • Cypriniformes 〉 Cyprininae

잉어

Cyprinus carpio Linnaeus, 1758

몸은 길고 옆으로 납작하며 두툼하다.

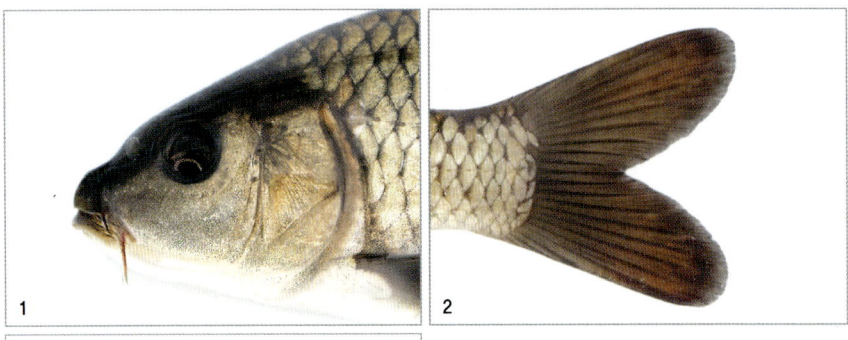

1 주둥이는 둥글고 입수염은 2쌍이다. **2** 꼬리지느러미 끝은 둥글고 가운데가 깊게 파였다. **3** 등지느러미는 앞부분이 솟아 있다.

형태특성

몸길이 30~80cm이다.

체색과 무늬 전체적으로 녹갈색이며, 등 쪽은 진하고 배 쪽은 연하다. 등지느러미와 꼬리지느러미는 색이 좀 더 진하고, 그 외의 지느러미는 색이 밝다. 몸에는 별다른 무늬나 색깔이 없다.

주요 형질 몸은 길고 옆으로 납작하며 두툼하다. 등지느러미 연조 수 19~21개, 뒷지느러미 연조 수 5~6개, 옆줄 비늘 수 33~38개다. 주둥이는 둥글고 그 아래에 입이 있다. 입수염은 2쌍으로 뒤쪽의 것은 굵고 길다. 비늘은 크고 촘촘하다. 등지느러미는 앞부분이 솟아 있다. 옆줄은 완전하다.

생태특성

서식지 큰 강 하류의 물 흐름이 느린 곳이나 댐, 호수, 저수지 등 깊은 곳에 서식한다.

먹이습성 잡식성으로 수초와 수서곤충, 갑각류, 실지렁이, 조개 및 어린 물고기 등을 먹는다.

행동습성 산란기는 5~7월이며 산란 성기의 수온은 18~22℃이다. 수초가 있는 얕은 물가에 암수가 떼 지어 짝짓기하고, 알은 수초에 붙인다. 1m 이상 자라기도 하며 수명이 30~40년인 개체도 있다.

국내 분포 하천, 댐, 호수 등 전 수역에 분포한다.
국외 분포 아시아, 유럽에 분포한다.

서식특성	상류	상류/중류	중류	중류/하류	정수역	기수역
	수층종		저서종		여울-저서성종	
내성특성	민감종		중간종		내성종	
섭식특성	초식성		충식성	육식성		잡식성
관리현황	멸종위기I급	멸종위기II급		고유종	천연기념물	외래종

잉어목 〉 잉어아과 • Cypriniformes 〉 Cyprininae

이스라엘잉어
Cyprinus carpio Linnaeus, 1758

몸높이는 잉어보다 높고 몸통이 더 통통하다.

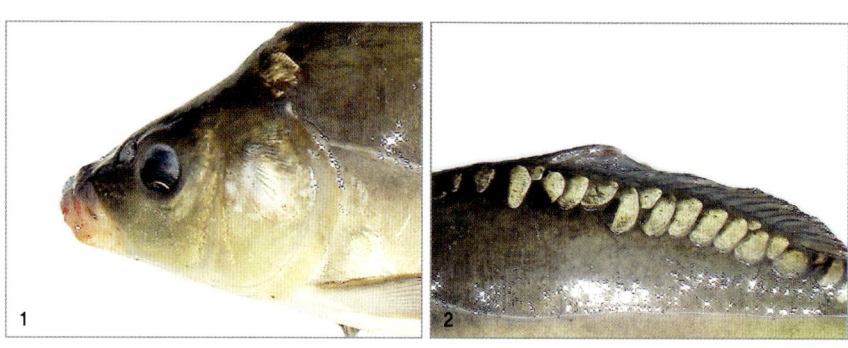

1 주둥이는 둥글고 입은 아래로 향했으며 입수염은 2쌍이다. **2** 몸 가장자리에만 큰 비늘이 있는 경우도 있다.

형태 특성

몸길이 30~60㎝이다.

체색과 무늬 전체적으로 잉어와 비슷하며, 등 쪽은 황갈색 또는 흑갈색이고 배 쪽은 연한 노란색이거나 미색이다.

주요 형질 몸높이는 잉어보다 높고 몸통이 더 통통하며 몸 옆면에는 등 쪽과 옆줄이 있는 방향으로 큰 비늘이 드문드문 나 있다. 등지느러미 연조 수 18~21개, 뒷지느러미 연조 수 5개, 새파 수 21~23개다. 주둥이는 둥글고 입은 아래로 향했으며 입수염은 2쌍이다. 입이나 입수염, 지느러미의 형태는 잉어와 같다. 옆줄은 뚜렷하며, 비늘은 없거나 옆줄 혹은 몸 가장자리에만 큰 비늘이 있는 경우도 있다.

생태 특성

서식지 댐이나 호수, 물이 느리게 흐르는 하천에 적은 수가 산다.

먹이습성 잡식성으로 부착조류, 유기물, 조개, 수서곤충, 갑각류 등을 먹는다.

행동습성 산란기는 4~7월이며, 섭식과 산란을 위해 상류로 이동하는 국지회유종이다.

국내 분포 전역에 분포한다. 1973년 이스라엘의 농무성 어병연구소장인 Dr. Sarig가 김수혁씨에게 3㎝ 치어 1,000마리를 보내왔고, 1975년 서울 근교 금곡의 금붕어 양식장에서 풀어 기른 후 생존한 350마리를 강원도 홍성군 호림수산에서 양식하기 시작했다. 최근 소양댐호에서는 이스라엘잉어와 자연산 잉어의 교잡에 의한 잡종 개체가 높은 빈도로 나타나고 있다.

국외 분포 전 세계적으로 분포한다.

특이 사항 외래종

서식특성	상류	상류/중류	중류	중류/하류	정수역	기수역
	수층종		저서종		여울-저서성종	
내성특성	민감종		중간종		내성종	
섭식특성	초식성		충식성		육식성	잡식성
관리현황	멸종위기I급	멸종위기II급		고유종	천연기념물	외래종

잉어목 〉 잉어아과 • Cypriniformes 〉 Cyprininae

붕어
Carassius auratus (Linnaeus, 1758)

몸은 장타원형이며 옆으로 납작하고 몸높이가 높다.

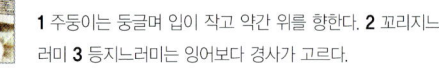

1 주둥이는 둥글며 입이 작고 약간 위를 향한다. **2** 꼬리지느러미 **3** 등지느러미는 잉어보다 경사가 고르다.

형태 특성

몸길이 보통 10~30㎝이며, 최대 50㎝까지 자란다.

체색과 무늬 등 쪽은 녹갈색이고, 배 쪽은 은백색 또는 연갈색을 띤다. 등지느러미와 꼬리지느러미는 청갈색이고 다른 지느러미는 색이 없다. 흐르는 물에 사는 개체는 녹청색, 정체된 물에 사는 개체는 황갈색 등 서식처에 따라 몸 색깔의 변화가 심하다.

주요 형질 몸은 장타원형이며, 옆으로 납작하고 몸높이가 높다. 등지느러미 연조 수 16~18개, 뒷지느러미 연조 수 5개, 옆줄 비늘 수 29~31개, 새파 수 44~52개다. 주둥이는 둥글고 입은 작으며, 약간 위로 향하고 입수염은 없다. 옆줄은 완전하고, 가운데는 배 쪽으로 약간 휘었다. 등지느러미는 잉어보다 경사가 고르고, 그 정도가 급하다.

생태 특성

서식지 환경에 대한 적응력이 뛰어나고, 하천 중·하류 등 물 흐름이 느린 곳이나 호수, 저수지, 농수로 등 수초가 많은 곳에 서식한다.

먹이습성 잡식성으로 동물성 플랑크톤, 실지렁이, 수서곤충, 수초, 유기물을 먹는다.

행동습성 산란기는 4~7월이며 무리를 이루어 얕은 물가로 나와 알을 낳으며, 알은 수초에 붙인다. 수정된 알은 수온 25℃에서 3일이면 부화한다.

국내 분포 거의 모든 담수역에 분포한다.

국외 분포 아시아, 유럽에 분포한다.

서식특성	상류	상류/중류	중류	중류/하류	정수역	기수역
	수층종		저서종		여울-저서성종	
내성특성	민감종		중간종		내성종	
섭식특성	초식성		충식성		육식성	잡식성
관리현황	멸종위기Ⅱ급		멸종위기Ⅲ급	고유종	천연기념물	외래종

잉어목 > 잉어아과 • Cypriniformes > Cyprininae

떡붕어

Carassius cuvieri Temminck and Schlegel, 1846

몸은 타원형으로 붕어보다 몸높이가 뚜렷하게 높다.

1 머리의 앞쪽이 약간 튀어나왔다. **2** 꼬리지느러미 가장자리가 둥글다. **3** 등지느러미는 회색이다.

형태 특성

몸길이 약 40㎝이다.

체색과 무늬 등 쪽은 회색 혹은 약간 푸른빛을 띤 회색이지만, 배 쪽은 은백색 또는 연한 갈색이다. 등지느러미와 꼬리지느러미는 회색이지만 그 밖의 지느러미는 흰색이다.

주요 형질 몸은 타원형으로 붕어보다 몸높이가 뚜렷하게 높고, 머리 앞쪽은 약간 튀어나왔으며 납작하다. 등지느러미 연조 수 17~18개, 뒷지느러미 연조 수 5개, 옆줄 비늘 수 30~31개, 새파 수 84~114개다. 주둥이는 둥글며, 앞으로 약간 튀어나왔다. 입은 주둥이 끝에서 위를 향하며 입술은 얇고 수염은 없다. 옆줄은 완전하다. 몸높이는 등지느러미 기점 부근에서 가장 높다.

생태 특성

서식지 물 흐름이 완만한 하천 하류의 약간 깊은 곳 중층에서 생활하며, 전국의 댐, 호수, 저수지 등에 분포한다.

먹이습성 잡식성으로 식물성 플랑크톤, 실지렁이, 수서곤충, 수초, 유기물을 먹는다.

행동습성 대부분의 행동습성은 붕어와 비슷하며, 산란기는 5~7월이다. 성장이 매우 빨라서 1년에 10㎝, 2년이면 15~17㎝, 3년이면 25㎝, 4~5년이 지나면 40㎝를 넘을 정도다.

국내 분포 국내에도 이식 정착되어 전국의 여러 저수지와 대형 댐에 우점적으로 분포한다.

국외 분포 일본에 분포한다.

특이 사항 외래종

	상류	상류/중류	중류	중류/하류	정수역	기수역
서식특성	수층종		저서종		여울-저서성종	
내성특성	민감종		중간종		내성종	
섭식특성	초식성		충식성		육식성	잡식성
관리현황	멸종위기I급	멸종위기II급		고유종	천연기념물	외래종

잉어목 〉 잉어아과 • Cypriniformes 〉 Cyprininae

초어

Ctenopharyngodon idellus (Cuvier and Valenciennes, 1844)

몸은 길지만 옆으로 납작하지는 않다

1 머리 앞쪽이 넓고 머리 아래에 입이 있다. 아가미뚜껑에 방사상 줄무늬가 있다. **2** 각 지느러미는 약간 검은빛을 띠고, 비늘은 진한 갈색을 띤다.

형태 특성

몸길이 50~100cm이다.

체색과 무늬 등 쪽은 회갈색을 띠고 몸 옆면과 배 쪽은 은백색이다. 각 지느러미는 약간 검은빛을 띠고, 비늘은 진한 갈색을 띤다.

주요 형질 몸은 긴 직사각형이다. 등지느러미 연조 수 7개, 뒷지느러미 연조 수 7~8개, 옆줄 비늘 수 38~40개, 새파 수 16~19개다. 머리 앞쪽이 넓고, 머리 아래에 입이 있다. 입수염은 없다. 등지느러미는 약간 둥글고, 그 기점은 배지느러미보다 약간 앞쪽에 있다. 아가미뚜껑에는 방사상 줄무늬가 있다. 옆줄은 완전하고 아래쪽으로 완만하게 굽었으며, 뒷부분 중앙을 따라 지난다. 비늘은 보통 크기로 비늘 윤곽은 그물눈 모양이다.

생태 특성

서식지 수심 5m 이하의 소수나 연못에 서식한다. 습성은 잉어와 비슷해 15~30℃에서 활발하게 활동한다.

먹이습성 초식성으로 수초나 육상의 부드러운 풀 또는 나뭇잎을 먹는다. 풀을 먹는 물고기란 뜻에서 초어라 불린다.

행동습성 산란기는 4~7월이며, 주로 비가 많이 와서 강물이 불어나는 초여름에 왕성하다. 강의 중상류에 살다가 강물이 불어나면 떼를 지어 상류 쪽으로 이동해 모래나 진흙이 깔린 바닥을 산란장으로 선택해 알을 낳는다. 암컷 1마리 당 알을 50만~80만 개 낳고, 알은 100km 정도로 먼 거리를 흘러 내려가면서 부화한다. 산소 결핍에 견디는 힘이 강하고, 양식 대상 종으로 아주 양호하다. 초어는 수중의 수초를 대량으로 먹기 때문에 어류 서식지를 교란시키는 등 생태계에 피해를 주고 있다.

국내 분포 국내에는 대만과 일본 등지에서 도입해 낙동강 및 소양 댐에 방류했으나, 자연번식이 이루어진다는 증거는 아직 없다.

국외 분포 아시아 대륙 동부로 양쯔 강과 헤이룽 강 등의 중국, 베트남, 라오스 등지에 자연 분포한다. 양식 대상 종으로 세계적으로 분포한다.

특이 사항 외래종

서식특성	상류	상류/중류	중류	중류/하류	정수역	기수역
	수층종		저서종		여울–저서성종	
내성특성	민감종		중간종		내성종	
섭식특성	초식성		충식성		육식성	잡식성
관리현황	멸종위기I급	멸종위기II급		고유종	천연기념물	외래종

잉어목 〉 납자루아과 · Cypriniformes 〉 Cyprinidae

흰줄납줄개
Rhodeus ocellatus (Kner, 1867)

암컷. 몸은 길지만 옆으로 납작하지는 않고 몸높이가 높다. 배에 산란관이 있다.

수컷

1 입수염이 없고 머리 뒷부분이 오목하다. **2** 몸 가운데에서 꼬리지느러미까지 청록색 가로 줄이 있다.

형태특성

몸길이 6~10㎝이다.

체색과 무늬 전체적으로 엷은 갈색이며, 등 쪽은 짙은 회갈색, 몸통과 배는 은백색이다. 몸의 가운데에서 꼬리지느러미 시작 부분까지 앞뒤가 뾰족한 청록색 가로 줄이 있다. 등 앞부분은 청록색을 띤다.

주요 형질 몸은 타원형이며, 옆으로 납작하고 몸높이가 높다. 등지느러미 연조 수 11~12개, 뒷지느러미 연조 수 10~11개, 옆줄 비늘 수 31~44개다. 주둥이는 튀어나왔으며, 입은 주둥이 아래에 있다. 입수염은 없으며, 머리 뒷부분은 오목하다. 등지느러미와 뒷지느러미 가장자리는 둥글다. 옆줄은 불완전하다. 흰줄납줄개는 각시붕어보다 등이 더 동그랗고 주둥이가 앞으로 튀어나왔으며 입이 아주 작다. 그리고 몸통이 옆으로 더 납작하다.

생태특성

서식지 물 흐름이 완만하고 수초가 우거진 하천 중·하류나 호수, 저수지에 서식한다.

먹이습성 잡식성으로 수서곤충, 실지렁이, 규조류를 먹는다.

행동습성 산란기는 4~6월이며 암컷이 산란관을 이용해 말조개, 펄조개 등 주로 덩치가 큰 담수 조개에 알을 낳는다. 번식기 수컷의 몸은 진한 다홍색을 띠어 매우 화려해지며, 눈, 아가미구멍의 뒤쪽, 가슴지느러미, 배지느러미, 등지느러미, 꼬리지느러미 기부 가운데에 적색 혹은 분홍색이 뚜렷해진다. 암컷의 경우 항문 뒤에 산란관을 길게 늘어뜨린다.

국내 분포 동해 유입 하천을 제외한 전국의 하천과 호수에 분포한다.

국외 분포 일본, 중국에 분포한다. 일본 종은 별도의 아종으로 분류된다.

서식특성	상류	상류/중류	중류	중류/하류	정수역	기수역
	수층종		저서종		여울–저서성종	
내성특성	민감종		중간종		내성종	
섭식특성	초식성		충식성		육식성	잡식성
관리현황	멸종위기I급	멸종위기II급	고유종		천연기념물	외래종

잉어목 〉 납자루아과 • Cypriniformes 〉 Cyprinidae

한강납줄개
Rhodeus peudosericeus Jeon and Ueda, 2001

몸은 납작하고 몸높이가 높아 옆에서 보면 타원형으로 보인다.

1 입수염은 1쌍이다. **2** 옆줄 5~6번째 비늘부터 꼬리지느러미까지 진한 초록색 띠가 있다. **3** 등지느러미 기조에 검은 점이 3줄로 배열되며, 노란색을 띤다.

형태 특성

몸길이 5~9cm이다.

체색과 무늬 등 쪽은 어두운 회갈색을 띠지만 배 쪽은 은백색이다. 가늘고 진한 청색 줄이 몸 중앙 후반부에서부터 꼬리지느러미 시작 부분까지 이어진다. 등지느러미와 꼬리지느러미 기조에 검은 점이 3줄로 배열된다. 수컷의 등지느러미 가장자리는 다른 지느러미보다 진한 노란색을 띤다.

주요 형질 몸은 납작하고 몸높이가 높아 옆에서 보면 타원형으로 보인다. 등지느러미 연조 수 9~10개, 뒷지느러미 연조 수 9~10개, 옆줄 비늘 수 34~37개다. 등지느러미 가장자리는 직선을 이루다가 갑자기 내려간다. 몸의 등 쪽과 배 쪽은 대칭을 이룬다. 머리는 작고 주둥이는 앞으로 튀어나왔으며, 입은 주둥이 밑에 있다. 비늘은 아주 크고 기와 모양으로 밀착되었다. 성숙한 수컷은 주둥이에 추성이 넓게 밀집되어 나타나지만 암컷에서는 보이지 않는다.

생태 특성

서식지 저수지, 하천의 수초나 갈대가 많고 물 흐름이 느리며 돌이 있는 곳에 서식한다.

먹이습성 동식물성 플랑크톤과 유기물을 먹는다.

행동습성 산란기는 4~6월이며 민물조개 몸속에 산란한다. 산란기 암컷은 항문부의 산란관이 길어진다. 산란기 수컷의 몸 가운데에는 노란색이 뚜렷하다.

국내 분포 남한강 상류의 섬강(횡성)과 흑천(양평), 북한강 지류인 조종천(가평)에 제한적으로 분포한다.

특이 사항 한국 고유종

서식특성	상류	상류/중류	중류	중류/하류	정수역	기수역
	수층종		저서종		여울-저서성종	
내성특성	민감종		중간종		내성종	
섭식특성	초식성		충식성		육식성	잡식성
관리현황	멸종위기I급	멸종위기II급		고유종	천연기념물	외래종

잉어목 〉 납자루아과 • Cypriniformes 〉 Cyprinidae

각시붕어
Rhodeus uyekii (Mori, 1935)

몸은 옆으로 납작하고 몸높이는 그다지 높지 않다.

1 아가미 뒤 위쪽에 암청색 점이 뚜렷하다. **2** 꼬리지느러미 가운데에 주황색 무늬가 있다. **3** 몸 가운데에서 꼬리지느러미 시작 부분까지 청색 가로 줄이 있다.

형태 특성

몸길이 4~5cm이다.

체색과 무늬 몸의 등 쪽은 청갈색을 띠고, 배는 담황색 혹은 회색을 띤다. 아가미 뒤 위쪽으로 암청색 점이 뚜렷하고 몸 가운데에서 꼬리지느러미 시작 부분까지 청색 가로 줄이 있다. 등지느러미와 꼬리지느러미 가운데 주황색 무늬가 있으며, 뒷지느러미 끝에는 주황색과 검은색 띠가 있다.

주요 형질 몸은 옆으로 납작하고 몸높이는 그다지 높지 않다. 등지느러미 연조 수 8~9개, 뒷지느러미 연조 수 9~10개, 종렬 비늘 수 32~34개다. 입은 주둥이 앞쪽 아래에 있으며 입수염은 없다. 옆줄은 불완전해서 3~4번째 비늘까지만 옆줄 비늘이 있다.

생태 특성

서식지 물 흐름이 느리고 물풀이 비교적 많은 얕은 하천이나 저수지, 농수로에 서식한다.

먹이습성 잡식성으로 부착조류, 수초, 동물성 플랑크톤, 수서곤충을 먹는다.

행동습성 산란기에 수컷의 몸 색깔은 화려해지고 암컷의 배에서 산란관이 길게 나온다. 암컷이 산란관을 민물조개의 출수공에 꽂고 알을 집어넣으면, 수컷이 기다렸다가 재빠르게 수정시킨다.

국내 분포 서해와 남해로 흐르는 하천이나 농수로, 저수지 등에 분포한다.

특이 사항 한국 고유종

서식특성	상류	상류/중류	중류	중류/하류	정수역	기수역
	수층종		저서종		여울-저서성종	
내성특성	민감종		중간종		내성종	
섭식특성	초식성		충식성		육식성	잡식성
관리현황	멸종위기I급	멸종위기II급		고유종	천연기념물	외래종

잉어목 〉 납자루아과 • Cypriniformes 〉 Cyprinidae

떡납줄갱이
Rhodeus notatus Nichols, 1929

수컷. 몸은 긴 타원형이며 옆으로 납작하고 몸높이는 낮다.

암컷

1 아가미 뒤 위쪽 후단에 희미한 청색 반점이 있다. **2** 꼬리지느러미 가운데가 깊이 파였다. **3** 몸통 앞부분에서 꼬리지느러미까지 흑갈색 혹은 흑청색 가로 줄무늬가 있다.

형태특성

몸길이 4~5㎝이다.

체색과 무늬 전체적으로 담갈색이며 등지느러미 앞쪽은 어둡고 배 쪽은 담회색이다. 몸통 앞부분에서 꼬리지느러미 시작 부분까지 흑갈색 혹은 흑청색 가로 줄무늬가 있다. 아가미 뒤 위쪽 후단에 희미한 청색 반점이 있다. 몸 중앙의 청색 가로 줄은 등지느러미 앞쪽에서 꼬리지느러미 시작 부분까지 이어진다. 등지느러미와 뒷지느러미 가장자리에 주홍색 줄무늬가 있다.

주요 형질 몸은 긴 타원형이며 옆으로 납작하고 몸높이는 낮은 편이다. 등지느러미 연조 수 9~10개, 뒷지느러미 연조 수 9~10개, 종렬 비늘 수 32~33개, 새파 수 5~7개다. 주둥이는 앞으로 나왔고 입은 작으며 약간 아래로 향한다. 입수염은 없고 눈은 비교적 크다. 등지느러미와 뒷지느러미 가장자리는 약간 둥글고, 꼬리지느러미 뒤쪽 가장자리 가운데는 깊이 파였다. 옆줄은 몸통 앞부분에만 있다.

생태특성

서식지 물 흐름이 완만하며 수초가 많은 하천이나 농수로, 저수지에 서식한다.

먹이습성 잡식성으로 부착조류나, 수초, 동물성 플랑크톤을 먹는다.

행동습성 산란기는 4~7월이며 암컷이 긴 산란관을 이용해 민물조개 출수공에 알을 낳으면 수컷이 재빨리 방정해 수정시킨다. 조개의 몸속에서 안전하게 부화한 치어들은 28일이 지나 스스로 유영할 수 있을 때 조개의 출수공을 통해 밖으로 나온다.

국내 분포 서해 유입 하천과, 남해 유입 하천, 저수지, 농수로, 연못 등에 분포한다.

국외 분포 시베리아, 중국에 분포한다.

서식특성	상류	상류/중류	중류	중류/하류	정수역	기수역
	수층종		저서종		여울-저서성종	
내성특성	민감종		중간종		내성종	
섭식특성	초식성		충식성		육식성	잡식성
관리현황	멸종위기Ⅰ급	멸종위기Ⅱ급		고유종	천연기념물	외래종

잉어목 > 납자루아과 · Cypriniformes > Cyprinidae

납자루

Acheilognathus lanceolata (Temminck and Schlegel, 1846)

수컷. 몸은 긴 타원형이고 옆으로 납작하다.

암컷

1 주둥이는 약간 뾰족하며 입수염이 1쌍 있다. **2** 등지느러미 위쪽 앞부분에 붉은색 띠가 있고 끝부분은 직선에 가깝다. **3** 뒷지느러미 끝부분은 직선에 가깝고 붉은색을 띤다.

형태 특성

몸길이 5~9㎝이다.

체색과 무늬 전체적으로 은백색 바탕에 등 쪽은 청갈색이고 배 쪽은 은백색이다. 몸통 뒷부분 가운데에 청색 가로 줄이 있다. 등지느러미 위쪽 앞부분에 선홍색 무늬가 있고, 뒷지느러미 바깥 부분에는 굵은 선홍색 띠가 있다. 산란기에 수컷의 몸은 연한 붉은색을 띠며 산란기가 끝나면 바로 없어진다.

주요 형질 몸은 긴 타원형이고 옆으로 납작하다. 등지느러미 연조 수 9~10개, 뒷지느러미 연조 수 9~11개, 옆줄 비늘 수 36~39개다. 몸높이는 그다지 높지 않다. 주둥이는 약간 뾰족하며 둥글다. 입은 작고 약간 아래로 향한다. 입수염은 1쌍이다. 눈은 큰 편이다. 옆줄은 완전하고 거의 직선이다. 등지느러미와 뒷지느러미 끝은 거의 직선형에 가깝다. 몸에 반점이 없다.

생태 특성

서식지 물이 얕으며 바닥에 자갈이 많고, 수초가 우거진 하천 상류에 서식한다.

먹이습성 잡식성으로 부착조류나 수서곤충을 먹는다.

행동습성 산란기는 4~6월이며 암컷이 물을 들이마시는 민물조개인 말조개, 작은말조개의 구멍에 긴 산란관을 꽂고 알을 낳으면, 수컷이 그 안에 정액을 부어 넣는다. 알은 조개가 흡수한 신선한 물을 통해 산소를 공급받고, 천적으로부터 보호받으면서 안전하게 자랄 수 있다.

국내 분포 서해와 남해로 흐르는 하천에 분포한다.

국외 분포 일본, 중국 등 아시아 대륙에서부터 중부 유럽까지 분포한다.

서식특성	상류	상류/중류	중류	중류/하류	정수역	기수역
	수층종		저서종		여울-저서성종	
내성특성	민감종		중간종		내성종	
섭식특성	초식성		충식성		육식성	잡식성
관리현황	멸종위기I급	멸종위기II급		고유종	천연기념물	외래종

잉어목 〉 납자루아과 ・ Cypriniformes 〉 Cyprinidae

묵납자루
Acheilognathus signifer Berg, 1907

몸은 타원형이며 옆으로 납작하고 몸높이가 높다.

1 입수염은 1쌍이다. **2** 꼬리지느러미 끝은 약간 파였다. **3** 등지느러미 기부는 회갈색이며, 가운데 부분에 넓은 노란색 띠가 뚜렷하다. **4** 뒷지느러미 기부는 회갈색이며 가운데 부분에 노란색 넓은 띠가 뚜렷하고, 가장자리는 흑갈색을 띤다.

형태 특성

몸길이 5~7㎝이다.

체색과 무늬 전반적으로 짙은 푸른빛을 띠며, 등 쪽은 푸른 갈색, 배 쪽은 황갈색이다. 등지느러미와 뒷지느러미 기부는 회갈색이지만 가운데 부분에는 노란색 넓은 띠가 뚜렷하고, 가장자리는 흑갈색을 띤다. 수컷은 양쪽 가슴지느러미 사이가 검게 보인다.

주요 형질 몸은 타원형이며 옆으로 납작하고 몸높이는 높다. 등지느러미 연조 수 8~9개, 뒷지느러미 연조 수 8~10개, 옆줄 비늘 수 35~38개, 새파 수 7~8개다. 주둥이는 튀어나왔고 입은 주둥이 밑에 있다. 입수염은 1쌍이며 입술은 얇고 각질화 되었다. 등은 급격하게 휘며 등지느러미는 비교적 크다. 꼬리지느러미 끝은 약간 파였다. 눈은 큰 편이며 비늘이 고르고 빽빽하게 배열된다. 옆줄은 완전하며 가운데가 약간 아래로 굽었다.

생태 특성

서식지 하천의 흐름이 완만하며 수초가 우거진 곳 또는 여울과 여울이 이어지면서 바닥에 모래와 자갈이 섞인 곳에 서식한다.

먹이습성 잡식성으로 부착조류나 수서곤충을 먹는다.

행동습성 산란기는 5~6월이며 암컷이 물을 들이마시는 민물조개인 작은말조개의 구멍에 긴 산란관을 꽂고 알을 낳으면, 수컷이 그 안에 정액을 부어 넣는다. 알은 조개가 흡수한 신선한 물을 통해 산소를 공급받고 천적으로부터 보호받으면서 안전하게 자랄 수 있다. 번식기 수컷의 몸은 검푸르게 변하고 주둥이에 추성이 형성된다.

국내 분포 한강, 임진강에 분포한다.
국외 분포 북한의 대동강, 압록강에 분포한다.
특이 사항 한국 고유종, 멸종위기야생동식물Ⅱ급

서식특성	상류	상류/중류	중류	중류/하류	정수역	기수역
	수층종		저서종		여울-저서성종	
내성특성	민감종		중간종		내성종	
섭식특성	초식성		충식성		육식성	잡식성
관리현황	멸종위기Ⅰ급		멸종위기Ⅱ급		고유종	천연기념물	외래종

잉어목 〉 납자루아과 ・ Cypriniformes 〉 Cyprinidae

칼납자루
Acheilognathus koreensis Kim and Kim, 1990

몸은 타원형이며 옆으로 납작하다.

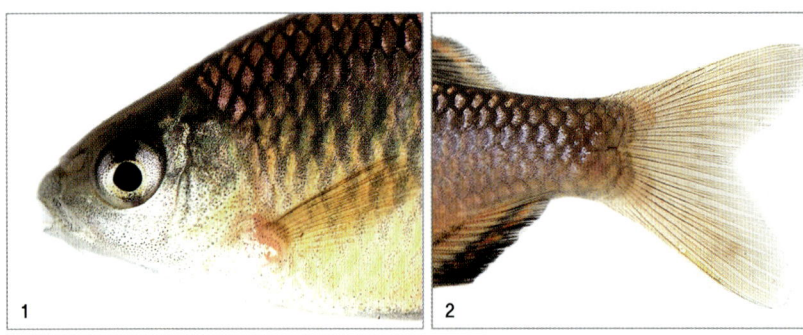

1 입수염은 1쌍이며 아가미 뒤 4, 5번째 비늘 색깔이 진하다. **2** 꼬리지느러미 가장자리는 둥글고 깊게 파였다. **3** 등지느러미와 뒷지느러미 안쪽 가장자리에 너비가 넓은 노란색 띠가 있다.

형태 특성

몸길이 6~8cm이다.

체색과 무늬 전체적으로 암갈색이며 등 쪽은 짙고 배 쪽은 연하다. 등지느러미와 뒷지느러미의 기부는 암갈색으로 안쪽 가장자리에 너비가 넓은 노란색 띠가 있으며, 가장자리에는 가느다란 검은색 줄이 있다. 아가미 뒤의 옆줄이 지나는 4, 5번째 비늘은 색깔이 진하다. 뒷지느러미에는 황갈색과 검은색 띠가 2번 반복된다.

주요 형질 몸은 타원형이며 옆으로 납작하다. 등지느러미 연조 수 8~9개, 뒷지느러미 연조 수 10개, 옆줄 비늘 수 34~36개, 새파 수 8~10개이다. 주둥이는 둥글며 입은 주둥이 아래에 있다. 입수염은 1쌍이고 몸높이는 높다. 등지느러미와 뒷지느러미는 약간 둥글다. 옆줄은 완전하다. 몸통에 반점과 반문이 없다.

생태 특성

서식지 바닥이 편평하고, 바위나 큰 돌이 있는 하천의 수초 지대에 무리지어 서식한다.

먹이습성 잡식성으로 부착조류나 수서곤충을 먹는다.

행동습성 산란기는 5~6월이며 암컷이 말조개, 작은말조개, 곳체두드럭조개 등 민물조개에 산란관을 넣어 알을 낳는다. 번식기 수컷의 몸 색깔은 푸른빛이 도는 진한 갈색으로 변하고 주둥이에는 돌기가 생기며, 이 돌기로 다른 경쟁자인 수컷의 몸통을 들이받거나 지느러미를 입으로 물어뜯는다.

국내 분포 금강, 섬진강, 낙동강 등 서해와 남해 유입 하천에 분포한다.

특이 사항 한국 고유종

서식특성	상류	상류/중류	중류	중류/하류	정수역	기수역
	수층종		저서종		여울-저서성종	
내성특성	민감종		중간종		내성종	
섭식특성	초식성		충식성		육식성	잡식성
관리현황	멸종위기I급		멸종위기II급	고유종	천연기념물	외래종

잉어목 〉 납자루아과 • Cypriniformes 〉 Cyprinidae

임실납자루
Acheilognathus somjinensis Kim and Kim, 1991

몸은 타원형이고 옆으로 납작하다.

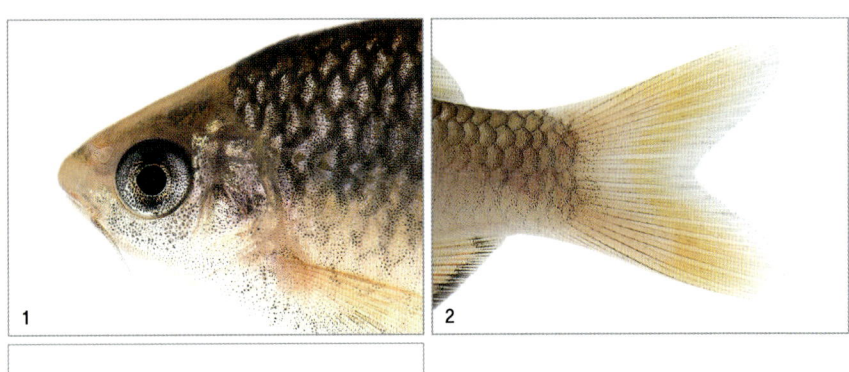

1 입수염은 1쌍이고, 눈은 비교적 크다. **2** 꼬리지느러미 가장자리는 둥글고 깊게 파였다. **3** 등지느러미와 뒷지느러미 가장자리에 노란색 띠가 있다.

형태 특성

몸길이 5~6cm이다.

체색과 무늬 전체적으로 진한 갈색이며 등 쪽은 어둡고 몸통 가운데는 갈색을 띤다. 배는 노란색 또는 색이 없으며 꼬리 쪽은 보라색을 띤다. 등지느러미와 뒷지느러미 가장자리에 노란색 띠가 있으며, 뒷지느러미에는 붉은색과 검은색 띠가 2번 반복된다. 연조막에는 붉은색이 없고 노란색을 띤다.

주요 형질 몸은 타원형이고 옆으로 납작하다. 등지느러미 연조 수 7~9개, 뒷지느러미 연조 수 9~11개, 옆줄 비늘 수 34~36개, 새파 수 9~10개다. 주둥이는 둥글며 입은 주둥이 아래에 있다. 입수염은 1쌍이고, 눈은 비교적 크다. 등지느러미와 뒷지느러미 끝은 둥글다. 옆줄은 완전하며 그 가운데는 아래쪽으로 약간 오목하다.

생태 특성

서식지 수초가 많고 바닥이 편평하며 모래와 진흙, 자갈이 있는 얕은 하천 중·상류에 서식한다.

먹이습성 잡식성으로 부착조류나 수서곤충을 먹는다.

행동습성 산란기는 5~6월이며 암컷이 산란관을 이용해 주로 부채두드럭조개와 민납작조개에 알을 낳는다. 번식기에 민물조개를 차지하려는 수컷들의 다툼이 심하다.

국내 분포 섬진강 수계의 전북 임실군 관촌면을 비롯한 섬진강 일부 수계에만 분포한다.

특이 사항 한국 고유종, 멸종위기야생동식물II급

서식특성	상류	상류/중류	중류	중류/하류	정수역	기수역
	수층종		저서종		여울-저서성종	
내성특성	민감종		중간종		내성종	
섭식특성	초식성		충식성		육식성	잡식성
관리현황	멸종위기I급	멸종위기II급		고유종	천연기념물	외래종

잉어목 〉 납자루아과 • Cypriniformes 〉 Cyprinidae

줄납자루

Acheilognathus yamatsuatae Mori, 1928

수컷. 몸은 긴 타원형으로 옆으로 납작하다.

암컷

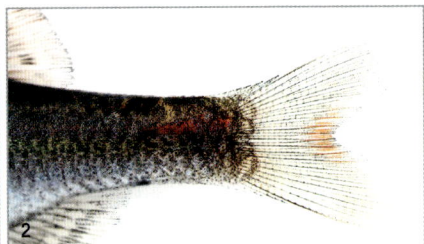

1 입수염은 1쌍이며, 아가미 뒤에 청색 점이 있다. **2** 꼬리지느러미 끝은 직선에 가까우며, 가운데는 안쪽으로 깊이 파였다. **3** 등지느러미 앞부분에 흰색 띠가 있고, 검은색 줄무늬가 3개 있다.

형태 특성

몸길이 6~10cm이다.

체색과 무늬 전체적으로 푸른색이며 등 쪽은 어둡고 배는 은백색이다. 몸통 앞부분에 커다란 청색 점이 있고, 꼬리지느러미 시작 부분까지 청록색 줄이 여러 개 이어진다. 등지느러미 앞부분과 꼬리지느러미 끝부분에 붉은색 띠가 있고 배지느러미와 뒷지느러미 끝부분에 흰색 띠가 있다. 등지느러미와 뒷지느러미에는 검은색 줄무늬가 3개 있다.

주요 형질 몸은 긴 타원형이며 옆으로 납작하고, 납자루속 어류 가운데 몸높이는 가장 낮다. 등지느러미 연조 수 7~9개, 뒷지느러미 연조 수 7~9개, 옆줄 비늘 수 37~41개, 새파 수 8~13개다. 주둥이는 튀어나왔고 입은 주둥이 아래에 있다. 입수염은 1쌍이며, 등 곡선은 완만하다. 등지느러미와 뒷지느러미, 꼬리지느러미 끝은 직선에 가까우며, 꼬리지느러미 가운데는 안쪽으로 깊이 파였다.

생태 특성

서식지 바닥이 펄과 자갈이 섞여 있고 수심 30~80cm인 하천이나 강의 중·하류, 댐에 서식한다.

먹이습성 잡식성으로 식물성 플랑크톤과 수서곤충을 먹는다.

행동습성 산란기는 5~6월이며 암컷이 산란관을 이용해 말조개, 작은말조개, 곳체두드럭조개 등 민물조개에 알을 낳는다. 번식기 수컷의 눈동자는 붉어지고 몸은 진한 푸른빛과 보라색이 더해져 화려해지며, 콧구멍과 주둥이 주변까지 돌기가 뚜렷해진다.

국내 분포 동해 유입 하천과 섬진강을 제외한 전국의 하천에 분포한다.

특이 사항 한국 고유종

서식특성	상류	상류/중류	중류	중류/하류	정수역	기수역
	수층종		저서종		여울-저서성종	
내성특성	민감종		중간종		내성종	
섭식특성	초식성		충식성		육식성	잡식성
관리현황	멸종위기I급	멸종위기II급		고유종	천연기념물	외래종

잉어목 > 납자루아과 • Cypriniformes > Cyprinidae

큰줄납자루
Acheilognathus majusculus Kim and Yang, 1998

몸은 긴 타원형이며 옆으로 납작하다.

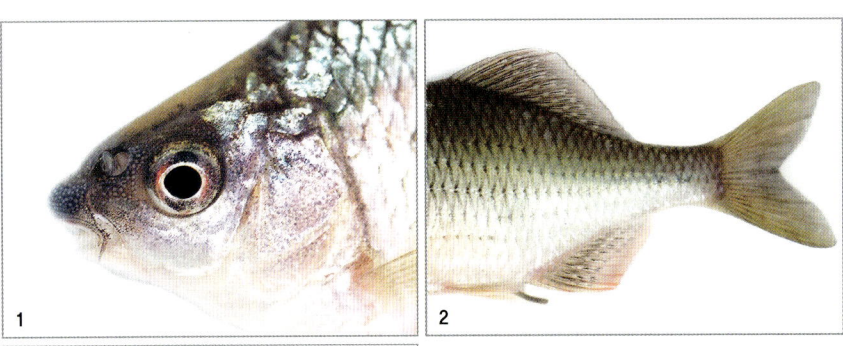

1 입수염은 1쌍이다. **2** 옆줄 5~6번째 비늘부터 꼬리지느러미까지 진한 초록색 띠가 있다. **3** 등지느러미 연조 수는 8개이고, 끝 가장자리가 볼록하다.

형태 특성

몸길이 9~11㎝이다.

체색과 무늬 전체적으로 초록빛이며 배 쪽은 색깔이 연하다. 옆줄 5~6번째 비늘부터 꼬리지느러미 시작 부분까지 진한 초록색 줄이 이어져 있다. 등지느러미와 꼬리지느러미 끝부분에 붉은색 띠가 있고, 그 안쪽은 흰색이다. 뒷지느러미 끝부분에 흰색 띠가 있다.

주요 형질 몸은 긴 타원형이며 옆으로 납작하다. 등지느러미 연조 수 8개, 뒷지느러미 연조 수 8개, 옆줄 비늘 수 37~41개, 새파 수 17~21개다. 머리는 비교적 작고 주둥이는 납작하며 약간 앞으로 나왔다. 입은 주둥이 아래에 있다. 입수염은 1쌍이다. 비늘은 크고 원린이며, 옆줄은 완전하다. 등지느러미 끝 가장자리가 볼록하다. 꼬리지느러미 끝은 뾰족하고 안으로 파였다.

생태 특성

서식지 하천의 수심이 깊고 바닥에 큰 돌이 깔린 곳에 서식한다.

먹이습성 잡식성으로 부착조류, 수서곤충 애벌레 등을 먹는다.

행동습성 산란기는 5~7월이며 암컷이 산란관을 이용해 말조개, 작은말조개, 곳체두드럭조개 등 민물조개에 알을 낳는다. 번식기 수컷의 눈동자는 붉어지고 몸은 진한 초록색과 붉은색을 띠며, 돌기는 콧구멍과 눈 주변까지 돋아난다. 또한 주둥이 끝이 동그랗게 튀어나온다.

국내 분포 섬진강 전 수계와 낙동강 일부 수계에 분포한다.

특이 사항 한국 고유종

서식특성	상류	상류/중류	중류	중류/하류	정수역	기수역
	수층종		저서종		여울-저서성종	
내성특성	민감종		중간종		내성종	
섭식특성	초식성		충식성		육식성	잡식성
관리현황	멸종위기I급	멸종위기II급		고유종	천연기념물	외래종

잉어목 〉 납자루아과 • Cypriniformes 〉 Cyprinidae

납지리
Acheilognathus rhombeus (Temminck and Schlegel, 1846)

몸은 타원형이며 옆으로 납작하고 몸높이가 높다. 몸 가운데에 암청색 세로 줄무늬가 뚜렷하다.

1 아가미 뒤에 삼각형 모양 초록색 반점이 있다. **2** 몸통 옆면 가운데 부분에 암청색 세로 줄무늬가 뚜렷하다. **3** 등지느러미 연조 수는 9~11개 이며, 붉은색을 띤다.

형태특성
몸길이 6~10㎝이다.
체색과 무늬 전체적으로 금속성 광택을 띠는 은백색이며 등 쪽은 약간 어둡고 배 쪽은 밝다. 아가미 뒤에 초록색 반점이 있으며 몸통 옆면 가운데 부분에는 암청색 세로 줄무늬가 뚜렷하다. 등지느러미와 뒷지느러미는 분홍색이다. 짝짓기 철이 다가오면 수컷은 혼인색을 띠며, 등 쪽은 청록색, 배 쪽은 붉은색, 지느러미는 엷은 붉은색으로 바뀐다.
주요 형질 몸은 타원형이며 옆으로 납작하고 몸높이가 비교적 높은 편이다. 등지느러미 연조 수 11~13개, 뒷지느러미 연조 수 9~10개, 옆줄 비늘 수 37~39개, 새파 수 9~13개다. 머리는 몸에 비해 작고 주둥이가 뾰족하다. 입수염은 1쌍이며 길이가 짧다. 비늘은 기와 모양으로 덮여 있고, 비늘 35~38개로 연결된 옆줄이 몸 옆을 가로지른다. 옆줄은 완전하다.

생태특성
서식지 물 흐름이 완만한 하천 중·하류나 저수지, 호수의 중·하층에 서식한다.
먹이습성 잡식성으로 부착조류와 동물성 플랑크톤을 먹는다.
행동습성 산란기는 9~11월이며 암컷은 민물조개의 몸속에 알을 낳는다. 산란기에 수컷의 주둥이와 눈 주변에 돌기가 돋아난다.

국내 분포 동해로 흐르는 하천을 제외한 전국 하천에 분포한다.
국외 분포 북한, 일본에 분포한다.

서식특성	상류	상류/중류	중류	중류/하류	정수역	기수역
	수층종		저서종		여울-저서성종	
내성특성	민감종		중간종		내성종	
섭식특성	초식성		충식성		육식성	잡식성
관리현황	멸종위기I급	멸종위기II급		고유종	천연기념물	외래종

잉어목 〉 납자루아과 · Cypriniformes 〉 Cyprinidae

큰납지리

Acheilognathus macropterus Bleeker, 1871

암컷. 몸은 타원형이며 옆으로 납작하다.

1 입수염은 1쌍으로 매우 짧아 흔적만 있다. 아가미 뒤에 연한 청색 반점이 있다. **2** 꼬리지느러미는 끝이 둥글고 깊게 파였다. **3** 등지느러미 연조 수는 15~17개다.

형태특성

몸길이 6~15㎝이다.

체색과 무늬 전체적으로 푸른빛이 나는 갈색으로 광택이 있으며, 등 쪽은 녹갈색, 배 쪽은 은백색이다. 아가미 뒤에 연한 청색 반점이 있고, 옆줄을 지나는 4번째 비늘에 진한 반점이 있다. 꼬리지느러미 시작 부분까지 푸른색 가로 줄이 이어진다. 등지느러미에는 검은색과 흰색 띠가 두 번 반복되고 끝은 검은색이다. 뒷지느러미 끝부분은 흰색이다.

주요 형질 몸은 타원형이며 옆으로 납작하다. 등지느러미 연조 수 15~17개, 뒷지느러미 연조 수 12~13개, 옆줄 비늘 수 36~38개, 새파 수 7~8개다. 주둥이는 튀어나왔고 입은 주둥이 아래에 있다. 입수염은 1쌍으로 매우 짧아 흔적만 있다. 등지느러미와 뒷지느러미 기조에는 불분명한 줄무늬가 있다. 옆줄은 완전하고 아가미 위에서부터 꼬리 시작 부분까지 이어지며, 옆줄 가운데 부분은 아래로 약간 굽는다.

생태특성

서식지 물 흐름이 완만한 하천의 깊은 곳이나 수초가 우거진 저수지의 바닥 근처에 서식한다.

먹이습성 잡식성으로 유기물이 섞인 해감이나 깔따구 애벌레 같은 수서곤충을 먹는다.

행동습성 산란기는 4~6월이며 암컷이 산란관을 이용해 말조개, 작은말조개, 곳체두드럭조개 등 민물조개에 알을 낳는다. 번식기 수컷의 몸 색깔은 푸른색이 더해지고, 등지느러미와 배지느러미, 뒷지느러미는 검은색이 더해진다. 또한 수컷의 주둥이와 눈 주변까지 돌기가 돋고 등지느러미가 커진다.

국내 분포 동해 유입 하천을 제외한 전국에 분포한다.
국외 분포 중국에 분포한다.

서식특성	상류	상류/중류	중류	중류/하류	정수역	기수역
	수층종		저서종		여울-저서성종	
내성특성	민감종		중간종		내성종	
섭식특성	초식성		충식성		육식성	잡식성
관리현황	멸종위기I급	멸종위기II급		고유종	천연기념물	외래종

잉어목 〉 납자루아과 • Cypriniformes 〉 Cyprinidae

가시납지리
Acanthorhodeus gracilis Regan, 1890

몸은 긴 타원형이며 옆으로 납작하다.

1 입은 작고 뾰족하며 입수염은 흔적만 남아 있다. 2 꼬리지느러미 끝은 둥글고 가운데가 파였다. 3 등지느러미 연조 수는 12-13개이며, 각 지느러미는 밝은 보라색을 띤다.

형태 특성

몸길이 8~12㎝이다.

체색과 무늬 몸 전체가 금속성 광택을 띠며, 등 쪽은 푸른 갈색을 띠지만 배 쪽은 차츰 엷어지면서 앞쪽은 엷은 보랏빛, 끝부분 아래쪽은 청색을 띤다. 몸통 가운데에서 꼬리지느러미 시작 부분까지 희미한 청색 줄이 있다. 각 지느러미는 밝은 보라색이다. 뒷지느러미 끝은 검은색이다.

주요 형질 몸은 긴 타원형이며 옆으로 납작하다. 등지느러미 연조 수 12~13개, 뒷지느러미 연조 수 10~11개, 옆줄 비늘 수 36~37개, 새파 수 15~18개다. 몸높이는 그리 높지 않다. 머리는 작고 입은 주둥이 아래에 있으며, 위턱이 아래턱보다 약간 앞으로 나왔다. 입수염은 없다. 등 곡선은 완만하게 휜다. 옆줄은 뚜렷하다. 등지느러미 기조 사이 기조막에는 작고 검은 점이 밀집된 폭 넓게 어두운 띠가 2개 있다. 수컷의 등지느러미 뒤쪽 가장자리는 약간 볼록하고 위턱과 외비공 앞쪽에는 추성판이 2개 있다.

생태 특성

서식지 물 흐름이 느린 하천 중·하류와 저수지, 농수로 등에 서식한다.

먹이습성 잡식성으로 수초와 실지렁이, 수서곤충 등을 먹는다.

행동습성 산란기는 4~8월이며, 주로 대칭이, 귀이빨대칭이, 펄조개 등 민물조개에 알을 낳는다. 번식기 수컷의 등지느러미는 커지며 배 아랫부분에 검은색 점이 많이 생긴다. 또한 등지느러미는 검은색이 더해지고 배지느러미와 뒷지느러미는 흰색이 더해진다.

국내 분포 한강, 금강, 섬진강, 영산강 등지에 분포한다.

특이 사항 한국 고유종

서식특성	상류	상류/중류	중류	중류/하류	정수역	기수역
		수층종		저서종	여울–저서성종	
내성특성	민감종		중간종		내성종	
섭식특성	초식성		충식성		육식성	잡식성
관리현황	멸종위기Ⅰ급	멸종위기Ⅱ급		고유종	천연기념물	외래종

잉어목 〉 모래무지아과 • Cypriniformes 〉 Cyprinidae

참붕어

Pseudorasbora parva (Temminck and Schlegel, 1846)

몸은 길고 약간 납작하다.

1 주둥이는 뾰족하며 입은 작고 위를 향한다. **2** 몸 가운데에 짙은 가로 줄무늬가 있다. **3** 등지느러미는 높고 뾰족하다.

형태특성

몸길이 6~8cm이다.

체색과 무늬 전체적으로 금속성의 은백색이며 등 쪽은 암갈색이고 배 쪽은 은백색이다. 몸 가운데에 진한 갈색 가로 줄무늬가 있고, 각 비늘 끝에는 초승달 모양 진한 무늬가 있다. 각 지느러미는 엷은 회색이다.

주요 형질 몸은 길고 약간 납작하다. 등지느러미 연조 수 7개, 뒷지느러미 연조 수 6개, 옆줄 비늘 수 35~39개, 새파 수 8~10개다. 주둥이는 뾰족하며 입은 작고 위를 향한다. 입수염은 없으며 아래턱이 위턱보다 길다. 등지느러미는 높고 뾰족하며, 옆줄은 완전하다. 꼬리지느러미 끝은 둥글고 가운데는 파였다.

생태특성

서식지 하천이나 저수지의 깊지 않은 곳, 농수로 등 수면 가까이에서 떼 지어 산다.

먹이습성 잡식성으로 부착조류, 수초, 수서곤충 등을 먹는다.

행동습성 산란기는 4~6월로 작은 돌이나 조개껍데기 표면에 산란하며, 방정한 수컷은 새끼가 깨어날 때까지 산란장 주변을 돌면서 지킨다. 번식기 수컷의 몸은 검은색으로 짙어지고 주둥이 주변에 뾰족한 돌기가 돋는다. 암컷은 노란색을 많이 띤다.

국내 분포 전 담수역에 분포한다.

국외 분포 일본, 중국, 대만에 분포한다.

서식특성	상류	상류/중류	중류	중류/하류	정수역	기수역
	수층종		저서종		여울-저서성종	
내성특성	민감종		중간종		내성종	
섭식특성	초식성		충식성		육식성	잡식성
관리현황	멸종위기I급		멸종위기II급	고유종	천연기념물	외래종

잉어목 〉 모래무지아과 • Cypriniformes 〉 Cyprinidae

돌고기

Pungtungia herzi Herzenstein, 1892

몸은 길고 원통형이며 꼬리는 옆으로 납작하다.

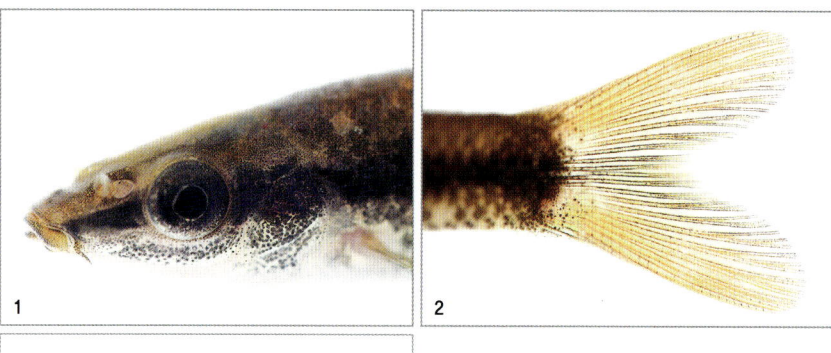

1 입술 양측 끝부분이 두꺼워져 부푼 모양이며, 앞에서 보면 돼지 코 모양이다. **2** 꼬리지느러미 끝은 둥글다. **3** 등지느러미에 무늬는 없으며 연조수는 7개이다.

형태특성

몸길이 7~15㎝이다.

체색과 무늬 등 쪽은 암갈색이고 배 쪽은 담황색이다. 몸통 옆면 가운데에는 주둥이 앞 끝부터 눈을 지나서 미병부까지 너비가 넓은 암갈색 줄무늬가 뚜렷하다. 전체 길이 10㎝가 넘으면 암갈색 줄무늬는 분명하지 않다. 등지느러미 끝부분에 갈색 무늬가 있다.

주요 형질 몸은 길고 원통형이며, 꼬리는 옆으로 납작하다. 등지느러미 연조 수 7개, 뒷지느러미 연조 수 6개, 옆줄 비늘 수 36~41개, 새파 수 7~12개다. 입은 작으며, 윗입술은 두껍고 그 양측 끝부분은 두꺼워져서 부푼 모양이며, 입 앞부분은 돼지 코 모양이다. 입수염은 1쌍이며 옆줄은 완전해 몸 옆면 가운데에 직선으로 이어진다. 꼬리지느러미 끝은 둥글다.

생태특성

서식지 물 흐름이 완만하고 바닥에 자갈이 있는 맑은 하천에 서식한다.
먹이습성 주로 수서곤충 애벌레를 먹는다.
행동습성 산란기는 5~6월이며 바위나 큰 돌 틈에 알을 낳는다. 암컷은 꺽지, 꺽저기, 동사리가 알을 낳은 자리에 무리지어 몰려가 탁란하기도 한다.

국내 분포 동해로 유입되는 일부 하천을 제외한 전국 하천에 분포한다.
국외 분포 중국 북부, 일본 남부에도 분포한다.

서식특성	상류	상류/중류	중류	중류/하류	정수역	기수역
	수층종		저서종		여울-저서성종	
내성특성	민감종		중간종		내성종	
섭식특성	초식성		충식성		육식성	잡식성
관리현황	멸종위기I급		멸종위기II급		고유종	천연기념물	외래종

잉어목 〉 모래무지아과 • Cypriniformes 〉 Cyprinidae

감돌고기

Pseudopungtungia nigra Mori, 1935

몸은 길고 원통형이며 몸 뒷부분은 옆으로 납작하다.

1 돌고기와 비슷하나 두 눈 사이가 좁다. **2** 꼬리지느러미에 검은색 띠가 2개 있다. **3** 등지느러미는 높고 돌고기보다 폭이 넓으며 검은색 띠가 2개 있다.

형태 특징

몸길이 7~10cm이다.

체색과 무늬 전체적으로 어두운 갈색이며 등 쪽은 암갈색이고 배 쪽은 약간 옅은 색이다. 주둥이 끝부분에서 꼬리지느러미 시작 부분까지 옆줄을 따라 짙은 갈색 띠가 있다. 등지느러미와 배지느러미에는 지느러미를 가로지르는 검은 띠가 2개 있고, 가슴지느러미는 회색이다.

주요 형질 몸은 길고 원통형이며, 몸 뒷부분은 옆으로 납작하다. 등지느러미 연조 수 7~8개, 뒷지느러미 연조 수 6~7개, 옆줄 비늘 수 38~41개, 새파 수 6~7개다. 머리는 작고 원뿔형에 가깝다. 돌고기와 비슷하나 두 눈 사이가 좁고 주둥이는 뾰족하지만 끝이 둥글다. 주둥이 길이는 눈 뒤쪽의 머리 길이보다 길다. 입은 주둥이 아래쪽에 있고 말굽 모양이며 입수염은 짧다. 등지느러미는 높고 돌고기보다 폭이 넓다. 꼬리지느러미 끝은 둥글다.

생태 특징

서식지 하천 중상류의 맑은 물이 흐르는 자갈 깔린 여울에 작은 무리로 서식한다.
먹이습성 주로 수서곤충을 먹으며, 돌에 붙은 미생물이나 부착조류 등도 먹는다.
행동습성 산란기는 4~6월이며, 꺽지가 알 낳은 곳에 집단으로 몰려가 탁란한다.

국내 분포 금강 중·상류에 서식하며 만경강과 웅천천에도 서식했으나 지금은 볼 수 없다.
특이 사항 한국 고유종, 멸종위기야생동식물I급

서식특성	상류	상류/중류	중류	중류/하류	정수역	기수역
	수층종		저서종		여울-저서성종	
내성특성	민감종		중간종		내성종	
섭식특성	초식성		충식성		육식성	잡식성
관리현황	멸종위기I급	멸종위기II급		고유종	천연기념물	외래종

잉어목 〉 모래무지아과 • Cypriniformes 〉 Cyprinidae

가는돌고기

Pseudopungtungia tenuicorpa Jeon and Choi, 1980

몸은 아주 가늘고 길며. 원통형이다.

위에서 찍은 모습

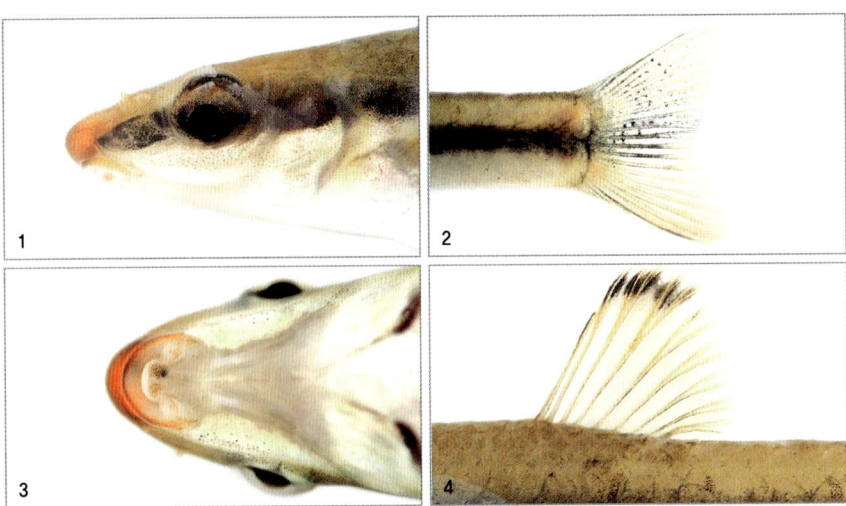

1 주둥이 끝은 뾰족하지만 돌고기에 비해 끝이 둥글다. **2** 꼬리지느러미 끝은 깊게 파였다. **3** 입모양 **4** 등지느러미 윗부분에 옅은 갈색의 작은 줄무늬가 있다.

형태특성

몸길이 8~10㎝이다.

체색과 무늬 등 쪽은 진한 갈색이고 배 쪽은 연한 갈색이다. 주둥이 끝에서 꼬리지느러미 시작 부분까지 굵고 검은 가로 줄이 있다. 등지느러미 윗부분에 작은 연갈색 줄무늬가 있다.

주요 형질 몸은 아주 가늘고 길며 원통형이다. 등지느러미 연조 수 7개, 뒷지느러미 연조 수 6개, 옆줄 비늘 수 42~45개, 새파 수 7~12개다. 주둥이 끝은 뾰족하지만 돌고기에 비해 끝이 둥글다. 입은 작고 주둥이 밑에 있으며 입수염은 1쌍으로 아주 짧다. 눈은 머리에 비해 비교적 크다. 등지느러미는 높은 편이다. 옆줄은 완전하고 직선으로 이루어졌다. 꼬리지느러미 끝은 깊게 파였다.

생태특성

서식지 물 흐름이 빠른 맑고 깨끗한 하천 상류 여울부 바닥에 서식한다.

먹이습성 주로 수서곤충을 먹으며, 가끔 부착조류도 먹는다.

행동습성 산란기는 5~7월이며 큰 돌 틈에 알을 낳는다. 돌고기나 감돌고기처럼 꺽지의 산란장에 탁란하는 습성이 있다. 번식기 수컷의 몸은 암갈색으로 변한다. 최근 하천 오염으로 서식처가 빠르게 사라지고 있다.

국내 분포 한강과 임진강 중·상류 지역에 분포한다.

특이 사항 한국 고유종, 멸종위기야생동식물II급

서식특성	상류	상류/중류	중류	중류/하류	정수역	기수역
	수층종		저서종		여울-저서성종	
내성특성	민감종		중간종		내성종	
섭식특성	초식성		충식성		육식성	잡식성
관리현황	멸종위기I급		멸종위기II급	고유종	천연기념물	외래종

잉어목 〉 모래무지아과 • Cypriniformes 〉 Cyprinidae

쉬리

Coreoleuciscus splendidus Mori, 1935

몸은 가늘고 길며 원통형이지만 뒷부분은 옆으로 납작하다.

1 주둥이 끝부분에서 아가미덮개까지 짙은 갈색 띠가 있다. **2** 꼬리지느러미 끝은 안쪽으로 깊게 파였다. **3** 주둥이 끝 부분에서 아가미 덮개까지 짙은 갈색 띠가 있다. **4** 등지느러미는 높고 곧다.

형태 특성

몸길이 10~15㎝이다.

체색과 무늬 머리의 위쪽은 짙은 남색이고, 등 쪽은 노란색이며, 아래쪽으로 보라색과 하늘색, 갈색 줄무늬가 차례로 있다. 주둥이 끝부분에서 아가미덮개까지 짙은 갈색 띠가 있으며, 옆줄이 있는 가운데에 폭 넓은 노란색 줄무늬가 있고, 그 위쪽으로 주황색, 보라색 및 짙은 남색 줄이 이어지며, 옆줄 아래쪽은 은백색이다. 각 지느러미 기조에는 검은색 띠가 1~3개 있다.

주요 형질 몸은 가늘고 길며 원통형이지만 뒷부분은 옆으로 납작하다. 등지느러미 연조 수 7개, 뒷지느러미 연조 수 6개, 옆줄 비늘 수 40~43개, 새파 수 6~9개다. 입은 작고 주둥이 아래에 있으며 입수염은 없다. 등지느러미는 높고 곧으며 꼬리지느러미 끝은 깊게 파였다. 옆줄은 완전하고 직선이다.

생태 특성

서식지 물이 맑고 깨끗하며 바닥에 자갈이 많이 깔린 하천 중·상류 여울에 서식한다.

먹이습성 주로 수서곤충이나 작은 동물을 먹는다.

행동습성 산란기는 4~5월이며 여울부의 자갈이나 큰 돌 아래쪽에 산란하며, 알들은 두꺼운 난막으로 싸여 있다. 알은 끈끈해 돌에 잘 붙으며 흐르는 물에도 쉽게 떠내려가지 않는다. 번식기 수컷의 몸은 보라색과 하늘색이 더 진해지고 뒷지느러미에 돌기가 돋는다.

국내 분포 동해로 흐르는 일부 하천을 제외한 거의 전국에 분포한다.

특이 사항 한국 고유종

서식특성	상류	상류/중류	중류	중류/하류	정수역	기수역
	수층종		저서종		여울-저서성종	
내성특성	민감종		중간종		내성종	
섭식특성	초식성		충식성		육식성	잡식성
관리현황	멸종위기I급	멸종위기II급		고유종	천연기념물	외래종

잉어목 〉 모래무지아과 • Cypriniformes 〉 Cyprinidae

새미

Ladislabia taczanowskii Dybowski, 1869

수컷

암컷. 몸은 길고 옆으로 납작하다.

1 돌고기와 비슷하나 두 눈 사이가 좁다. 2 꼬리지느러미가 시작되는 부분의 가운데에 흑갈색 세로줄이 있다. 3 등지느러미는 높고 돌기고보다 폭이 넓다.

형태 특성

몸길이 10~12cm이다.

체색과 무늬 등 쪽은 진한 갈색이고 배 쪽은 연한 갈색이다. 몸 옆면 가운데에는 굵고 진한 흑갈색 띠가 있다. 등지느러미와 뒷지느러미 기조 가운데에 검은색 띠가 있다. 꼬리지느러미 시작 부분 가운데에 흑갈색 줄이 수직으로 나타난다.

주요 형질 몸은 길고 옆으로 납작하다. 등지느러미 연조 수 7개, 뒷지느러미 연조 수 6개, 새파 수 11~13개다. 주둥이는 뭉툭하며 둥글고 옆으로 약간 납작하다. 입은 작고 주둥이 아래에 있으며 입 앞부분은 '一'자 모양이다. 입수염은 1쌍이다. 눈은 작고 머리의 옆면 중앙보다 앞 위쪽에 치우쳐 있다. 옆줄은 완전하고 직선이다.

생태 특성

서식지 물이 맑고 깨끗한 하천이나, 강의 상류나 계류의 바위틈에 서식한다.

먹이습성 주로 돌이나 바위에 붙은 부착조류를 먹으며 적은 양의 수서곤충을 먹는다.

행동습성 산란기는 6월이며 수컷은 주둥이부터 눈 아래와 아가미덮개에 걸쳐 흰색 추성이 밀집되어 나타나고, 가슴지느러미, 배지느러미, 뒷지느러미 극조부에 선홍색이 엷게 나타난다. 주둥이와 눈 주변에도 돌기가 돋아난다.

국내 분포 임진강, 강화, 한강, 삼척 오십천, 동해안 일부 수계에도 분포한다.

국외 분포 압록강, 청천강, 대동강, 장진강 등 북한의 하천에 분포한다. 중국의 헤이룽 강 수계에 분포한다.

서식특성	상류	상류/중류	중류	중류/하류	정수역	기수역
	수층종		저서종		여울-저서성종	
내성특성	민감종		중간종		내성종	
섭식특성	초식성		충식성		육식성	잡식성
관리현황	멸종위기I급	멸종위기II급		고유종	천연기념물	외래종

잉어목 〉 모래무지아과 • Cypriniformes 〉 Cyprinidae

참중고기

Sarcocheilichthys variegatus wakiyae Mori, 1927

몸은 길고 옆으로 납작하다.

1 아가미 뒤에 청록색 돌기가 있다. **2** 등지느러미 가운데에 진한 갈색 띠가 있으며, 중고기와는 달리 꼬리지느러미에 어두운 줄무늬가 없다. **3** 꼬리지느러미 가장자리는 둥글고 기조에 갈색 띠가 있다.

형태특성

몸길이 8~10㎝이다.

체색과 무늬 전체적으로 녹갈색이고 배 쪽은 회백색이다. 몸통 가운데에 폭 넓은 암갈색 줄무늬가 있는데, 어린 개체에서는 뚜렷하지만 큰 개체에서는 검은색 반점으로 보인다. 아가미 뒤에 청록색 돌기가 있다. 아가미 끝부분에서 꼬리지느러미 시작 부분까지 청록색 띠가 있다. 등지느러미 가운데에 진한 갈색 띠가 있다. 성숙한 수컷은 각 지느러미가 짙은 남색이다.

주요 형질 몸은 길고 옆으로 납작하다. 등지느러미 연조 수 7개, 뒷지느러미 연조 수 6개, 옆줄 비늘 수 38~43개, 새파 수 6~7개다. 주둥이는 짧고 둥글며 입은 작고 주둥이 아래에 있다. 입수염이 1쌍 있다. 옆줄은 완전하며 거의 직선이다.

생태특성

서식지 물이 맑고 깨끗한 하천 중·상류나 저수지에 서식한다.

먹이습성 수서곤충, 갑각류, 실지렁이를 먹는다.

행동습성 산란기는 4~6월이며 암컷은 긴 산란관을 내어 대칭이, 펄조개, 재첩과의 민물조개에 알을 낳는다. 산란기 수컷의 주둥이 주변에는 돌기가 돋아나고 몸통에 노란색과 초록색(섬진강 서식), 파란색(낙동강 서식)이 더해지며, 꼬리지느러미를 제외한 각 지느러미에 주황색이 더해진다. 소리에 민감해 잘 놀라며 수초나 돌 밑에 잘 숨는다.

국내 분포 서해 및 남해 유입 하천에 분포한다.

특이 사항 한국 고유종

	상류	상류/중류	중류	중류/하류	정수역	기수역
서식특성	수층종			저서종	여울-저서성종	
내성특성	민감종			중간종	내성종	
섭식특성	초식성		충식성		육식성	잡식성
관리현황	멸종위기I급		멸종위기II급	고유종	천연기념물	외래종

잉어목 〉 모래무지아과 • Cypriniformes 〉 Cyprinidae

중고기

Sarcocheilichthys nigripinnis morii Jordan and Hubbs, 1925

몸은 길고 옆으로 납작하지만 원통형이다.

1 입수염 1쌍은 아주 미세해 없는 것처럼 보이며 눈동자 위에 붉은 반점이 있다. **2** 꼬리지느러미 위아래로 진한 갈색 줄무늬가 있다. **3** 아가미 뒤에서 꼬리지느러미 시작 부분까지 녹색 가로 줄이 있다.

형태 특성

몸길이 10~16㎝이다.

체색과 무늬 전체적으로 녹갈색이고 배 쪽은 연한 은백색이다. 어린 개체에서는 몸 옆면 가운데에 짙은 갈색 세로 줄무늬가 뚜렷하나 성어는 불분명하다. 몸통에 불규칙한 갈색 반점이 산재한다. 아가미 뒤에서 꼬리지느러미 시작 부분까지 녹색 가로줄이 있다. 꼬리지느러미 위아래로 진한 갈색 줄무늬가 있다.

주요 형질 몸은 길고 옆으로 납작하지만 원통형이다. 등지느러미 연조 수 7개, 뒷지느러미 연조 수 6개, 옆줄 비늘 수 38~41개, 새파 수 4~7개다. 주둥이는 짧고 둥글며 입은 작고 주둥이 아래에 있다. 입수염은 1쌍으로 아주 미세해 없는 것처럼 보인다. 눈은 작고 머리 앞쪽에 있다. 옆줄은 완전하고 거의 직선이다.

생태 특성

서식지 진흙이 섞인 모래바닥과 자갈이 깔린 물 흐름이 완만한 하천 중·하류와 저수지, 수초가 있는 곳에 서식한다.

먹이습성 수서곤충 애벌레, 갑각류, 실지렁이를 먹는다.

행동습성 산란기는 4~6월이며 암컷은 긴 산란관을 내어 대칭이, 펄조개, 재첩과의 민물조개에 알을 낳는다. 산란기 수컷의 머리 옆면 하반부에 아주 작은 추성이 나타난다. 또한 수컷의 몸은 주황색을 띠며, 배지느러미와 뒷지느러미 가장자리는 금속성 광택을 띤다. 소리와 기척에 매우 민감하다.

국내 분포 서해 및 남해 유입 하천, 댐에 분포한다.

특이 사항 한국 고유종

서식특성	상류	상류/중류	중류	중류/하류	정수역	기수역
	수층종		저서종		여울–저서성종	
내성특성	민감종		중간종		내성종	
섭식특성	초식성		충식성		육식성	잡식성
관리현황	멸종위기I급		멸종위기II급	고유종	천연기념물	외래종

잉어목 〉 모래무지아과 ・ Cypriniformes 〉 Cyprinidae

줄몰개

Gnathopogon strigatus (Regan, 1908)

몸은 긴 타원형이며 옆으로 납작하다.

1 입수염은 1쌍이며 아주 짧다. **2** 꼬리지느러미에도 뚜렷한 색이나 반점이 없다. **3** 주둥이 끝에서 꼬리지느러미 시작 부분까지 흑갈색 굵은 가로 줄이 있다. **4** 등지느러미에 뚜렷한 색이나 반점이 없다.

형태 특성

몸길이 5~10cm이다.
체색과 무늬 전체적으로 진한 갈색이며 배 쪽은 금속성 광택을 띤 은백색이거나 황백색이다. 주둥이 끝에서 꼬리지느러미 시작 부분까지 진갈색 굵은 가로 줄이 있다. 몸 전체에는 검은색 반점으로 이어진 가는 줄무늬가 8~10개 있다. 각 지느러미에는 뚜렷한 색이나 반점은 없다.
주요 형질 몸은 긴 타원형이며 옆으로 납작하다. 등지느러미 연조 수 7개, 뒷지느러미 연조 수 6개, 옆줄 비늘 수 36~38개, 새파 수 6~10개다. 주둥이는 약간 뾰족하며 입은 비스듬히 위를 향한다. 입수염은 1쌍으로 아주 짧다. 위턱과 아래턱의 길이는 거의 같다. 눈은 작고 머리 앞쪽에 있다. 옆줄은 완전하고 거의 직선이다.

생태 특성

서식지 물이 깨끗하고 물 흐름이 느린 하천 중류와 저수지의 모래와 진흙이 깔린 곳에 서식한다.
먹이습성 수서곤충 애벌레, 동물성 플랑크톤, 실지렁이를 먹는다.
행동습성 산란기는 6~8월이며 알은 수초에 붙이는 것으로 추정된다. 유생기 때 왜몰개나 참붕어와 비슷하지만, 자라면서 몸에 줄무늬가 8~10개 나타나 구분할 수 있다.

국내 분포 서해 및 남해 유입 하천, 댐에 분포한다.
국외 분포 중국 헤이룽 강과 랴오허 강 수계에 분포한다.

서식특성	상류	상류/중류	중류	중류/하류	정수역	기수역
	수층종		저서종		여울-저서성종	
내성특성	민감종		중간종		내성종	
섭식특성	초식성		충식성		육식성	잡식성
관리현황	멸종위기I급		멸종위기II급	고유종	천연기념물	외래종

잉어목 〉 모래무지아과 • Cypriniformes 〉 Cyprinidae

긴몰개
Squalidus gracilis majimae (Jordan and Hubbs, 1925)

몸 앞부분은 원통형이나 뒤로 갈수록 옆으로 납작하다.

1 눈 지름 길이 정도인 입수염이 1쌍 있다. **2** 각 지느러미에 별다른 무늬가 없다. **3** 몸에 폭이 넓은 세로띠가 있으며, 검은 색소세포가 줄지어 있다. 등지느러미 시작부터 측선 사이의 비늘 수는 3, 5개다.

형태특성

몸길이 7~10cm이다.
체색과 무늬 전체적으로 은백색이며, 등 쪽은 짙고 배 쪽은 밝다. 등 쪽에는 작고 검은 점이 산재하며, 몸 양쪽에 폭이 넓은 세로띠가 옆줄보다 조금 위쪽에 나 있다. 옆줄 구멍 아래에 검은 색소세포가 줄지어 있어 옆줄의 위치를 표시하며, 어린 것일수록 뚜렷하다. 각 지느러미에는 별다른 무늬가 없다.
주요 형질 앞부분은 원통형이나 뒤로 갈수록 옆으로 납작하다. 등지느러미 연조 수 7개, 뒷지느러미 연조 수 6개, 옆줄 비늘 수 33~35개, 새파 수 4~6개다. 주둥이는 뾰족하고, 그 밑에 입이 있다. 아래턱은 위턱보다 약간 짧고 위턱 후단은 뒤쪽 콧구멍 아래에 달한다. 눈 지름 정도 길이인 입수염이 1쌍 있으며 옆줄은 완전하다. 등지느러미 앞쪽은 높고 뒤쪽으로 갈수록 가늘고 길다.

생태특성

서식지 물 흐름이 완만한 하천이나 저수지, 농수로, 댐호에 서식하며 물풀이 우거진 곳을 선호한다.
먹이습성 물의 표층이나 중간층을 떼 지어 헤엄치며 작은 갑각류나 수서곤충 애벌레를 먹는다.
행동습성 산란기는 5~7월이며 알을 낳아 수초에 붙인다. 만 1년이 지나면 몸길이가 40mm, 3년이 지나면 80mm 정도까지 자란다.

국내 분포 서해와 남해, 동해 남부로 흐르는 하천에 서식한다.
특이 사항 한국 고유종

서식특성	상류	상류/중류	중류	중류/하류	정수역	기수역
	수층종		저서종		여울–저서성종	
내성특성	민감종		중간종		내성종	
섭식특성	초식성		충식성		육식성	잡식성
관리현황	멸종위기I급		멸종위기II급	고유종	천연기념물	외래종

잉어목 〉 모래무지아과 ・ Cypriniformes 〉 Cyprinidae

몰개

Squalidus japonicus coreanus (Berg, 1906)

몸은 길지 않고 체고는 약간 높다.

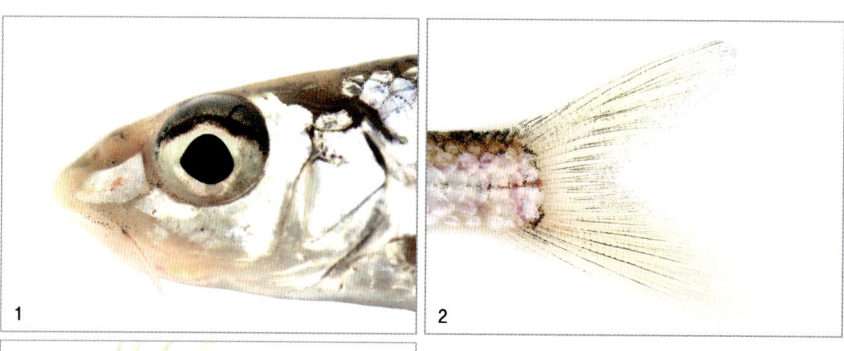

1 입수염은 1쌍이며 눈 지름보다 짧다. 눈 위에 붉은색이 없어 참몰개와 구별된다. **2** 꼬리지느러미 끝부분 가운데가 깊게 파였다. **3** 등지느러미 기부에 작고 검은 점이 있다. 등지느러미 시작부터 측선 사이의 비늘 수는 4, 5개다.

형태 특성

몸길이 8~14cm이다.

체색과 무늬 전체적으로 연한 갈색이며, 등 쪽은 약간 어둡고 배 쪽은 밝다. 몸통 중앙부를 연결하는 가로 줄무늬에 검은색 반점이 없다. 각 지느러미는 투명하고, 등지느러미 기부에 작고 검은 점이 있다.

주요 형질 몸은 길지 않고 체고는 약간 높다. 등지느러미 연조 수 7개, 뒷지느러미 연조 수 6개, 옆줄 비늘 수 36~38개다. 주둥이는 약간 둥글고 짧다. 입은 밑을 향하며 약간 크다. 입수염은 1쌍으로 눈 지름보다 짧다. 위턱이 아래턱보다 약간 길다. 눈은 비교적 크다. 꼬리지느러미 뒤쪽 가장자리 가운데가 깊게 파였다. 옆줄은 완전하며 전단부는 아래쪽으로 약간 굽었다.

생태 특성

서식지 물 흐름이 완만한 하천이나 저수지, 댐의 표층 또는 중층에 떼 지어 서식한다. 수질오염에 비교적 내성이 강하다.

먹이습성 잡식성으로 수서곤충, 동물성 플랑크톤, 유기물 등을 먹는다.

행동습성 산란기는 6~8월이며 수초에 알을 붙인다. 입수염 길이는 눈 지름보다 짧아서 생김새가 비슷한 긴몰개, 참몰개와 구분된다. 환경 적응력이 뛰어나 약간 오염된 곳에서도 잘 산다.

국내 분포 한강, 금강, 낙동강, 동진강, 만경강, 영산강 수계에 분포한다.

특이 사항 한국 고유종

서식특성	상류	상류/중류	중류	중류/하류	정수역	기수역
	수층종		저서종		여울-저서성종	
내성특성	민감종		중간종		내성종	
섭식특성	초식성		충식성		육식성	잡식성
관리현황	멸종위기I급	멸종위기II급		고유종	천연기념물	외래종

잉어목 〉 모래무지아과 • Cypriniformes 〉 Cyprinidae

참몰개
Squalidus chankaensis tsuchigae (Jordan and Hubbs, 1925)

몸은 길며 옆으로 납작하다.

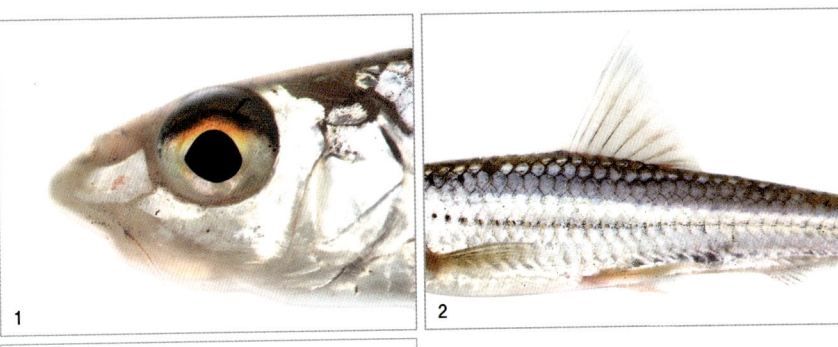

1 입수염은 1쌍 있고, 눈동자 위에 붉은 반점이 있다. **2** 몸 옆면 중앙 등 쪽에 갈색 가로 줄이 있다. **3** 각 지느러미는 투명하다. 등지느러미 시작부터 측선 사이의 비늘 수는 4, 5개다.

형태 특성

몸길이 8~14cm이다.

체색과 무늬 전체적으로 연한 갈색 또는 은백색을 띤다. 몸 옆면 가운데보다 조금 위쪽에 짙은 갈색 가로줄이 꼬리지느러미 시작 부분까지 나 있으며, 작고 검은 반점이 산재한다. 눈동자 위에 붉은 반점이 있다. 옆줄을 지나는 비늘에 검은 반점이 있다. 각 지느러미는 투명하다.

주요 형질 몸은 길며, 옆으로 납작하다. 등지느러미 연조 수 7개, 뒷지느러미 연조 수 6개, 옆줄 비늘 수 37~40개, 새파 수 5~7개다. 주둥이는 뾰족하고, 입은 비스듬히 위를 향한다. 입수염은 1쌍이며, 눈 지름보다 길다. 위턱이 아래턱보다 약간 길고 눈은 비교적 크다. 옆줄은 완전하고 그 전반부는 아래쪽으로 휘었다. 눈동자 위쪽에 붉은 반점이 있다.

생태 특성

서식지 하천과 저수지의 수심이 깊지 않고 물 흐름이 느리며 수초가 우거진 곳에 서식한다. 수면 근처를 여러 마리가 떼 지어 다니며, 수질오염에 대한 내성이 강하다.

먹이습성 잡식성으로 수서곤충 애벌레, 동식물 조각, 씨앗 등을 먹는다.

행동습성 산란기는 6~7월로 추정되며 수초에 알을 붙인다. 환경 적응력이 뛰어나 약간 오염된 곳에서도 잘 산다. 만 1년에 40~70mm, 2년에 70~90mm가 되며, 100mm가 넘으려면 만 3년이 걸린다. 만 2년이면 성숙하지만 생활사는 알려지지 않았다.

국내 분포 서해 및 남해 유입 하천에 분포한다.

특이 사항 한국 고유종

서식특성	상류	상류/중류	중류	중류/하류	정수역	기수역
	수층종		저서종		여울–저서성종	
내성특성	민감종		중간종		내성종	
섭식특성	초식성		충식성		육식성	잡식성
관리현황	멸종위기I급	멸종위기II급		고유종	천연기념물	외래종

잉어목 〉 모래무지아과 • Cypriniformes 〉 Cyprinidae

점몰개
Squalidus multimaculatus Hosoya and Jeon, 1984

몸은 길지 않으며 옆으로 납작하다.

1

2

3

1 머리는 납작하고 길며, 주둥이는 뾰족하고 입은 비스듬히 위를 향한다. **2** 모든 지느러미는 투명하며 반점이 없다. **3** 옆줄 바로 위쪽에 검은색 반점이 6~12개가 줄지어 있고, 옆줄이 지나는 비늘에도 검은 반점이 있다.

형태 특성

몸길이 5~7㎝이다.

체색과 무늬 전체적으로 황갈색이며, 등 쪽은 약간 짙고 배 쪽은 연하며 광택이 있다. 옆줄 바로 위쪽에는 검은색 반점 6~12개가 줄지어 있고, 옆줄이 지나는 비늘에도 검은색 반점이 있다. 각 지느러미는 투명하며 반점이 없다.

주요 형질 몸은 길지 않으며 옆으로 납작하다. 등지느러미 연조 수 6~7개, 뒷지느러미 연조 수 6개, 옆줄 비늘 수 34~37개다. 머리는 납작하고 길다. 주둥이는 뾰족하고 입은 비스듬히 위를 향한다. 눈 지름 정도 길이인 입수염이 1쌍 있다. 위턱이 아래턱보다 약간 길다. 눈은 작고 머리 앞쪽에 있다. 옆줄은 완전하며, 배 쪽으로 약간 굽었다.

생태 특성

서식지 물이 깨끗하고, 바닥에 모래나 자갈이 깔린 얕은 하천에 서식한다.

먹이습성 주로 부착조류와 수서곤충을 먹는다.

행동습성 산란기나 먹이, 습성 등에 대해 정확히 알려지지 않았다. 몸통에 검은색 반점 6~12개가 1줄로 이어져 있어 점몰개라 부른다.

국내 분포 동해로 흐르는 형산강, 영덕군 오십천, 죽산천, 송천천, 경남 울주군의 회야강에 분포한다(동해안 전 수계에 살고 있어 정확한 조사가 필요하다).

특이 사항 한국 고유종

서식특성	상류	상류/중류	중류	중류/하류	정수역	기수역
	수층종		저서종		여울-저서성종	
내성특성	민감종		중간종		내성종	
섭식특성	초식성		충식성		육식성	잡식성
관리현황	멸종위기I급	멸종위기II급		고유종	천연기념물	외래종

잉어목 〉 모래무지아과 • Cypriniformes 〉 Cyprinidae

누치

Hemibarbus labeo (Pallas, 1707)

몸 가운데는 굵지만 앞쪽과 뒤쪽은 가늘고 길다.

1 눈은 비교적 크고 머리 옆면 중앙 약간 위쪽에 있다. **2** 꼬리지느러미에 검은색 줄무늬가 있다. **3** 어린 개체는 옆줄 약간 위쪽에 눈동자 크기만 한 어두운 반점 6개가 몸 옆으로 배열되나, 성장하면 거의 없어진다.

형태 특성

몸길이 25~60cm이다.

체색과 무늬 전체적으로 은갈색이며, 등 쪽은 어둡고 배 쪽은 은백색이다. 어린 개체는 옆줄 약간 위쪽에 눈동자 크기만 한 어두운 반점 6개가 몸 옆으로 배열되는데, 성장하면 거의 없어진다. 등지느러미와 꼬리지느러미에 검은색 줄무늬가 있다. 배지느러미와 뒷지느러미는 연한 노란색이다.

주요 형질 몸은 옆으로 납작하고 길다. 등지느러미 연조 수 7개, 뒷지느러미 연조 수 5~6개, 옆줄 비늘 수 47~52개, 새파 수 19~25개다. 주둥이는 길며 뾰족하다. 입은 주둥이 아래 있고 말굽 모양이며, 입술은 두껍다. 눈은 비교적 크고 머리 옆면 중앙 약간 위쪽에 있다. 위턱이 아래턱보다 길다. 입가에 가늘고 긴 수염이 1쌍 있다. 옆줄은 완전하고 거의 직선이며, 꼬리 쪽은 옆으로 납작하다. 비늘은 고르고 단단하다.

생태 특성

서식지 하천 중·하류의 모래와 자갈이 깔려 있고 물 흐름이 빠른 여울에 서식한다.

먹이습성 주로 수서곤충 애벌레, 실지렁이, 갑각류, 다슬기를 먹는다.

행동습성 산란기는 4~6월이며 산란장을 만들기 위해 중·하류에서 암수가 크게 무리지어 얕은 여울로 거슬러 오르며 서로 뒤섞이면서 자갈 틈에 알을 낳는다.

국내 분포 남해 및 서해 유입 하천에 분포한다.

국외 분포 일본, 중국, 베트남에 분포한다.

서식특성	상류	상류/중류	중류	중류/하류	정수역	기수역
	수층종		저서종		여울-저서성종	
내성특성	민감종		중간종		내성종	
섭식특성	초식성		충식성		육식성	잡식성
관리현황	멸종위기Ⅰ급		멸종위기Ⅱ급	고유종	천연기념물	외래종

잉어목 〉 모래무지아과 · Cypriniformes 〉 Cyprinidae

참마자
Hemibarbus longirostris (Regan, 1908)

몸은 길며 옆으로 납작하고 검은 점이 일정한 간격으로 배열된다.

1 주둥이는 길고 뾰족하며, 가늘고 긴 입수염이 1쌍 있다. **2** 꼬리지느러미 끝부분이 깊이 파였고 줄무늬가 있다. **3** 등지느러미에 줄무늬가 있다.

형태특성

몸길이 15~30㎝이다.
체색과 무늬 전체적으로 은갈색이며, 배 쪽은 은백색으로 광택이 있다. 몸에 8개 정도의 눈동자만 한 반점이 있는데 다 자라면 없어진다. 옆면에는 8줄 정도로 작은 흑점이 일정한 간격으로 배열되어 있다. 등지느러미와 꼬리지느러미에 검은색 줄무늬가 있다.
주요 형질 몸은 길며, 뒤쪽은 옆으로 납작하다. 등지느러미 연조 수 7개, 뒷지느러미 연조 수 6개, 옆줄 비늘 수 41~43개, 새파 수 6~8개다. 주둥이는 길고 뾰족하며, 입은 주둥이 밑에 있다. 가늘고 긴 입수염이 1쌍이다. 위턱이 아래턱보다 길다. 눈은 비교적 크고, 머리 중앙 위쪽에 있다. 옆줄은 완전하며, 전반부가 아래쪽으로 약간 휘었다. 꼬리지느러미 끝부분 가운데가 깊이 파였다.

생태특성

서식지 물이 맑고 깨끗하며 모래와 자갈이 깔린 하천 중·상류에 서식한다.
먹이습성 주로 수서곤충 애벌레를 먹으며 부착조류도 먹는다.
행동습성 산란기는 4~6월이며 모래나 자갈 위에 알을 낳는다. 번식기 수컷의 몸통에 좁쌀 크기만 한 돌기가 돋아나고 배와 가슴지느러미, 배지느러미, 뒷지느러미가 주황색을 띤다.

국내 분포 서해 및 남해 유입 하천에 분포한다.
국외 분포 일본, 중국에 분포한다.

서식특성	상류	상류/중류	중류	중류/하류	정수역	기수역
	수층종		저서종		여울-저서성종	
내성특성	민감종		중간종		내성종	
섭식특성	초식성		충식성		육식성	잡식성
관리현황	멸종위기I급	멸종위기II급		고유종	천연기념물	외래종

잉어목 〉 모래무지아과 • Cypriniformes 〉 Cyprinidae

어름치

Hemibarbus mylodon (Berg, 1907)

몸은 길며 원통형에 가깝지만 뒤쪽으로 갈수록 가늘어진다.

1 주둥이는 둥글고 튀어나왔으며, 입수염이 1쌍 있으며, 눈은 비교적 크다. **2** 꼬리지느러미에 검은색 줄무늬가 2~4줄 있다. **3** 등지느러미에 검은색 줄무늬가 2~4줄 있다. **4** 몸 가운데에 눈동자 크기만 한 둥근 반점들이 있다.

형태특성

몸길이 10~30cm이다.
체색과 무늬 전체적으로 연한 갈색이며, 등 쪽은 짙고 배 쪽은 은백색이다. 몸 전체에 눈동자 크기보다 약간 작은 검은색 점으로 이어지는 줄이 7~8개 있다. 몸 가운데에는 눈동자 크기만 한 불분명한 담갈색 둥근 반점이 흐릿하게 이어진다. 등지느러미, 뒷지느러미, 꼬리지느러미에 검은색 줄무늬가 2~4줄 있다.
주요 형질 몸은 길며 원통형에 가깝지만, 뒤쪽으로 갈수록 가늘어진다. 등지느러미 연조 수 7개, 뒷지느러미 연조 수 6개, 옆줄 비늘 수 43~44개, 새파 수 9~12개다. 주둥이는 둥글고 튀어나왔다. 위턱이 아래턱보다 길고 입술은 얇으며, 입수염은 1쌍이다. 눈은 작고 머리 가운데에 있다. 옆줄은 뚜렷하고 앞부분은 아래쪽으로 약간 굽어 있으며, 후반부는 직선으로 이어진다.

생태특성

서식지 물이 맑고 깨끗하며 바닥에 자갈이 깔린 하천 중·상류에 서식한다.
먹이습성 수서곤충을 주로 먹지만 갑각류나, 작은 동물, 다슬기도 먹는다.
행동습성 산란기는 4~5월이며 암컷이 여울 가장자리에 얕은 웅덩이를 파고 알을 낳으면 수컷이 방정한다. 암컷은 곧바로 모래와 자갈로 알을 덮은 뒤 재차 알을 낳고, 수컷도 기다렸다가 또 방정한다. 서너 차례 이러기를 반복한 후 암컷이 완전하게 알을 덮는다. 알 낳기가 끝나면 높이 20~30cm, 너비 60cm 정도의 돌탑이 쌓인다. 산란기에 수컷은 배 쪽이 검은색으로 변하고 추성이 나타난다. 금강의 어름치는 천연기념물 제238호, 전국의 어름치가 제259호로 지정되었다.

국내 분포 한강, 임진강, 금강 상류에만 분포한다(금강 상류의 어름치는 1982년 천연기념물 제238호로 지정된 이후 발견되지 않는다).
국외 분포 한국 고유종, 천연기념물

서식특성	상류	상류/중류	중류	중류/하류	정수역	기수역
	수층종		저서종		여울-저서성종	
내성특성	민감종		중간종		내성종	
섭식특성	초식성		충식성		육식성	잡식성
관리현황	멸종위기I급	멸종위기II급		고유종	천연기념물	외래종

잉어목 〉 모래무지아과 • Cypriniformes 〉 Cyprinidae

모래무지

Pseudogobio esocinus (Temminck and Schlegel, 1846)

몸은 길며 원통형이고 몸 뒷부분은 가늘다.

1 입은 주둥이 밑에 있고 입수염은 1쌍이다. **2** 꼬리지느러미 끝부분은 깊게 파였고 검은 점이 있다. **3** 등지느러미에 작은 점이 있다.

형태특성

몸길이 15~25cm이다.

체색과 무늬 전체적으로 회갈색이며, 등 쪽은 흑갈색, 배 쪽은 은갈색이다. 몸 옆면과 등에 크고 검은 반점이 6~7개 있고 몸 전체에 작고 검은 반점이 산재한다. 등지느러미, 가슴지느러미와 배지느러미에 작고 검은 점이 있으나, 뒷지느러미에는 없다.

주요 형질 몸은 길고 원통형이며, 몸 뒷부분은 가늘다. 등지느러미 연조 수 7개, 뒷지느러미 연조 수 6개, 옆줄 비늘 수 40~44개, 새파 수 13~17개이다. 주둥이는 뾰족하고 길며, 입은 주둥이 밑에 있다. 입술은 잘 발달되어 있으며 돌기로 덮여 있고, 입수염이 1쌍 있다. 눈은 비교적 작으며 머리 중앙보다 뒤쪽에 있다. 비늘은 크고 옆줄은 완전하며 직선이다.

생태특성

서식지 물이 맑고 바닥에 모래가 깔린 큰 하천 중·하류 바닥에 서식한다.

먹이습성 작은 곤충과 갑각류를 모래와 같이 흡입한 후 모래는 아가미 밖으로 뿜어내고 먹이는 삼킨다.

행동습성 산란기는 5~6월에 절정을 이루며 하류에 있던 암수가 알을 낳으러 무리지어 하천을 거슬러 올라간다. 알은 얕은 곳의 수초에 붙인다. 번식기 수컷의 몸 색깔은 약간 붉어지고 가슴지느러미, 뒷지느러미 안쪽은 붉은색을 띠며 옆줄 아랫부분에 붉은색 줄무늬가 나타난다.

국내 분포 서해 및 남해 유입 하천에 분포한다.
국외 분포 일본, 중국에 분포한다.

서식특성	상류	상류/중류	중류	중류/하류	정수역	기수역
	수층종		저서종		여울-저서성종	
내성특성	민감종		중간종		내성종	
섭식특성	초식성		충식성		육식성	잡식성
관리현황	멸종위기I급	멸종위기II급		고유종	천연기념물	외래종

잉어목 〉 모래무지아과 • Cypriniformes 〉 Cyprinidae

버들매치
Abbottina rivularis (Basilewsky, 1855)

겉모양은 모래무지와 매우 유사하지만 더 뭉툭하다.

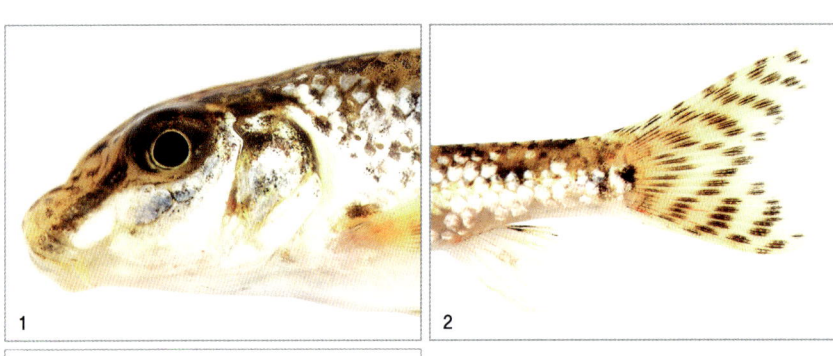

1 눈 앞부분이 오목하다. 입가에 굵고 짧은 수염이 1쌍 있다.
2 꼬리지느러미에 검은색 줄무늬가 있다. **3** 모든 지느러미는 담황색이다.

형태특성

몸길이 8~14cm이다.
체색과 무늬 전체적으로 연한 갈색이며, 등 쪽은 어둡고 배 쪽은 은백색에 가깝다. 몸 옆구리 가운데에 눈구멍 크기의 불분명한 흑갈색 반점 7~9개가 배열된다. 등에는 불규칙한 반점이 5~6개 있다. 각 지느러미는 담황색이며, 가슴지느러미에는 검은색 반점이 약간 있고 등지느러미와 꼬리지느러미에는 검은색 줄무늬가 있다.
주요 형질 몸이 원통형으로 통통하다. 겉모양은 모래무지와 매우 유사하지만 모래무지보다 더 뭉툭하다. 등지느러미 연조 수 7개, 뒷지느러미 연조 수 5개, 옆줄 비늘 수 36~39개, 새파 수 10~15개다. 머리는 큰 편이며 주둥이는 짧고 뭉툭하다. 입은 주둥이 끝 아래쪽에 있다. 입술은 두터운 육질로 되었고, 피질돌기가 없어 울퉁불퉁한 곳 없이 편평하며 미끈하다. 입가에 굵고 짧은 수염이 1쌍 있다. 눈 앞부분 머리는 오목하며, 눈은 작고 머리 가운데에 있다. 등지느러미는 높다. 옆줄은 거의 직선이다.

생태특성

서식지 물 흐름이 완만하고 바닥에 모래나 진흙이 깔린 하천, 저수지에 서식한다.
먹이습성 잡식성으로 실지렁이, 수서곤충, 식물의 씨앗, 유기물 등을 먹는다.
행동습성 산란기는 4~6월이며, 수컷이 물살이 약한 곳의 바닥을 청소해 알자리를 만든 다음 암컷을 유인하고, 암컷이 알을 낳으면 수컷이 그 자리를 지킨다. 번식기 수컷의 배지느러미는 주황색으로 변하고 턱 밑과 가슴지느러미 기조에 톱니 같은 돌기가 돋는다.

국내 분포 서해 및 남해 유입 하천에 분포한다.
국외 분포 중국, 일본에도 분포한다.

서식특성	상류	상류/중류	중류	중류/하류	정수역	기수역
	수층종		저서종		여울-저서성종	
내성특성	민감종		중간종		내성종	
섭식특성	초식성		충식성		육식성	잡식성
관리현황	멸종위기I급	멸종위기II급		고유종	천연기념물	외래종

잉어목 〉 모래무지아과 • Cypriniformes 〉 Cyprinidae

왜매치

Abbottina springeri Banarescu and Nalbant, 1973

몸은 원통형으로 길고 위아래로 약간 납작하며 머리 밑면과 배는 편평하다.

1

2

3

1 입수염은 1쌍이며, 이마와 주둥이 사이가 약간 파였다. **2** 모든 지느러미에 작은 점이 산재해 검은색 줄무늬 모양을 이룬다. **3** 몸 가운데에 불분명한 검은색 반점 7~8개가 배열되어 있다.

형태 특성

몸길이 6~8cm이다.
체색과 무늬 전체적으로 연한 갈색이고, 배 쪽은 은백색이다. 몸 윗부분에는 작은 반점이 흩어져 있다. 몸 가운데에 불분명한 검은색 반점 7~8개가 배열되고, 등에는 반점이 5~6개 있다. 각 지느러미에는 작은 점이 산재해 검은색 줄무늬를 이룬다.
주요 형질 몸은 원통형으로 길고 위아래로 약간 납작하며, 머리 밑면과 배는 편평하다. 등지느러미 연조 수 7개, 뒷지느러미 연조 수 5~6개, 옆줄 비늘 수 34~37개다. 머리는 작으며, 주둥이는 짧고 뭉툭하다. 입은 주둥이 밑에 초승달 모양으로 있다. 입수염은 1쌍이고 매우 짧다. 눈은 비교적 크고, 이마와 주둥이 사이가 약간 파였다. 옆줄은 완전해 거의 직선에 가깝지만 전반부는 배 쪽으로 약간 굽었다.

생태 특성

서식지 물 흐름이 느리고 바닥에 모래나 펄이 깔린 하천 중·하류에 서식한다.
먹이습성 잡식성으로 수서곤충, 부착조류, 유기물을 먹는다.
행동습성 산란기는 4~7월이다. 산란은 만 2년생부터 시작한다. 산란기 수컷의 주둥이와 가슴지느러미에 돌기가 발달하고 몸이 흑갈색으로 변한다.

국내 분포 동해 유입 하천을 제외한 대부분 하천에 분포한다.
특이 사항 한국 고유종

서식특성	상류	상류/중류	중류	중류/하류	정수역	기수역
	수층종		저서종		여울–저서성종	
내성특성	민감종		중간종		내성종	
섭식특성	초식성		충식성		육식성	잡식성
관리현황	멸종위기I급	멸종위기II급		고유종	천연기념물	외래종

잉어목 〉 모래무지아과 • Cypriniformes 〉 Cyprinidae

꾸구리

Gobiobotia macrocephala Mori, 1935

몸은 약간 길고 앞 쪽은 굵으며, 뒷쪽은 가는 원통형이다.

윗모습

1 눈은 머리 옆면 가운데에 있으며, 눈꺼풀이 있어서 여닫이가 가능하다. **2** 꼬리지느러미에 매우 작은 반점이 산재한다. **3** 몸 전체에 작은 반점이 불규칙하게 흩어져 있으며, 등지느러미에 검은 반점이 산재한다.

형태 특성

몸길이 7~13cm이다.

체색과 무늬 전체적으로 황갈색이고, 배 쪽은 연갈색이다. 몸 가운데에서 뒤 쪽으로 세 마디의 흑갈색 세로 무늬가 있다. 몸 전체에 작은 반점이 불규칙하게 흩어져 있다. 머리 앞부분은 누런색이다. 가슴지느러미, 등지느러미, 꼬리지느러미에 매우 작은 점이 줄처럼 이어진다.

주요 형질 몸은 약간 길고 앞 쪽은 굵으며, 뒤쪽은 가는 원통형이다. 등지느러미 연조 수 7개, 뒷지느러미 연조 수 5~6개, 옆줄 비늘 수 38~41개, 새파 수 8개다. 주둥이는 약간 뾰족하고 위아래로 납작하며, 머리 아래쪽은 편평하다. 입은 눈썹 형태로 주둥이 아래에 있다. 눈은 머리 옆면 가운데에 있으며 눈꺼풀이 있어서 여닫이가 가능하다. 입수염은 입가에 1쌍, 턱 아랫부분에 3쌍 있으며, 맨 뒤의 것이 가장 길다. 옆줄은 완전하고 거의 일직선으로 뻗었다.

생태 특성

서식지 하천 중·상류의 물이 맑고 깨끗하며 자갈이 많이 깔린 여울 지역에 서식한다.

먹이습성 수서곤충을 먹는다.

행동습성 산란기는 4~6월이며 8~15cm 깊이의 여울 아래쪽에서 돌 밑에 알을 낳는다. 번식기 수컷의 몸 색깔은 진해지고 흑갈색 무늬가 검은색으로 변한다.

국내 분포 금강, 한강, 임진강의 중·상류 지역에 제한적으로 분포한다.

특이 사항 한국 고유종, 멸종위기야생동식물II급

서식특성	상류	상류/중류	중류	중류/하류	정수역	기수역
	수층종		저서종		여울-저서성종	
내성특성	민감종		중간종		내성종	
섭식특성	초식성		충식성		육식성	잡식성
관리현황	멸종위기I급		멸종위기II급		고유종	천연기념물	외래종

잉어목 〉 모래무지아과 • Cypriniformes 〉 Cyprinidae

돌상어
Gobiobotia brevibarba Mori, 1935

몸은 길며 앞쪽은 위아래로 납작하고, 뒤쪽은 옆으로 납작하다.

등 쪽에 폭 넓은 검은색 반점이 5~6개 있다.

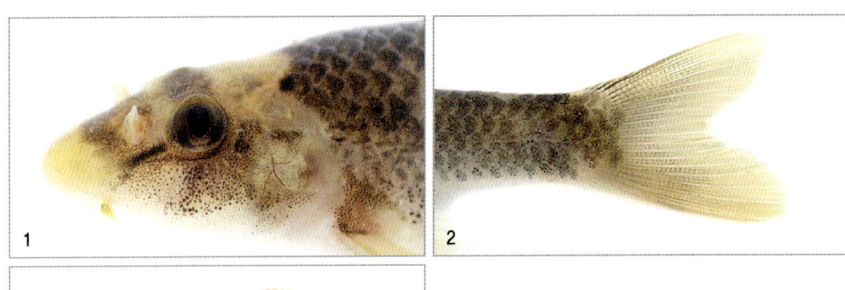

1 눈 아래 주둥이 쪽으로 검은색 줄이 있다. **2** 꼬리지느러미에는 무늬가 없다. **3** 등지느러미에 반점이 없다.

형태 특성

몸길이 8~15cm이다.

체색과 무늬 전체적으로 황갈색이며 배 쪽은 색이 연하다. 등 쪽에 폭이 넓고 어두운 반점이 5~6개 있으며, 몸 가운데에는 뚜렷하지 않은 7~8개의 반점이 꼬리지느러미 쪽으로 배열되어 있다. 눈 아래 주둥이 쪽으로 검은색 사선이 있다. 각 지느러미에는 무늬가 없다.

주요 형질 몸은 길며 앞쪽은 위아래로 납작하고, 뒤쪽은 옆으로 납작하다. 앞에서 보면 등은 둥글고 배는 납작한 반원형이다. 등지느러미 연조 수 7개, 뒷지느러미 연조 수 6개, 옆줄 비늘 수 42~43개, 새파 수 11~13개다. 머리는 위아래로 납작하고, 주둥이는 돌출되어 뾰족하다. 입수염은 입가에 1쌍, 턱 하부에 3쌍 있으며, 꾸구리에 비해 모두 짧다. 눈은 머리 위쪽에 있고 크기는 작다. 옆줄은 완전하며 후반부는 직선이다.

생태 특성

서식지 물이 깨끗하고 물 흐름이 빠르며, 바닥에 자갈이 깔린 하천 중·상류 여울에 서식한다.

먹이습성 수서곤충을 먹는다.

행동습성 산란기는 4~6월이며 돌 밑에 알을 낳는다. 번식기가 되면 암수 모두 배가 불룩해지며 추성이나 몸 색깔의 변화는 없다.

국내 분포 한강, 임진강, 금강의 중·상류 지역에 제한적으로 분포한다.

특이 사항 한국 고유종, 멸종위기야생동식물II급

서식특성	상류	상류/중류	중류	중류/하류	정수역	기수역
	수층종		저서종		여울-저서성종	
내성특성	민감종		중간종		내성종	
섭식특성	초식성		충식성		육식성	잡식성
관리현황	멸종위기I급	멸종위기II급		고유종	천연기념물	외래종

잉어목 〉 모래무지아과 • Cypriniformes 〉 Cyprinidae

흰수마자

Gobiobotia nakdongensis Mori, 1935

몸은 길고 배는 불룩하며, 몸 뒷부분은 가늘다.

윗 모습으로 등에도 검은 점이 몇 개 있다.

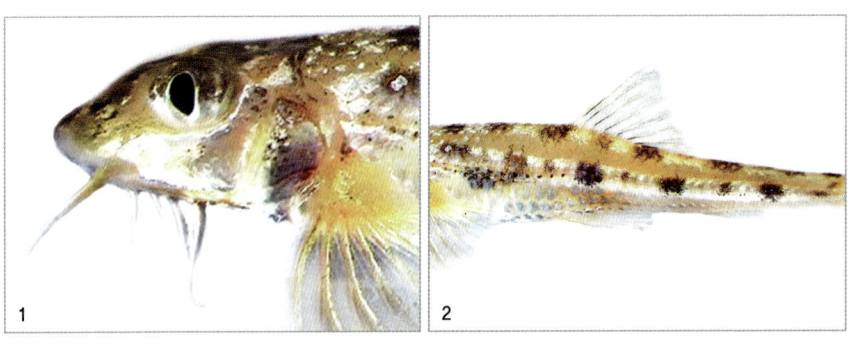

1 길고 흰 입수염이 입가에 1쌍, 턱 아랫부분에 3쌍 있다. **2** 몸 가운데에 눈동자보다 약간 작고 진한 갈색과 흰색 반점 7~8개가 일렬로 배열된다.

형태특성

몸길이 6~10㎝이다.

체색과 무늬 전체적으로 황갈색이며, 등 쪽은 어둡고 배 쪽은 금속성의 광택을 띠는 은백색이다. 몸 가운데에는 눈보다 약간 작고 진한 갈색과 흰색 반점 7~8개가 일렬로 배열된다. 등 쪽에도 검은 점이 몇 개 있다. 모든 지느러미에 반문이 없고 기조막은 투명하다.

주요 형질 몸은 길고 배는 불룩하며, 몸 뒷부분은 가늘다. 등지느러미 연조 수 7개, 뒷지느러미 연조 수 6개, 옆줄 비늘 수 37~40개, 새파 수 10개다. 머리는 위아래로 납작하고 아래쪽은 편평하다. 주둥이는 뾰족하며 입은 주둥이 밑에 있다. 길고 흰 입수염이 입가에 1쌍, 턱 아랫부분에 3쌍 있다. 눈은 비교적 크고 머리 윗부분에 있으며, 약간 튀어나왔다. 옆줄은 완전하지만 전반부는 배 쪽으로 약간 휘었고 후반부는 직선이다.

생태특성

서식지 바닥에 잔모래가 깔린 하천 중류나 하류의 얕은 여울에 서식한다. 서식 조건이 다소 까다로워서 깨끗한 물, 잔모래, 얕은 여울이어야 살 수 있다.

먹이습성 수서곤충 애벌레를 먹는다.

행동습성 산란기는 6월로 추정되며 생활사는 알려지지 않았다. 입수염은 꾸구리나 돌상어와 다르게 흰색이다. 수염이 흰 마자라고 해서 흰수마자라는 이름이 붙었다. 눈동자는 좌우로 움직인다. 강과 하천에서 잔모래를 퍼내 물이 더러워지고, 얕은 여울도 덩달아 훼손되는 것이 흰수마자가 사라지는 원인이다.

국내 분포 한강과 임진강 하류, 금강과 낙동강 중·하류에 드물게 분포한다.

특이 사항 한국 고유종, 멸종위기야생동식물I급

서식특성	상류	상류/중류	중류	중류/하류	정수역	기수역
	수층종		저서종		여울-저서성종	
내성특성	민감종		중간종		내성종	
섭식특성	초식성		충식성		육식성	잡식성
관리현황	멸종위기I급	멸종위기II급		고유종	천연기념물	외래종

잉어목 〉 모래무지아과 · Cypriniformes 〉 Cyprinidae

모래주사

Microphysogobio koreensis Mori, 1935

몸은 가늘고 길며 옆으로 약간 납작하고 몸 뒷부분은 가늘다.

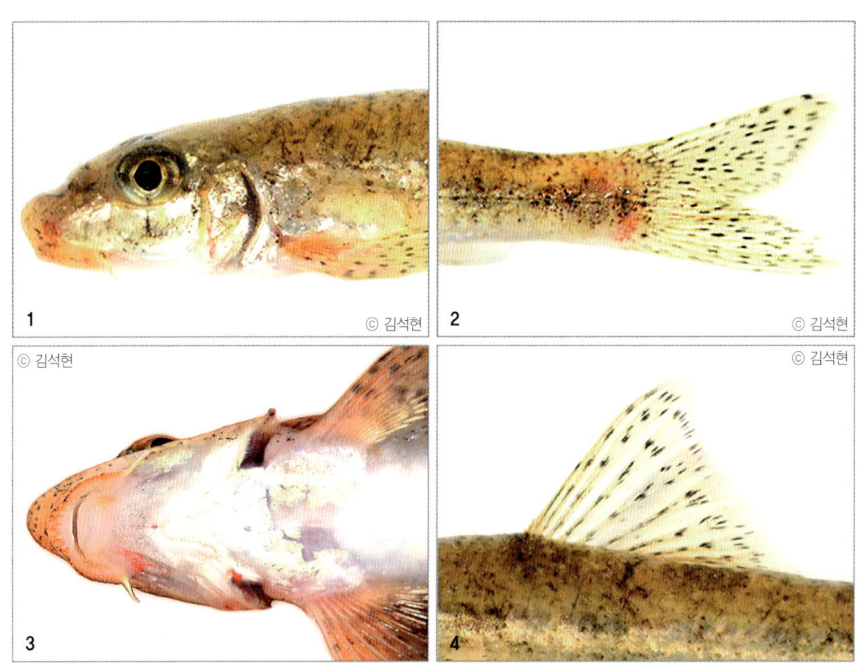

1 주둥이는 약간 뾰족하고 입은 주둥이 밑에 있다. **2** 꼬리지느러미 **3** 입술에는 피질돌기가 잘 발달했으며, 윗입술 가운데에 1줄, 양 옆에 여러 줄이 돋아 있다. 배에 비늘이 있다. **4** 뒷지느러미를 제외한 각 지느러미에 진한 갈색 반점이 있다.

형태 특성

몸길이 8~10㎝이다.

체색과 무늬 전체적으로 청갈색이며 배 쪽은 은백색이다. 몸통 가운데에 테두리가 뚜렷하지 않은 진한 갈색 반점이 5~13개 있다. 등에는 진한 반점이 6~8개 있다. 뒷지느러미를 제외한 각 지느러미에 진한 갈색 반점이 있다.

주요 형질 몸은 가늘고 길며 옆으로 약간 납작하고 몸 뒷부분은 가늘다. 등지느러미 연조 수 7개, 뒷지느러미 연조 수 6개, 옆줄 비늘 수 38~41개다. 주둥이는 약간 뾰족하고 입은 주둥이 밑에 있으며 말굽 모양이다. 입술에는 피질돌기가 잘 발달했으며, 윗입술 가운데에 1줄, 양 옆에 여러 줄이 돋아 있다. 아랫입술 가운데 봉합부 뒤에 주름이 많은 심장형 구엽이 있다. 아래턱이 위턱보다 짧다. 입수염은 1쌍이다. 눈은 머리 옆면 중앙보다 약간 뒤쪽 위에 있다. 옆줄은 완전하며 몸 옆구리 중앙을 거의 직선으로 지나나 그 앞부분은 배 쪽으로 약간 굽었다. 머리와 배 쪽 앞가슴에 비늘이 있다.

생태 특성

서식지 물 흐름이 빠르고 자갈과 모래가 많은 하천 중·상류 바닥 가까이에 서식한다.

먹이습성 주로 부착조류와 작은 동물을 먹는다.

행동습성 산란기는 4~5월이며, 산란기에 암컷이 자갈 틈을 파고 들어가 알을 낳으면 뒤따르던 수컷들이 동시에 방정해 수정시킨다. 입술 모양과 배의 비늘 유무에 따라 돌마자와 구분한다.

국내 분포 낙동강, 섬진강 일부 수계에만 분포한다.

특이 사항 한국 고유종, 멸종위기야생동식물II급

서식특성	상류	상류/중류	중류	중류/하류	정수역	기수역
	수층종		저서종		여울-저서성종	
내성특성	민감종		중간종		내성종	
섭식특성	초식성		충식성		육식성	잡식성
관리현황	멸종위기I급	멸종위기II급		고유종	천연기념물	외래종

잉어목 〉 모래무지아과 ・ Cypriniformes 〉 Cyprinidae

돌마자

Microphysogobio yaluensis (Mori, 1928)

몸은 길고 원통형이며, 위아래로 납작하고, 머리와 배는 편평한 편이다.

1 입수염은 1쌍이고, 윗입술에 큰 돌기가 1줄 돋아 있다. **2** 등지느러미와 꼬리지느러미에 작은 점들이 배열되어 있다. **3** 몸통 가운데에 윤곽이 뚜렷하지 않은 검은색 세로띠가 있다. **4** 배에 비늘이 없다.

형태 특성

몸길이 5~12㎝이다.

체색과 무늬 전체적으로 청갈색이며, 배 쪽은 은백색이다. 몸통 옆면 윗부분에 검은색 반점이 약간 지저분하게 흩어져 있다. 몸통 가운데에 윤곽이 뚜렷하지 않은 검은색 세로띠가 있고, 그 위쪽에 검은색 반점 8개 정도가 세로로 줄지어 있다. 등지느러미와 꼬리지느러미에는 작은 점들이 배열되어 줄무늬 3~4개를 이룬다.

주요 형질 몸은 길고 원통형이며, 위아래로 약간 납작하고, 머리와 배는 편평한 편이다. 등지느러미 연조 수 7~8개, 뒷지느러미 연조 수 6개, 옆줄 비늘 수 34~39개, 새파 수 12~20개다. 주둥이는 짧고 뭉툭하며, 입은 주둥이 밑에 있다. 입수염은 1쌍이며, 윗입술에는 큰 돌기가 1줄 돋아 있다. 눈은 비교적 작고 머리의 중앙 위쪽에 있다. 옆줄은 완전하다.

생태 특성

서식지 물 흐름이 완만한 하천의 자갈이나 모래가 깔린 곳에 서식한다.

먹이습성 부착조류와 수서곤충, 유기물을 먹는다.

행동습성 산란기는 4~7월이며 암컷은 물이 정체된 곳 바닥의 돌이나 풀뿌리, 이끼 틈새에 알을 낳고 수컷은 그 자리를 맴돌면서 알을 지킨다. 번식기 수컷의 몸은 검게 변하고 주둥이와 가슴지느러미 안쪽에 붉은색이 더해진다.

국내 분포 한강, 금강, 만경강, 탐진강, 섬진강, 낙동강 등 전국 하천에 분포한다.

특이 사항 한국 고유종

서식특성	상류	상류/중류	중류	중류/하류	정수역	기수역
	수층종		저서종		여울-저서성종	
내성특성	민감종		중간종		내성종	
섭식특성	초식성		충식성		육식성	잡식성
관리현황	멸종위기I급	멸종위기II급		고유종	천연기념물	외래종

잉어목 〉 모래무지아과 • Cypriniformes 〉 Cyprinidae

여울마자
Microphysogobio rapidus Chae and Yang, 1999

몸은 길고 원통형이며 몸 뒷부분은 가늘다.

1 주둥이는 짧고 뭉툭하며 입은 말굽 모양으로 주둥이 밑에 있다. **2** 꼬리지느러미 끝이 깊게 파였다. **3** 몸 가운데 노란색 띠가 있고, 그 위에 갈색 반점이 8~9개 있다.

형태 특성

몸길이 5~10㎝이다.

체색과 무늬 전체적으로 녹갈색이며, 배 쪽은 은백색이다. 아가미에는 청색 광택이 있다. 몸 가운데에 노란색 띠가 있고, 그 위에 갈색 반점이 8~9개 있다. 등에는 연한 갈색 반점이 5~6개 있다. 가슴지느러미와 배지느러미는 약간 붉은빛을 띤다.

주요 형질 몸은 길고 원통형이며, 몸 뒷부분은 가늘다. 등지느러미 연조 수 7개, 뒷지느러미 연조 수 6개, 옆줄 비늘 수 37~40개이다. 주둥이는 짧고 뭉툭하며, 입은 말굽 모양으로 주둥이 밑에 있다. 윗입술에는 비교적 큰 젖꼭지 모양 돌기가 일렬로 있으며, 중앙의 것은 크다. 눈 지름보다 짧은 입수염이 1쌍 있다. 눈은 머리 가운데 뒷부분에 있다. 옆줄은 완전하고 전반부는 아래로 약간 굽었으며, 후반부는 직선이다. 배에는 비늘이 없다.

생태 특성

서식지 물 흐름이 빠르고 바닥에 모래와 자갈이 깔린 하천 여울에 서식한다.

먹이습성 잡식성으로 부착조류와 수서곤충, 유기물을 먹는 것으로 추정된다.

행동습성 산란기나 번식 행동은 정확히 알려지지 않았다. 번식기 수컷의 몸 색깔은 노란색이 더해지고 몸 가운데의 노란색 띠가 녹색으로 변한다. 또한 갈색 반점은 초록색이 되며, 아가미의 청색 광택이 진해진다. 또 가슴지느러미와 배지느러미는 붉은색이 된다. 1999년에 Chae and Yang에 의해 신종으로 보고되었다.

국내 분포 낙동강의 문경, 예천, 안동, 밀양에 분포한다.

특이 사항 한국 고유종, 멸종위기야생동식물I급

서식특성	상류	상류/중류	중류	중류/하류	정수역	기수역
	수층종		저서종		여울-저서성종	
내성특성	민감종		중간종		내성종	
섭식특성	초식성		충식성		육식성	잡식성
관리현황	멸종위기I급	멸종위기II급		고유종	천연기념물	외래종

잉어목 〉 모래무지아과 • Cypriniformes 〉 Cyprinidae

됭경모치

Microphysogobio jeoni Kim and Yang, 1999

몸은 가늘고 길며 옆으로 납작하고 꼬리자루는 길다.

1 주둥이는 짧고 뭉툭하며 입은 활 모양으로 주둥이 밑에 있다. **2** 모든 지느러미는 투명하고 무늬가 없다. **3** 윗입술에 돌기가 돋아 있다.

형태 특성

몸길이 7~10cm이다.
체색과 무늬 전체적으로 연한 갈색이며, 배 쪽은 금속성 광택이 있는 은백색이다. 몸통 가운데에 불분명한 긴 줄무늬가 있고, 그 위에 진한 갈색 반점이 7~11개 있다. 등 쪽에 있는 각 비늘의 가장자리는 검은 색소포가 침착되어 마름모꼴 무늬를 띤다. 각 지느러미는 투명하다.
주요 형질 몸은 가늘고 길며, 옆으로 약간 납작하고 꼬리자루는 길다. 등지느러미 연조 수 7개, 뒷지느러미 연조 수 6개, 옆줄 비늘 수 36~39개다. 주둥이는 짧고 뭉툭하며, 입은 활 모양으로 주둥이 밑에 있다. 입수염은 1쌍으로 눈동자의 2/3 정도다. 윗입술에는 돌기가 없거나 가운데만 희미하다. 눈은 크고 머리 가운데에 있다. 옆줄은 완전하며, 앞쪽은 배 쪽으로 굽었으나 뒤 쪽은 거의 직선이다. 배에는 비늘이 있다.

생태 특성

서식지 바닥에 모래가 깔린 큰 강의 중·하류에 서식한다.
먹이습성 주로 수서곤충을 먹으며, 미세한 부착조류도 먹는다
행동습성 번식기나 번식 행동은 정확히 알려지지 않았다. 모래주사속의 다른 물고기와 달리 몸통이 비교적 가늘고 등 쪽에 있는 비늘이 마름모꼴인 것이 특징이다. 돌마자보다 하류 쪽인 바닥이 고르고 모래가 깔린 곳에서 많이 발견된다.

국내 분포 한강, 임진강, 낙동강, 금강, 안동호 등에 분포한다.
특이 사항 한국 고유종

서식특성	상류	상류/중류	중류	중류/하류	정수역	기수역
	수층종		저서종		여울–저서성종	
내성특성	민감종		중간종		내성종	
섭식특성	초식성		충식성		육식성	잡식성
관리현황	멸종위기I급	멸종위기II급		고유종	천연기념물	외래종

잉어목 〉 모래무지아과 • Cypriniformes 〉 Cyprinidae

배가사리
Microphysogobio longidorsalis Mori, 1935

몸통은 난원형으로 몸 앞부분은 통통하고, 뒷부분은 약간 납작하다.

배가사리의 윗면

1 턱은 위턱보다 짧고, 눈은 머리 옆면 중앙보다 약간 위쪽에 있으며, 수염은 1쌍이다. **2** 꼬리지느러미에는 작은 흑점이 규칙적으로 배열해 줄무늬를 이룬다. **3** 등지느러미의 가장자리는 볼록하게 되었으며, 작은 흑색점이 불규칙적으로 배열되어 줄무늬를 이룬다.

형태 특성

몸길이 8~15cm이다.

체색과 무늬 전체적으로 옅은 갈색이고, 등 쪽은 암갈색이며 배 쪽은 흰색에 가깝다. 몸 옆구리에 불분명한 갈색 줄무늬가 있다. 옆줄 위로 크고 진한 갈색 반점 8~9개가 일렬로 배열된다. 등지느러미와 꼬리지느러미에 작고 검은 점이 규칙적으로 배열되어 줄무늬를 이룬다.

주요 형질 몸통은 난원형으로 몸 앞부분은 통통하고, 뒷부분은 약간 납작하다. 등지느러미 연조 수 7개, 뒷지느러미 연조 수 5~6개, 옆줄 비늘 수 40~41개, 새파 수 8~11개다. 주둥이는 뭉툭하고, 그 위쪽은 약간 오목하다. 주둥이 밑에 있는 입은 활 모양으로 윗입술의 피질 소돌기가 1열이지만 양 옆으로 갈수록 점점 작아져서 여러 줄로 된다. 아래턱은 위턱보다 짧고, 눈은 머리 옆면 중앙보다 약간 위쪽에 있다. 머리와 주둥이 사이에 굴곡이 있다. 입수염은 1쌍이다. 등지느러미 가장자리는 현저히 볼록하나 배지느러미는 편평하다. 옆줄은 완전하지만 전반부는 약간 아래쪽으로 굽었고 후반부는 직선이다.

생태 특성

서식지 맑고 깨끗한 중·상류의 여울이 있는 자갈 바닥 가까이 산다.
먹이습성 부착조류를 먹는다.
행동습성 산란기는 6~7월이며 돌과 자갈이 깔린 여울 바닥에 알을 낳는다. 알은 점착성이 있어 돌에 붙는다. 번식기 수컷의 주둥이와 눈 주변에 작은 돌기가 빽빽하게 돋아나고 각 지느러미 바깥 부분에 붉은색이 선명해진다.

국내 분포 한강, 임진강, 금강에 분포한다.
국외 분포 한국 고유종

서식특성	상류	상류/중류	중류	중류/하류	정수역	기수역
	수층종		저서종		여울-저서성종	
내성특성	민감종		중간종		내성종	
섭식특성	초식성		충식성		육식성	잡식성
관리현황	멸종위기I급		멸종위기II급		고유종	천연기념물	외래종

잉어목 〉 황어아과 • Cypriniformes 〉 Cyprinidae

대두어
Aristichthys nobilis (Richardson, 1844)

몸은 긴 난형으로 몸 앞쪽이 보다 두툼하고 뒤쪽은 점점 납작해진다.

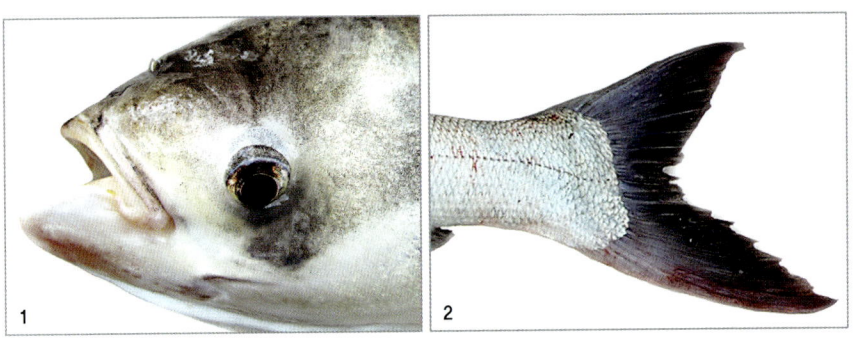

1 몸에 비해 머리와 입이 크고 머리에는 비늘이 없다. 눈은 머리에서 상당히 아랫부분에 위치한다. **2** 꼬리지느러미.

형태특성

몸길이 40~100㎝이다.
체색과 무늬 전체적으로 짙은 회색빛을 띠며, 등 쪽은 짙고 배 쪽은 은백색을 띤다. 등 쪽에 암녹색 구름 모양 반점이 있다. 등지느러미와 가슴지느러미는 노란색을 띠며, 뒷지느러미는 검은색을 띤다.
주요 형질 몸은 긴 난형으로 몸 앞쪽이 보다 두툼하고, 뒤쪽은 점점 납작해진다. 등지느러미 연조 수 7개, 뒷지느러미 연조 수 12~13개, 옆줄 비늘 수 96~103개다. 몸에 비해 머리와 입이 크고, 머리에 비늘이 없다. 아래턱이 위턱보다 조금 더 길다. 눈은 머리에서 상당히 아랫부분에 위치한다. 입수염은 없다. 뒷지느러미는 2개이며, 등지느러미는 3개로 넓게 퍼져 있다. 배 쪽 중앙 배지느러미 기부 앞부터 항문까지 융기연이 있다. 옆줄은 완전하며 앞부분은 아래쪽으로 굽어져 내려오고, 그 다음부터는 거의 직선으로 이어진다. 비늘은 원린이다.

생태특성

서식지 무리지어 이동하며 주로 수심 30~250m 되는 지역에서 산다. 용존 산소가 적은 수중에서도 잘 견딘다.
먹이습성 주로 물속에 떠다니는 플랑크톤을 특수화된 새파로 걸러 먹는다.
행동습성 산란기는 12~1월로서 수심이 얕은 연안으로 찾아들어 알을 200여만 개 낳는다. 산지는 경남 진해만과 경북 영일만이다. 알은 체외 수정되며, 짝짓기를 마친 암컷과 수컷은 알을 바닥이나 돌 표면에 부착시키고 이동한다. 국내에는 1967년에 대만에서 치어를 수입해 양식을 시도했으나, 우리나라 기후에 적응하지 못해 자연 번식이 이루어지지 못했다. 가끔 저수지나 대형 댐에서 채집된다.

국내 분포 한강 수계에 가끔 출현한다.
국외 분포 중국 대륙 남부와 라오스, 베트남 등 온대 및 열대 지방의 호수에 분포한다. 세계적으로 중요한 양식 대상 종으로 널리 이식되었다.
특이 사항 외래종

서식특성	상류	상류/중류	중류	중류/하류	정수역	기수역
	수층종		저서종		여울-저서성종	
내성특성	민감종		중간종		내성종	
섭식특성	초식성		충식성	육식성		잡식성
관리현황	멸종위기I급	멸종위기II급		고유종	천연기념물	외래종

잉어목 〉 황어아과 • Cypriniformes 〉 Cyprinidae

황어

Tribolodon hakonensis (Günther, 1880)

몸은 길고 유선형이며, 옆으로 납작하다. 몸 색깔은 황갈색 또는 청갈색이다.

1 주둥이는 뾰족하고 입은 주둥이 아래에 있다. 2 꼬리지느러미 끝부분이 깊게 파였다. 3 등지느러미 기저는 짧고 윗부분이 뾰족하며, 일부분은 연한 노란색을 띤다.

형태 특성

몸길이 25~40㎝이다.

체색과 무늬 전체적으로 황갈색 또는 청갈색이고, 배 쪽은 은백색이다. 어린 개체에서는 몸통 가운데에 갈색 반점 9~12개가 뚜렷하지만 성장하며 희미해진다. 등지느러미에는 희미한 반점이 있지만 성장하며 비스듬히 배열되고, 꼬리지느러미는 반문 없이 약간 짙은 회갈색을 띤다. 배지느러미와 뒷지느러미에는 반문이 없다. 산란기의 암컷은 주둥이 부근과 가슴지느러미 및 꼬리지느러미에 연한 노란색을 띤다. 수컷의 몸 가운데에 적황색 띠가 3개 나타난다.

주요 형질 몸은 길고 유선형이며, 옆으로 납작하다. 등지느러미 연조 수 7개, 뒷지느러미 연조 수 7~8개, 옆줄 비늘 수 76~89개, 새파 수 14~16개다. 주둥이 끝이 뾰족하고 입은 주둥이 아래에 있다. 입수염은 없으며 위턱이 아래턱보다 길다. 뺨과 새개부의 위쪽, 후두부는 아주 작은 원린으로 덮여 있고 몸통은 즐린으로 덮여 있다. 눈은 작고 머리 가운데에 있다. 옆줄은 완전하며 비늘은 작고 촘촘하다. 등지느러미 기저는 짧고 윗부분은 뾰족하다.

생태 특성

서식지 회유성 물고기로 바다에서 살다가 봄에 알을 낳기 위해 물이 맑은 하천으로 거슬러 올라온다.

먹이습성 잡식성으로 부착조류, 수서곤충, 작은 물고기 등을 먹는다.

행동습성 황어는 하천과 바다를 오가는 회유성 물고기다. 산란기는 3월 중순으로 알을 낳기 위해 바다에서 하천 상류의 여울로 거슬러 올라오며, 자갈이나 모래바닥에 집단으로 알을 낳는다. 번식기에 암수 모두 몸이 검게 변하고 몸통에 진한 노란색 띠가 나타나며, 각 지느러미에도 진한 노란색이 나타난다. 또한 수컷은 온몸에 흰색 돌기가 돋는다.

국내 분포 서해를 제외한 동해 및 남해 유입 하천에 분포한다.

국외 분포 일본, 사할린에 분포한다.

서식특성	상류	상류/중류	중류	중류/하류	정수역	기수역
	수층종		저서종		여울-저서성종	
내성특성	민감종		중간종		내성종	
섭식특성	초식성		충식성		육식성	잡식성
관리현황	멸종위기I급		멸종위기II급		고유종	천연기념물	외래종

잉어목 〉 황어아과 · Cypriniformes 〉 Cyprinidae

연준모치
Phoxinus phoxinus (Linnaeus, 1758)

몸은 길고 유선형이며 옆으로 납작하다.

1 눈동자는 황금색으로 빛난다. **2** 꼬리지느러미는 깊게 파였다. **3** 몸통 가운데에 색깔이 진한 반점이 배열되고, 그 위에 금색 가로 줄이 있다. **4** 등지느러미의 기조에 검은색 반점이 산재한다.

형태 특성

몸길이 6~8㎝이다.

체색과 무늬 전체적으로 푸른 갈색 또는 보랏빛을 띤 갈색이고, 배 쪽은 은백색이다. 눈동자는 은백색이나 황금색으로 빛난다. 몸 가운데에 색깔이 진한 반점이 배열되고, 그 위에 금색 가로 줄이 있다.

주요 형질 몸은 길고 유선형이며 옆으로 납작하다. 등지느러미 연조 수 7개, 뒷지느러미 연조 수 7개, 옆줄 비늘 수 71~90개, 새파 수 7~10개다. 주둥이는 짧고 뭉툭하며 입은 주둥이 아래에 있고, 위턱이 아래턱보다 길다. 입수염은 없다. 옆줄은 몸통 뒤쪽으로 갈수록 희미하고 비늘은 작고 얇아 벗겨지기 쉽다. 꼬리지느러미는 깊게 갈라졌다. 성숙한 수컷은 머리에 추성이 뚜렷하며, 암컷에서도 추성이 나타난다.

생태 특성

서식지 물이 맑고 깨끗하며, 바닥에 돌과 자갈이 깔린 산간 계류에 서식한다.

먹이습성 주로 수서곤충, 작은 갑각류를 먹는다.

행동습성 산란기는 4~5월로 암컷 한 마리의 뒤를 여러 수컷이 따르며, 자갈 밑에 알을 낳는다. 번식기에 암수 모두 주둥이와 머리에 돌기가 뚜렷해지며, 아가미덮개 뒷부분은 짙은 파란색을 띤다. 수컷의 몸과 지느러미에는 붉은색이 더해진다.

국내 분포 강원도 삼척 오십천과 남한강 상류에 분포한다.

국외 분포 북한의 압록강과 두만강, 유럽, 시베리아, 중국 등 추운 지역에 분포한다.

서식특성	상류	상류/중류	중류	중류/하류	정수역	기수역
	수층종		저서종		여울-저서성종	
내성특성	민감종		중간종		내성종	
섭식특성	초식성		충식성		육식성	잡식성
관리현황	멸종위기I급	멸종위기II급		고유종	천연기념물	외래종

잉어목 〉 황어아과 • Cypriniformes 〉 Cyprinidae

버들치
Rhynchocypris oxycephalus (Sauvage and Dabry, 1874)

몸은 가늘고 길며 몸 뒷부분은 옆으로 납작하다.

윗면 모습으로 등쪽에는 흑갈색의 작은 반점이 산재한다.

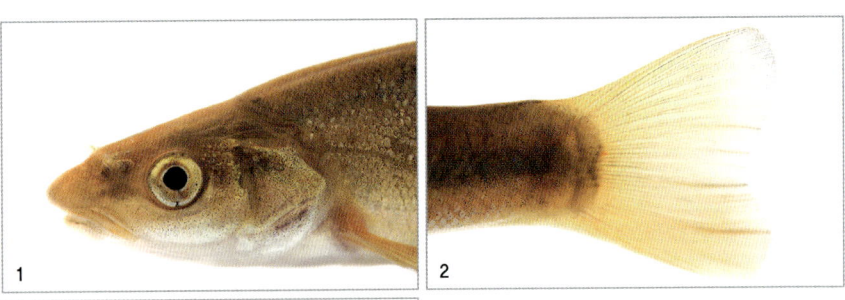

1 위턱이 아래턱을 둘러싸며, 그 전단은 뾰족하고 돌출되었다. **2** 꼬리지느러미 끝부분이 안쪽으로 약간 패였다. **3** 등지느러미에는 무늬가 없다.

형태 특성

몸길이 6~10cm이다.
체색과 무늬 전체적으로 황갈색이며, 등 쪽은 암갈색이고 배 쪽은 담색을 띤다. 몸 중앙의 등 쪽에는 흑갈색 작은 반점이 산재한다. 가슴지느러미 등지느러미, 꼬리지느러미의 기조는 어둡지만 배지느러미와 뒷지느러미는 담색을 띤다. 가슴지느러미와 배지느러미는 수컷이 암컷에 비해 약간 길다. 각지느러미에는 무늬가 없다.
주요 형질 몸은 가늘고 길며 몸 뒷부분은 옆으로 납작하다. 등지느러미 연조 수 6~7개, 옆줄 비늘 수 72~78개, 새파 수 5~7개다. 입은 주둥이 끝에서 약간 아래쪽에 있고, 위턱이 아래턱을 둘러싸며, 그 전단은 뾰족하게 튀어나왔다. 입수염은 없다. 눈은 비교적 크고, 머리 가운데 위치한다. 옆줄은 완전하고, 그 앞부분이 배 쪽으로 약간 휘었다.

생태 특성

서식지 산간 계류의 차가운 물이나 강 상류에 무리지어 서식하며 강 중류나 댐호, 저수지에서도 산다.
먹이습성 주로 수서곤충과 갑각류를 먹는다.
행동습성 산란기는 4~5월이며 암수가 무리지어 자갈 틈에 알을 낳는다. 번식기 수컷의 머리에는 작은 돌기가 돋아난다.

국내 분포 동해안 북부를 제외한 우리나라 전역에 분포한다.
국외 분포 일본, 중국에 분포한다.

서식특성	상류	상류/중류	중류	중류/하류	정수역	기수역
	수층종		저서종		여울-저서성종	
내성특성	민감종		중간종		내성종	
섭식특성	초식성		충식성		육식성	잡식성
관리현황	멸종위기I급		멸종위기II급		고유종	천연기념물	외래종

잉어목 〉 황어아과 • Cypriniformes 〉 Cyprinidae

버들개
Rhynchocypris steindachneri (Sauvage, 1883)

몸높이가 높은 타원형이며 옆으로 납작하다.

1 주둥이는 길고 뾰족하며 위턱이 아래턱보다 길고, 입수염이 없다. 2 꼬리지느러미 3 등지느러미가 배지느러미보다 좀 더 앞에 달렸다. 측선은 뚜렷하며 거의 직선이다.

형태 특성

몸길이 15~20㎝이다.

체색과 무늬 전체적으로 황갈색이나 회갈색이며 배 쪽은 은백색이다. 몸 가운데에서 꼬리지느러미 시작 부분까지 너비가 넓고 검은색 가로 줄무늬가 있다. 몸에는 작은 반점들이 흩어져 있다. 각 지느러미에는 특별한 반점이 없다.

주요 형질 몸은 길고 앞부분이 통통하며 뒷부분은 옆으로 납작하고 더 가늘다. 등지느러미 연조 수 7개, 뒷지느러미 연조 수 7개, 옆줄 비늘 수 80~88개, 새파 수 8~9개다. 주둥이는 뾰족하며 입은 주둥이 아래에서 비스듬히 위를 향한다. 위턱이 아래턱보다 길며 입수염은 없다. 옆줄은 완전하며 비늘은 아주 작다. 눈은 비교적 크고 머리 가운데에 있다.

생태 특성

서식지 물이 맑고 찬 산간 계류나 강 상류에 서식한다.

먹이습성 주로 수서곤충, 작은 갑각류를 먹는다.

행동습성 산란기는 4~6월이며 물 흐름이 느린 여울에 알을 낳는다. 버들치보다 비늘 수가 더 많고 등지느러미가 몸의 약간 앞쪽에 있다.

국내 분포 강원도 강릉시 남대천에 분포한다.

국외 분포 북한의 하천과 임진강 지류 일부 하천, 중국, 일본 북부에 분포한다.

서식특성	상류	상류/중류	중류	중류/하류	정수역	기수역
	수층종		저서종		여울-저서성종	
내성특성	민감종		중간종		내성종	
섭식특성	초식성		충식성		육식성	잡식성
관리현황	멸종위기I급		멸종위기II급	고유종	천연기념물	외래종

잉어목 〉 황어아과 • Cypriniformes 〉 Cyprinidae

금강모치
Rhynchocypris kumgangensis (Kim, 1980)

몸은 길고 앞부분은 통통하며 뒷부분은 납작하다.

1 주둥이는 약간 뾰족하고 주둥이 밑에 입이 있다. **2** 꼬리지느러미는 깊게 파였다. **3** 몸 중앙과 배를 따라 주황색 가로줄이 꼬리지느러미까지 나타난다.

형태 특성

몸길이 7~10cm이다.

체색과 무늬 등 쪽은 황갈색이고, 배 쪽은 은백색이다. 몸 중앙과 배에 주황색 가로줄이 꼬리지느러미까지 나타난다. 등지느러미 시작 부분에 검은색 반점이 있고, 가슴지느러미 시작 부분은 주황색을 띤다.

주요 형질 몸은 길고 앞부분은 통통하며 뒷부분은 납작하다. 등지느러미 연조 수 7개, 뒷지느러미 연조 수 7~8개, 옆줄 비늘 수 59~66개, 새파 수 7~9개다. 주둥이는 약간 뾰족하고 입은 주둥이 아래에서 비스듬히 위를 향한다. 아래턱이 위턱보다 짧으며, 입수염은 없다. 눈은 비교적 크며 머리 가운데 위치하고, 비늘은 아주 작다. 꼬리지느러미는 깊게 파였다. 등지느러미 정상부는 뾰족하며, 뒤쪽 가장자리는 직선이다.

생태 특성

서식지 물이 맑고 찬 산간 계류 상류에 서식한다.

먹이습성 주로 육상곤충, 수서곤충, 갑각류 등을 먹는다.

행동습성 산란기는 4~5월이며 물 흐름이 느린 여울의 자갈 밑을 파고 들어가 많은 수가 뒤섞여 알을 낳으며, 암컷 한 마리를 수컷 여러 마리가 뒤따른다. 연준모치와 마찬가지로 찬물에서만 서식하는 냉수성 물고기다.

국내 분포 남한강과 북한강, 임진강, 금강 최상류에 분포한다.

국외 분포 한국 고유종

서식특성	상류	상류/중류	중류	중류/하류	정수역	기수역
	수층종		저서종		여울-저서성종	
내성특성	민감종		중간종		내성종	
섭식특성	초식성		충식성	육식성	잡식성	
관리현황	멸종위기I급	멸종위기II급		고유종	천연기념물	외래종

잉어목 〉 황어아과 ・ Cypriniformes 〉 Cyprinidae

버들가지
Rhynchocypris semotilus (Jordan and Starks, 1905)

몸높이가 높은 타원형이고 옆으로 납작하다.

1 주둥이는 길고 뾰족하며 아래턱이 위턱보다 약간 더 튀어나왔다. **2** 꼬리지느러미 **3** 등지느러미 시작 부분에 검은색 점무늬가 있다.

형태특성

몸길이 10cm이다.

체색과 무늬 전체적으로 갈색이며, 등 쪽은 진하고 배 쪽은 연하다. 등지느러미 기부에 검은색 반점이 있다. 몸통의 비늘 가장자리에 갈색 색소포가 밀집되어 초승달 모양으로 보인다. 가슴지느러미 기부는 진한 노란색을 띠고, 등지느러미와 뒷지느러미, 가슴지느러미 앞부분에는 노란색 띠가 있다.

주요 형질 몸은 비교적 짧고 굵은 편이다. 앞부분은 통통하며 뒷부분은 옆으로 납작하다. 등지느러미 연조 수 7~8개, 뒷지느러미 연조 수 7개, 옆줄 비늘 수 66~76개, 새파 수 6개다. 머리는 크고 주둥이 끝은 둥글다. 위턱이 아래턱보다 길며 눈이 크다. 등지느러미 기조의 바깥쪽 가장자리 가운데는 얕게 파였다. 수컷은 2차 성징으로 추성이 나타난다. 비늘은 매우 작아 육안으로 구별되지 않는다.

생태특성

서식지 물이 맑고 찬 산간 계류나 강 상류에 서식한다.

먹이습성 주로 수서곤충을 먹고 작은 갑각류나 실지렁이 등도 잡아먹는다.

행동습성 산란기는 4~6월이다. 2012년 5월 31일 멸종위기야생동식물 II급으로 지정되어 보호받고 있다.

국내 분포 강원도 고성군 송현천, 고성 남강, 적벽강 상류 안변천에 분포한다.

국외 분포 한국 고유종, 멸종위기야생동식물 II급

서식특성	상류	상류/중류	중류	중류/하류	정수역	기수역
	수층종		저서종		여울-저서성종	
내성특성	민감종		중간종		내성종	
섭식특성	초식성		충식성		육식성	잡식성
관리현황	멸종위기I급	멸종위기II급		고유종	천연기념물	외래종

잉어목 〉 피라미아과 • Cypriniformes 〉 Cyprinidae

왜몰개
Aphyocypris chinensis Günther, 1868

몸은 작고 옆으로 납작하며 몸높이가 높다.

1 눈은 크고 머리 가운데에 있으며 입수염은 없다. **2** 꼬리지느러미는 어두운 색을 띤다. **3** 몸통 가운데에서 꼬리지느러미까지 진한 갈색 가로 줄이 있지만 없는 것들도 있다.

형태 특성

몸길이 4~6㎝이다.

체색과 무늬 전체적으로 푸른빛 도는 갈색 또는 황갈색이며 배 쪽은 은백색이다. 몸통 가운데에서 꼬리지느러미까지 진한 갈색 가로 줄이 있지만 뚜렷하지 않은 것들도 있다. 등지느러미와 꼬리지느러미는 어둡고 다른 지느러미는 색이 없다.

주요 형질 몸은 작고 옆으로 납작하며 몸높이가 높다. 등지느러미 연조 수 7개, 뒷지느러미 연조 수 6~7개, 옆줄 비늘 수 31~34개, 새파 수 6~10개다. 입은 크고 주둥이 아래에서 위쪽을 향한다. 아래턱이 위턱보다 길고 입수염은 없다. 눈은 큰 편이며 머리 가운데에 있다. 비늘은 크고 옆줄은 불완전해서 아가미 상후단에서 시작해 4~9번째 비늘에서 끝난다. 배지느러미 시작 부분에서 뒷지느러미 시작 부분까지 약간 돌출된 융기연이 있다.

생태 특성

서식지 하천 중·하류의 소하천과 농수로, 웅덩이 등 물 흐름이 거의 없는 곳에서 떼 지어 서식한다.

먹이습성 수서곤충, 육상곤충, 작은 갑각류 등을 먹는다.

행동습성 산란기는 5~6월이며 알은 수초에 붙인다. 몸집이 작아서 이름에 '왜' 자가 붙었다. 왜몰개가 사는 곳의 물은 대개 정체되고, 바닥에 유기물이 많은 진흙이나 펄이 깔려 있어 그다지 깨끗하지 않지만, 유기물을 양분으로 빨아들이는 수초가 빼곡해 중상층의 물은 비교적 안정되고 깨끗한 편이다. 왜몰개의 위를 향한 입 구조는 물 위에 떨어지는 작은 육상곤충이나 수면에 호흡기관을 내밀고 있는 모기 애벌레를 잡아먹기 쉽게 한다.

국내 분포 서해 및 남해 유입 하천에 분포한다.
국외 분포 대만, 중국, 일본에 분포한다.

서식특성	상류	상류/중류	중류	중류/하류	정수역	기수역
	수층종		저서종		여울-저서성종	
내성특성	민감종		중간종		내성종	
섭식특성	초식성		충식성		육식성	잡식성
관리현황	멸종위기I급		멸종위기II급	고유종	천연기념물	외래종

잉어목 〉 피라미아과 • Cypriniformes 〉 Cyprinidae

갈겨니

Zacco temminckii (Temminck and Schlegel, 1846)

몸과 머리는 옆으로 납작하고 몸통은 긴 타원형이다.

1 눈이 크고 눈동자 바로 위에 붉은색 반원이 있다. **2** 뒷지느러미의 기조가 길다. **3** 등지느러미는 담황색 바탕에 보랏빛이나 홍적색 무늬가 있다.

형태 특성

몸길이 8~12cm이다.

체색과 무늬 전체적으로 푸른빛 도는 갈색이며 배 쪽은 은백색이다. 눈동자 바로 위에 붉은 반원이 있다. 각 지느러미는 담황색을 띠고, 배면 중앙과 뒷지느러미 기부, 등지느러미에는 보랏빛이나 홍적색 무늬가 있다. 몸 가운데에는 청색 또는 담흑색의 폭 넓은 가로 줄이 있다.

주요 형질 몸과 머리는 좌우로 납작하고 몸통은 긴 타원형이다. 등지느러미 연조 수 7~8개, 뒷지느러미 연조 수 9~10개, 옆줄 비늘 수 11~12개, 새파 수 9~11개다. 주둥이는 짧고 뭉툭하며 아래턱이 위턱보다 약간 길다. 눈은 참갈겨니보다 작으며 머리의 위쪽에 위치한다. 입수염은 없다. 뒷지느러미의 기조가 다른 기조보다 길다.

생태 특성

서식지 물 흐름이 느린 하천 중·상류에 서식한다.

먹이습성 주로 수서곤충 애벌레, 육상곤충, 부착조류를 먹는다.

행동습성 산란기는 5~8월이며 모래와 자갈이 있는 여울에 알을 낳는다. 번식기 수컷의 눈과 턱 주변에는 딱딱하고 큰 돌기가 돋아난다. 또한 등지느러미 앞부분과 배 쪽이 붉어지며 뒷지느러미는 커진다.

국내 분포 섬진강과 낙동강, 영산강, 탐진강 수계 등 우리나라 남부 지방에 분포한다.

국외 분포 일본에 분포한다.

서식특성	상류	상류/중류	중류	중류/하류	정수역	기수역
	수층종		저서종		여울-저서성종	
내성특성	민감종		중간종		내성종	
섭식특성	초식성		충식성		육식성	잡식성
관리현황	멸종위기I급		멸종위기II급	고유종	천연기념물	외래종

잉어목 〉 피라미아과 • Cypriniformes 〉 Cyprinidae

참갈겨니
Zacco koreanus Kim, Oh and Hosoya, 2005

몸은 길며 옆으로 납작하다.

1 눈이 크고 붉은 반점은 없으며 주둥이에 추성이 돋아난다. **2** 뒷지느러미는 커서 삼각 모양이며, 꼬리지느러미와 뒷지느러미는 노란색을 띤다. **3** 등지느러미 가장자리가 둥글다.

형태특성

몸길이 13~20㎝이다.
체색과 무늬 전체적으로 푸른빛 도는 갈색 또는 황갈색이며 배 쪽은 은백색이다. 몸 가운데에는 굵은 흑갈색 가로 줄이 있다. 다 자란 수컷은 몸의 노란색과 붉은색이 더 진하다. 산란기가 되면 수컷은 몸통이 노란색을 띠며, 가슴지느러미 전단과 배 쪽 가장자리는 붉은색, 꼬리지느러미와 뒷지느러미는 노란색을 띤다. 눈동자 위쪽에 반원 모양 붉은색 반점이 없다.
주요 형질 몸은 길며 옆으로 납작하다. 등지느러미 연조 수 7개, 뒷지느러미 연조 수 10개, 옆줄 비늘 수 44~49개, 새파 수 9~10개다. 주둥이는 짧고 뭉툭하며 입은 크다. 입수염은 없고 옆줄은 완전하며 몸통 중간에서 아래쪽으로 휘었다. 뒷지느러미는 크고 삼각형이다.

생태특성

서식지 물이 맑고 깨끗한 하천 중·상류의 물 흐름이 빠른 지역에 서식한다.
먹이습성 주로 수서곤충 애벌레, 육상곤충 등을 먹는다.
행동습성 산란기는 6~8월이며 자갈이 깔린 여울에서 암수가 짝을 지어 알을 낳는다. 번식기 수컷의 눈과 턱 주변에는 딱딱한 돌기가 돋아나고 몸통에는 노란색과 붉은색이 더해지며 뒷지느러미가 커진다.

국내 분포 한강, 임진강, 금강, 만경강, 동진강, 탐진강, 섬진강, 낙동강과 동해로 흐르는 하천 등 우리나라 전역에 분포한다.
특이 사항 한국 고유종

서식특성	상류	상류/중류	중류	중류/하류	정수역	기수역
	수층종		저서종		여울-저서성종	
내성특성	민감종		중간종		내성종	
섭식특성	초식성		충식성		육식성	잡식성
관리현황	멸종위기I급		멸종위기II급		고유종	천연기념물	외래종

잉어목 〉 피라미아과 ・ Cypriniformes 〉 Cyprinidae

피라미

Zacco platypus (Temminck and Schlegel, 1902)

몸은 길며 옆으로 납작하다.

1 눈은 작고 붉은 반점이 있다. **2** 꼬리지느러미 가장자리는 둥글고 가운데가 깊게 파였다. **3** 모든 지느러미의 기조막은 붉은색을 띤다.

형태특성

몸길이 12~17cm이다.
체색과 무늬 전체적으로 푸른빛 도는 갈색이며 등 쪽은 더 짙고 배는 은백색이다. 눈동자 위에 붉은 반점이 있다. 몸에는 청갈색 횡반이 10~13개 있으며, 그 중간에 끝이 뾰족한 분홍색 무늬가 불규칙하게 나 있다. 가슴지느러미, 배지느러미, 뒷지느러미의 기조막은 붉은색을 띤다.
주요 형질 몸은 길며 옆으로 납작하다. 등지느러미 연조 수 7개, 뒷지느러미 연조 수 9개, 옆줄 비늘 수 42~45개, 새파 수 13~16개다. 주둥이는 짧고 입은 크다. 입수염은 없고 위턱이 아래턱보다 약간 길다. 눈은 비교적 작다. 옆줄은 완전하며 배 쪽으로 심하게 휘었다.

생태특성

서식지 물이 맑은 하천 중류의 여울이나 저수지, 댐에 서식한다.
먹이습성 잡식성으로 부착조류, 수서곤충 애벌레 등을 먹는다.
행동습성 산란기는 5~8월이며 암수가 작은 무리를 이루어 얕은 여울의 잔자갈을 뒷지느러미로 파헤치며 알을 낳는다. 번식기 수컷의 주둥이와 뺨에는 딱딱한 돌기가 돋아나고 뒷지느러미는 커진다. 또한 주둥이 주변은 검은색으로 변하고 몸통에는 청록색과 붉은색을 더 많이 띤다.

국내 분포 서해, 남해, 동해로 흐르는 전국의 하천과 저수지에 분포한다.
국외 분포 중국, 대만, 일본에 분포한다.

서식특성	상류	상류/중류	중류	중류/하류	정수역	기수역
	수층종		저서종		여울-저서성종	
내성특성	민감종		중간종		내성종	
섭식특성	초식성		충식성		육식성	잡식성
관리현황	멸종위기I급	멸종위기II급		고유종	천연기념물	외래종

잉어목 〉 피라미아과 • Cypriniformes 〉 Cyprinidae

끄리

Opsariichthys uncirostris amurensis Berg, 1940

몸은 길며 옆으로 납작하다.

1 입은 크며 입 옆 부분은 'S' 자를 누인 모양이다. **2** 꼬리지느러미는 흑청색 또는 녹색을 띤다. **3** 등지느러미의 극조는 송곳처럼 강하게 발달했다.

형태특성

몸길이 20~40cm이다.
체색과 무늬 회갈색 바탕에 흑갈색 무늬가 불규칙하게 흩어져 있으며 색깔 변이가 심하다. 등 쪽은 진한 갈색, 배 쪽은 광택이 있는 은백색이다. 등지느러미와 꼬리지느러미는 흑청색 또는 녹색을 띤다.
주요 형질 몸은 길며 옆으로 납작하다. 등지느러미 연조 수 7개, 뒷지느러미 연조 수 9개, 옆줄 비늘 수 46~48개, 새파 수 10~13개다. 입은 크며 입 옆 부분은 'S' 자를 누인 모양이다. 아래턱이 위턱보다 약간 길다. 등지느러미의 극조는 송곳처럼 강하게 발달했다. 옆줄은 완전하며 배 아래쪽으로 휜다.

생태특성

서식지 큰 강의 중·하류와 댐, 대형 호수, 저수지 등에 서식한다.
먹이습성 주로 중소형 물고기, 작은 동물, 갑각류 등을 먹는다.
행동습성 산란기는 5~7월이며, 자갈이 깔리고 물살이 센 큰 하천 여울에 알을 낳는다. 수컷은 머리에서 배까지 주황색을 띠고, 가슴지느러미, 배지느러미, 뒷지느러미의 일부도 주황색을 보이며 등 쪽은 청자색을 띤다. 번식기 수컷의 주둥이 주변과 아가미덮개, 뒷지느러미에 돌기가 돋아난다.

국내 분포 동해로 흐르는 하천을 제외한 전국의 하천과 댐 등에 분포한다.
국외 분포 중국, 일본, 시베리아에 분포한다.

서식특성	상류	상류/중류	중류	중류/하류	정수역	기수역
	수층종		저서종		여울-저서성종	
내성특성	민감종		중간종		내성종	
섭식특성	초식성		충식성		육식성	잡식성
관리현황	멸종위기I급	멸종위기II급		고유종	천연기념물	외래종

잉어목 〉 피라미아과 • Cypriniformes 〉 Cyprinidae

눈불개
Squaliobarbus curriculus (Richardson, 1846)

몸은 길고 원통형이나 몸 뒷부분은 납작하다.

1 눈동자 바로 위에 붉은색 반원이 있다. 2 꼬리지느러미는 짙은 회색이며 끝부분이 깊게 파였다. 3 등지느러미는 짙은 회색이다.

형태특성

몸길이 25~35㎝이다.

체색과 무늬 등 쪽은 푸른 갈색이고, 배 쪽은 광택이 있는 은백색이다. 옆줄 위쪽에 있는 대부분의 비늘 가운데에는 반달 모양 검은색 점이 있어서 줄이 7~8개인 것처럼 보인다. 눈동자 바로 위에 붉은색 반원이 있다. 등지느러미와 꼬리지느러미는 짙은 회색이고 다른 지느러미는 회백색이다.

주요 형질 몸은 길고 원통형이며 몸 뒷부분은 납작하다. 등지느러미 연조 수 7개, 뒷지느러미 연조 수 6~7개, 옆줄 비늘 수 47~48개, 새파 수 14개다. 주둥이는 짧고 끝이 둥글다. 입은 주둥이 아래에 있고 위를 향한다. 입가에 입수염이 1쌍 있으며 짧다. 위턱이 아래턱보다 길다. 눈은 머리의 중앙보다 앞쪽에 있다. 옆줄은 완전하고 배 쪽으로 약간 휘어진다. 가숭어와 겉모양이 비슷하다.

생태특성

서식지 물 흐름이 완만한 큰 강의 중·하류에서 단독으로 서식한다.

먹이습성 잡식성으로 수서곤충, 부착조류, 수초, 물고기 알 등을 먹는다.

행동습성 산란기는 6~8월로 추정되지만 생활사는 알려지지 않았다. 번식기가 되면 무리를 이루다가 산란이 끝나면 흩어진다. 눈이 붉다고 해서 눈불개라는 이름이 붙었고 홍안어라고도 불린다.

국내 분포 한강, 금강에 분포한다.
국외 분포 북한 대동강, 중국에 분포한다.

서식특성	상류	상류/중류	중류	중류/하류	정수역	기수역
	수층종		저서종		여울-저서성종	
내성특성	민감종		중간종		내성종	
섭식특성	초식성		충식성		육식성	잡식성
관리현황	멸종위기I급	멸종위기II급		고유종	천연기념물	외래종

잉어목 > 강준치아과 • Cypriniformes > Cyprinidae

강준치

Erythroculter erythropterus (Basilewsky, 1855)

머리는 위아래로 매우 납작해 정수리 부분이 편평하다.

1 아래턱이 발달해 입의 각이 수직이다. **2** 꼬리지느러미 끝은 깊게 갈라졌다. **3** 등지느러미는 뾰족하게 솟았다.

형태특성

몸길이 40~50cm이다.
체색과 무늬 등 쪽은 암갈색이고 배 쪽으로 갈수록 엷어져 광택이 있는 은백색을 띤다. 몸 옆면에 검은색 줄무늬가 있고, 눈에 붉은색 점이 없으며 몸 앞쪽 옆면이 노란색을 띤다.
주요 형질 몸은 길고 옆으로 납작하다. 등지느러미 연조 수 7개, 뒷지느러미 연조 수 21~24개, 옆줄 비늘 수 82~93개, 새파 수 26~29개다. 머리는 위아래로 매우 납작해 정수리 부분이 편평하다. 주둥이는 뾰족하며 아래턱이 발달해 위쪽으로 돌출되어 입의 각이 거의 수직이다. 눈은 크고 머리 앞부분에 있다. 가슴지느러미와 배지느러미 기부 사이에는 날카로운 비늘이 있으나 용골상의 융기연은 없다. 비늘은 둥글고 얇으며, 옆줄은 완전하고 그 앞부분은 배 쪽에서 활처럼 아래쪽으로 굽었다.

생태특성

서식지 물이 느리게 흐르는 강이나 하천 하류, 댐호 등에 서식한다.
먹이습성 주로 어린 물고기를 먹으며, 갑각류, 수서곤충, 육상곤충 등도 먹는다.
행동습성 산란기는 5~7월이며 수초에 알을 붙인다. 치어기에는 무리지어 살며, 성어로 자라면 강 하류로 이동해 산다.

국내 분포 임진강, 한강, 금강 하류의 유량이 많고 물 흐름이 완만한 곳에 서식한다.
국외 분포 북한의 대동강과 압록강, 중국 화북 지역, 대만 등지에 분포한다.

서식특성	상류	상류/중류	중류	중류/하류	정수역	기수역
	수층종		저서종		여울–저서성종	
내성특성	민감종		중간종		내성종	
섭식특성	초식성		충식성		육식성	잡식성
관리현황	멸종위기I급		멸종위기II급		고유종	천연기념물	외래종

잉어목 〉 강준치아과 • Cypriniformes 〉 Cyprinidae

백조어
Culter brevicauda Günther, 1868

몸통과 머리는 옆으로 매우 납작하다.

1 머리의 위쪽이 아래로 약간 굽었다. 2 꼬리지느러미는 깊게 파였고 아래가 더 길다. 3 등지느러미는 다소 검은색, 뒷지느러미는 노란색을 띤다.

형태 특성

몸길이 20~25cm이다.
체색과 무늬 전체적으로 금속성 광택을 띠는 은백색이며 등 쪽은 푸른색을 띤다. 모든 지느러미에 반문이 없으며, 등지느러미는 다소 검고 뒷지느러미는 노란색을 띤다.
주요 형질 몸통과 머리는 옆으로 매우 납작하다. 등지느러미 연조 수 7개, 뒷지느러미 연조 수 26~29개, 옆줄 비늘 수 64~72개, 새파 수 27~28개다. 머리의 위쪽이 아래쪽으로 약간 굽었으며, 아래턱이 발달해 위쪽으로 튀어나왔고 아래턱이 위턱보다 넓고 크다. 비늘은 원린으로 크고 얇으며 기와처럼 배열된다. 옆줄은 완전하고 전반부는 아래쪽으로 굽었으며 후반부는 직선이다.

생태 특성

서식지 큰 강 중·하류의 물 흐름이 완만한 곳에 서식한다.
먹이습성 육식성으로 갑각류, 수서곤충, 어린 물고기를 먹는다.
행동습성 산란기는 5월말에서 7월 초순까지이나 행동습성에 대해 알려진 바가 없다.

국내 분포 낙동강, 금강, 영산강, 대동강에 분포한다.
국외 분포 중국, 대만에 분포한다.
특이 사항 멸종위기야생동식물II급

서식특성	상류	상류/중류	중류	중류/하류	정수역	기수역
	수층종		저서종		여울-저서성종	
내성특성	민감종		중간종		내성종	
섭식특성	초식성		충식성		육식성	잡식성
관리현황	멸종위기I급	멸종위기II급		고유종	천연기념물	외래종

잉어목 〉 강준치아과 • Cypriniformes 〉 Cyprinidae

치리
Hemiculter eigenmanni (Jordan and Metz, 1913)

몸은 길고 매우 납작하다.

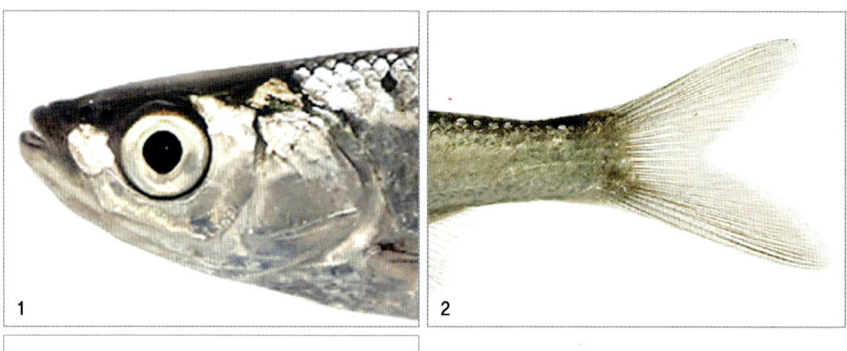

1 주둥이는 짧고 뾰족하며 입은 주둥이 아래에 있다. **2** 꼬리지느러미 끝부분 가운데가 파였으며 아래쪽이 더 길다. **3** 배 가장자리에는 가슴지느러미 뒷부분에서 항문 바로 앞까지 칼날처럼 솟은 융기연이 있다.

형태 특성

몸길이 15~20cm이다.
체색과 무늬 등 쪽은 청갈색이고 배 쪽은 광택이 있는 은백색이다.
주요 형질 몸은 길고 매우 납작하다. 등지느러미 연조 수 7개, 뒷지느러미 연조 수 12~13개, 옆줄 비늘 수 50~55개, 새파 수 17~21개다. 주둥이는 짧고 뾰족하며 입은 주둥이 아래에 있다. 입수염은 없고 아래턱이 위턱보다 길다. 눈은 크고 머리 중앙보다 앞에 있다. 옆줄은 완전하지만 가슴지느러미 바로 뒤에서 아래쪽으로 깊게 내려가다가 후반부에서는 직선으로 아래쪽을 향한다. 배 가장자리를 따라 가슴지느러미 뒷부분에서 항문 바로 앞부분까지 칼날처럼 솟은 융기연이 있다. 꼬리지느러미 끝부분 가운데가 파였으며, 아래쪽이 더 길다.

생태 특성

서식지 물 흐름이 완만한 하천이나 저수지, 댐호의 표층이나 중층에 서식한다.
먹이습성 잡식성으로 수서곤충, 작은 동물, 식물의 씨앗 등을 먹는다.
행동습성 산란기는 6~7월이며 산란기에 모래 바닥이나 수초에 알을 붙인다. 유사종으로는 살치가 있다.

국내 분포 서해 및 남해 유입 하천에 분포한다.
특이 사항 한국 고유종

서식특성	상류	상류/중류	중류	중류/하류	정수역	기수역
	수층종		저서종		여울-저서성종	
내성특성	민감종		중간종		내성종	
섭식특성	초식성		충식성		육식성	잡식성
관리현황	멸종위기I급	멸종위기II급		고유종	천연기념물	외래종

잉어목 〉 종개과 • Cypriniformes 〉 Baliforidae

대륙종개
Orthrias nudus (Bleeker, 1865)

몸은 길고 원통형이며. 머리는 위아래로 약간 납작하고, 꼬리는 옆으로 납작하다.

등 쪽에 구름모양의 불규칙적인 암갈색 반문이 산재한다.

1 눈 밑에 산재한 반점들이 적고 안하극이 없다. 2 꼬리지느러미 시작 부분에 검은 줄이 있고, 불규칙적인 반점이 산재해 있다. 3 수컷은 가슴지느러미에 줄무늬가 있다. 4 등지느러미에 검은색 줄무늬가 있다.

형태 특성

몸길이 12~20㎝이다.

체색과 무늬 전체적으로 밝은 갈색이며, 배 아랫부분은 흰색이다. 몸 옆면 등 쪽에 구름 모양의 불규칙한 암갈색 반문이 산재한다. 등지느러미와 꼬리지느러미에 검은색 줄무늬가 있다. 수컷은 가슴지느러미에 줄무늬가 있다.

주요 형질 몸은 길고 원통형이며, 머리는 위아래로 약간 납작하고 꼬리는 옆으로 납작하다. 등지느러미 연조 수 7개, 뒷지느러미 연조 수 5개, 새파 수 11~13개다. 입은 작고 바닥을 향해 있다. 윗입술에 수염이 3쌍 있다. 눈은 작고 머리 위쪽에 있다. 꼬리지느러미 끝부분은 직선에 가깝다. 옆줄은 완전하고 몸 중앙을 직선으로 달린다. 몽고와 중국 대륙까지 분포한다고 해서 대륙종개라는 이름이 붙었다. 대륙종개는 종개에 비해 몸에 난 무늬가 촘촘하고 가늘다.

생태 특성

서식지 바닥에 돌이나 자갈이 깔린 하천 상류나 물살이 매우 빠른 계류에 주로 서식한다.

먹이습성 충식성으로 수서곤충 애벌레 등을 먹는다.

행동습성 산란기는 4~5월로 추정되며, 번식 행동이나 생태에 관해서는 알려지지 않았다. 수컷에게 나타나는 번식기 특징인 추성은 뺨과 가슴지느러미 기조에 밀집된다. 반면 종개의 추성은 뺨에는 적고, 가슴지느러미 기조에 밀집된다. 대륙종개 몸통의 무늬는 종개 몸통의 무늬보다 길다. 미꾸리과 어류 대부분이 지니고 있는 눈 아래 가시 모양 돌기(안하극)가 없다.

국내 분포 강원도 삼척시 마읍천과 한강, 낙동강에 분포한다.
국외 분포 북한, 몽골, 중국에 분포한다.

서식특성	상류	상류/중류	중류	중류/하류	정수역	기수역
	수층종		저서종		여울-저서성종	
내성특성	민감종		중간종		내성종	
섭식특성	초식성		충식성		육식성	잡식성
관리현황	멸종위기I급	멸종위기II급		고유종	천연기념물	외래종

잉어목 〉 종개과 • Cypriniformes 〉 Baliforidae

종개
Orthrias toni (Dybowsky, 1869)

몸은 길고 원통형이며 몸 뒷부분은 옆으로 납작하다.

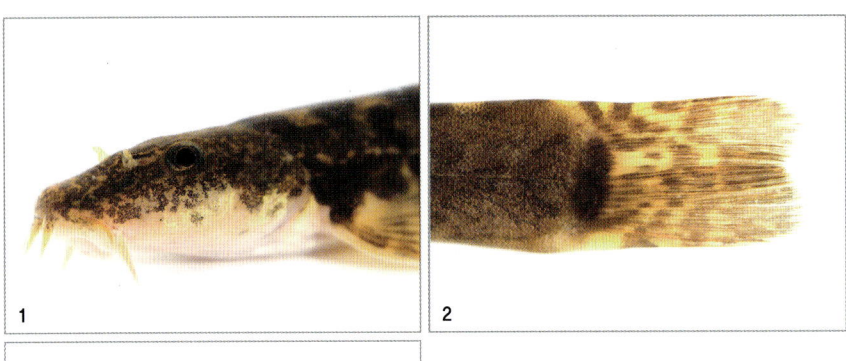

1 입수염이 3쌍 있고, 대륙종개에 비해 눈 밑의 반점이 많다. **2** 꼬리지느러미 시작부분에 반점이 있고, 짧은 줄무늬가 있다. **3** 등지느러미에 짧은 줄무늬가 있다.

형태특성

몸길이 10~15㎝이다.
체색과 무늬 전체적으로 황갈색이며, 네모꼴 진한 갈색 얼룩무늬가 12~17개 있다. 몸 옆면 상반부의 갈색 반점은 등 쪽 안장 모양인 반점과 함께 꼬리지느러미 시작 부분까지 이어진다. 등지느러미와 꼬리지느러미에는 짧은 줄무늬가 있다.
주요 형질 몸은 길고 원통형이며 몸 뒷부분은 옆으로 납작하다. 등지느러미 연조 수 7개, 뒷지느러미 연조 수 5개다. 입은 작고 주둥이 아래에 있으며 말발굽 모양이다. 입수염은 3쌍이 있고, 눈 아래에 가시 모양 돌기(안하극)가 없다. 옆줄은 완전하며 비늘은 아주 작다.

생태특성

서식지 물이 맑고 깨끗하며, 바닥에 돌과 자갈이 깔린 하천 상류 여울에 서식한다. 강릉 남대천 이북의 하천에만 분포한다.
먹이습성 주로 수서곤충 애벌레를 먹는다.
행동습성 산란기는 5~7월이며 돌이나 자갈에 알을 붙인다고 알려졌으나 자세한 습성은 알려지지 않았다. 번식기 수컷의 가슴지느러미 기조에는 추성이 많이 나타나고, 뺨에는 드물게 나타난다.

국내 분포 강원도 강릉 남대천 이북의 동해 유입 하천에 분포한다.
국외 분포 일본 북해도와 러시아 사할린, 시베리아 동부에 분포한다.

서식특성	상류	상류/중류	중류	중류/하류	정수역	기수역
	수층종		저서종		여울–저서성종	
내성특성	민감종		중간종		내성종	
섭식특성	초식성		충식성		육식성	잡식성
관리현황	멸종위기I급	멸종위기II급		고유종	천연기념물	외래종

잉어목 〉 종개과 • Cypriniformes 〉 Baliforidae

쌀미꾸리
Lefua costata (Kessler, 1876)

몸은 길고 원통형이며 몸 뒷부분은 옆으로 납작하다.

1 입수염은 4쌍이며 맨 위의 수염은 콧구멍 앞에 있다. **2** 꼬리지느러미 끝부분은 둥글고 미세한 담갈색 점이 흩어져 있다. **3** 등지느러미에 미세한 담갈색 점이 흩어져 있으며 몸통에 너비가 넓은 검은 줄무늬가 나타난다.

형태 특성

몸길이 5~6cm이다.

체색과 무늬 전체적으로 연한 갈색이고, 몸에 검은 반점이 흩어져 있다. 수컷은 주둥이 끝에서 꼬리지느러미 기점까지 너비가 넓은 검은 줄무늬가 나타나며, 암컷에서는 줄무늬가 불분명하다. 등지느러미와 꼬리지느러미에는 불분명하고 미세한 담갈색 점이 흩어져 있다.

주요 형질 몸은 길고 원통형이며, 머리와 몸 뒷부분은 옆으로 납작하다. 등지느러미 연조 수 6개, 뒷지느러미 연조 수 5개, 새파 수 12~13개, 척수골 수 35~36개다. 머리는 위아래로 납작하며 앞에서 본 모양이 사각형이다. 입은 주둥이 아래에 있으며 앞쪽을 향한다. 입수염은 4쌍이며 맨 위에 것은 콧구멍 앞에 있다. 아래턱은 위턱보다 짧고, 눈은 머리 가운데에 있으며, 눈 아래 가시는 없다. 옆줄은 없으며, 수컷의 가슴지느러미에 골질반이 없다. 꼬리지느러미는 크고 둥글다.

생태 특성

서식지 수심이 얕고 수초가 무성한 호수, 늪, 농수로의 바닥이 진흙이며 물 흐름이 완만한 개울에 서식한다.

먹이습성 수서곤충이나 식물의 씨앗을 먹는다.

행동습성 산란기는 4~6월이며 이른 아침에 알을 낳아 수초에 붙인다. 산란기에는 몸의 색이 더 화려해진다.

국내 분포 우리나라 전 담수역에 분포한다.
국외 분포 중국, 시베리아에도 분포한다.

서식특성	상류	상류/중류	중류	중류/하류	정수역	기수역
	수층종		저서종		여울-저서성종	
내성특성	민감종		중간종		내성종	
섭식특성	초식성		충식성		육식성	잡식성
관리현황	멸종위기I급		멸종위기II급		고유종	천연기념물	외래종

잉어목 〉 미꾸리과 · Cypriniformes 〉 Cobitidae

미꾸리
Misgurnus anguillicaudatus (Cantor, 1842)

몸은 가늘고 길며 원통형이고 몸 뒷부분은 옆으로 납작하다.

1

2

3

1 몸은 가늘고 길며 원통형이고 몸 뒷부분은 옆으로 납작하다. **2** 꼬리지느러미 시작 부분에 검은 점이 있고 끝은 둥글다. **3** 등지느러미에 작고 검은 점이 규칙적으로 배열된다.

형태특성

몸길이 10~17㎝이다.

체색과 무늬 변이가 심하지만 전체적으로 연한 갈색이며, 등 쪽은 짙은 청갈색, 배는 담황색이다. 몸과 머리에는 작고 검은 불분명한 반점이 산재한다. 등지느러미와 꼬리지느러미에는 작고 검은 점이 규칙적으로 배열된다. 꼬리지느러미 시작 부분에 검은 점이 뚜렷하다.

주요 형질 몸은 가늘고 길며 원통형이고 몸 뒷부분은 옆으로 납작하다. 등지느러미 연조 수 6개, 뒷지느러미 연조 수 5개, 새파 수 14~16개다. 주둥이는 길고 입은 주둥이 아래에 있다. 입은 'Ω' 모양이다. 입수염은 3쌍이며 윗입술 가장자리에 있다. 아랫입술 가운데에는 수염처럼 긴 돌기가 2쌍 있다. 눈 아래에 가시 모양 돌기(안하극)가 없다. 수컷의 가슴지느러미는 암컷에 비해 길고 첫 기조 말단은 길게 연장되었다. 수컷의 가슴지느러미 기부에 긴 골질반이 있다. 꼬리지느러미는 둥글다. 몸길이는 암컷이 수컷보다 크다.

생태특성

서식지 진흙이 많이 깔린 늪이나 논, 농수로에 서식한다.

먹이습성 잡식성으로 수서곤충 애벌레, 조류, 유기물 등을 먹는다.

행동습성 산란기는 5~6월이며, 수컷은 암컷의 몸통을 휘감아 조여 알을 낳도록 돕는다. 미꾸리는 몸이 통통해서 '동글이'로, 몸이 납작한 미꾸라지는 '납작이'로 부르는 곳이 있다. 아가미 호흡 외에 장호흡을 해 산소가 적은 환경에서도 살 수 있으며, 수온이 낮아지면 펄 속에 깊이 들어가 월동한다.

국내 분포 전국적으로 분포한다.

국외 분포 일본, 중국에 분포한다.

서식특성	상류	상류/중류	중류	중류/하류	정수역	기수역
	수층종		저서종		여울–저서성종	
내성특성	민감종		중간종		내성종	
섭식특성	초식성		충식성		육식성	잡식성
관리현황	멸종위기Ⅰ급		멸종위기Ⅱ급	고유종	천연기념물	외래종

잉어목 〉 미꾸리과 ・ Cypriniformes 〉 Cobitidae

미꾸라지

Misgurnus mizolepis Günther, 1888

몸은 길며 미꾸리보다 납작하다.

1 입가에 수염이 3쌍 있으며, 3번째 수염은 눈 지름의 4배 정도로 길다. 2 꼬리지느러미는 둥글고 칼날처럼 솟은 면이 등지느러미와 뒷지느러미 끝으로 이어진다. 3 등지느러미

형태 특성

몸길이 20cm이다.

체색과 무늬 전체적으로 황갈색이며 등은 암청색이고 배는 회백색이다. 몸통에는 작은 반점들이 흩어져 있다. 꼬리지느러미 시작 부분 상단에 미꾸리와 다르게 검은 점이 불분명하다. 중국산은 우리나라 미꾸라지보다 크고 검은색을 많이 띤다.

주요 형질 몸은 길며, 미꾸리보다 납작하다. 등지느러미 연조 수 6~7개, 뒷지느러미 연조 수 5개, 새파 수 19~22개다. 머리는 위아래로 납작하다. 주둥이는 길고 입은 주둥이 아래에 있다. 입은 'Ω' 모양이다. 입가에는 수염이 3쌍 있으며, 3번째 수염은 눈 지름의 4배 정도로 길다. 아랫입술 가운데에 긴 돌기가 2쌍 있다. 눈은 작으며 눈 아래에 가시 모양 돌기(안하극)가 없다. 옆줄은 불안전해 가슴지느러미 근처에만 나타난다. 미병부의 등과 배에 날카롭게 융기된 부분이 있어 납작하고 높다. 수컷의 가슴지느러미 제1~2기조의 끝은 암컷에 비해 뾰족하고 길다. 꼬리지느러미는 둥글고 칼날처럼 솟은 면이 등지느러미와 뒷지느러미 끝으로 이어진다. 암컷이 수컷에 비해 크다.

생태 특성

서식지 하천 중·하류의 진흙이 많이 깔린 늪이나 논, 농수로에 서식한다.

먹이습성 잡식성으로 수서곤충 애벌레, 조류, 실지렁이, 유기물 등을 먹는다.

행동습성 산란기는 6~7월이며 수컷은 암컷의 몸통을 휘감아 조여 알을 낳도록 돕는다. 수컷의 가슴지느러미는 길고 끝이 뾰족하며 암컷에 없는 골질반이 있다. 겨울철에 논에 파고 들어가 월동하는 습성이 있다. 미꾸리처럼 아가미 호흡과 함께 장호흡을 한다. 모기 애벌레인 장구벌레를 하루에 1,000여 마리씩 먹어치우는 모기의 천적이다.

국내 분포 전국적으로 분포한다.

국외 분포 중국, 대만에 분포한다.

서식특성	상류	상류/중류	중류	중류/하류	정수역	기수역
	수층종		저서종		여울-저서성종	
내성특성	민감종		중간종		내성종	
섭식특성	초식성		충식성		육식성	잡식성
관리현황	멸종위기I급		멸종위기II급	고유종	천연기념물	외래종

잉어목 〉 미꾸리과 · Cypriniformes 〉 Cobitidae

새코미꾸리
Koreocobitis rotundicaudata (Wakiya and Mori, 1929)

몸은 길고 원통형이며, 몸 뒷부분은 옆으로 납작하다.

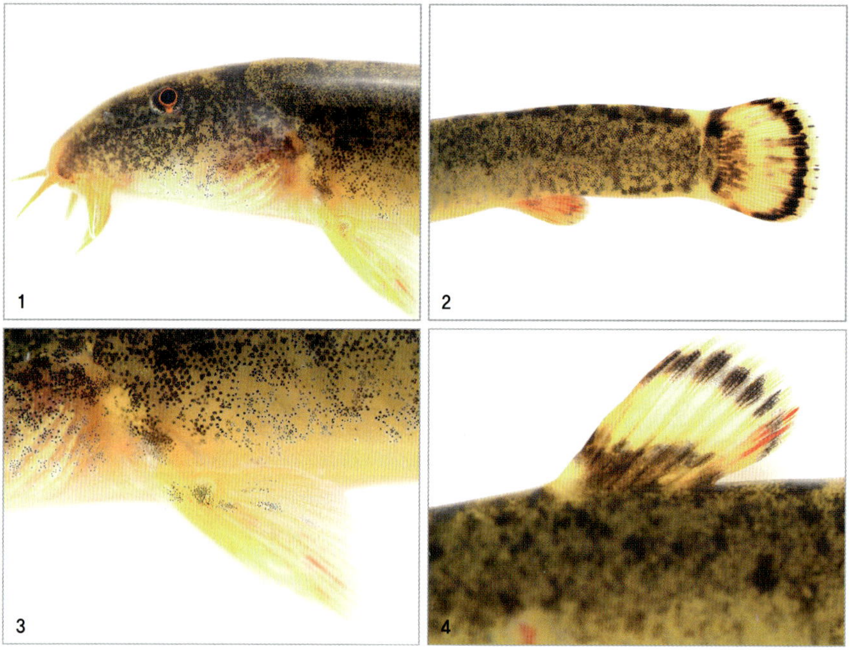

1 눈 밑에 가시 모양 돌기(안하극)가 있고, 입수염은 3쌍이다. **2** 꼬리지느러미 기부 기점 상부에 검은 점이 1개 있다. **3** 수컷의 가슴지느러미의 두째 기조 기부에는 사각형에 가까운 라켓 모양의 골질반이 있다. **4** 등지느러미 기조에 2~3줄의 가로줄무늬가 있다.

형태 특성

몸길이 10~16cm이다.

체색과 무늬 전체적으로 밝은 주황색이며, 몸에 작은 갈색 반점이 흩어져 있다. 등지느러미와 꼬리지느러미 기조에 줄무늬가 2~3개 있으며, 꼬리지느러미 기부 기점 상부에 검은 점이 1개 있다. 입수염은 선명한 주황색이다.

주요 형질 몸은 길고 원통형이며, 몸 뒷부분은 납작하다. 등지느러미 연조 수 7개, 뒷지느러미 연조 수 5개, 새파 수 14개다. 주둥이는 길고 눈은 작으며 입은 'Ω' 모양이다. 눈 밑에는 움직일 수 있고 끝이 둘로 갈라진 가시 모양 돌기(안하극)가 있다. 입술은 두꺼운 육질로 되었고, 입수염은 3쌍이다. 옆줄은 불완전해 가슴지느러미를 넘지 않는다. 꼬리지느러미 앞부분에 칼날처럼 솟은 곳이 위아래로 있고, 가장자리는 둥글다. 수컷의 가슴지느러미는 암컷에 비해 새 부리처럼 뾰족하고, 두 번째 기조의 기부에는 사각형에 가까운 라켓 모양 골질반이 있다.

생태 특성

서식지 물이 빠르게 흐르는 하천 중·상류 여울 지역에 서식한다.

먹이습성 잡식성이며 돌과 자갈 틈을 헤집거나 표면을 훑어 수서곤충이나 부착조류를 먹는다.

행동습성 산란기는 5~8월이며, 번식 행동은 다른 미꾸리과 어류들과 동일하다. 번식기 수컷의 몸 색깔은 더 붉어진다.

국내 분포 임진강과 한강에 분포한다.

특이 사항 한국 고유종

서식특성	상류	상류/중류	중류	중류/하류	정수역	기수역
	수층종		저서종		여울-저서성종	
내성특성	민감종		중간종		내성종	
섭식특성	초식성		충식성		육식성	잡식성
관리현황	멸종위기I급	멸종위기II급		고유종	천연기념물	외래종

잉어목 〉 미꾸리과 • Cypriniformes 〉 Cobitidae

얼룩새코미꾸리
Koreocobitis naktongensis (Kim, Park and Nalbant, 2000)

몸은 길고 원통형이며, 몸 뒷부분은 옆으로 납작하다.

1 눈은 아주 작고, 눈 밑에는 움직일 수 있으며 끝이 둘로 갈라진 가시 모양 돌기(안하극)가 있다. 입 주변에 입수염이 3쌍 있다. **2** 꼬리지느러미는 절단형이며, 시작 부분 상단에 검은 점이 있다. **3** 몸에는 배 쪽까지 이어진 짙푸른 갈색 반점이 흩어져 있다.

형태 특성

몸길이 12~20㎝이다.

체색과 무늬 전체적으로 노란색이고 배 쪽까지 이어진 짙푸른 갈색 반점이 흩어져 있다. 입수염 안쪽에도 같은 무늬가 있다. 주둥이 위쪽에서부터 머리 위까지 흰색 띠가 1줄 있거나 약간 희미하다. 등지느러미와 꼬리지느러미 가장자리를 따라 줄무늬가 여러 개 있다. 꼬리지느러미 시작 부분 상단에 검은 점이 1개 있다.

주요 형질 몸은 길고 원통형이며, 몸 뒷부분은 옆으로 납작하다. 등지느러미 연조 수 7개, 뒷지느러미 연조 수 5개, 새파 수 14개다. 눈은 아주 작고, 눈 밑에는 움직일 수 있으며, 끝이 둘로 갈라진 가시 모양 돌기(안하극)가 있다. 주둥이는 길고 입은 바닥을 향한다. 입은 두꺼운 육질로 되었으며 'Ω' 모양이다. 입 주변에 입수염이 3쌍 있다. 수컷의 가슴지느러미는 암컷에 비해 길고 뾰족하며, 골질반은 네모꼴이다. 암컷의 가슴지느러미 끝부분은 둥글다. 옆줄은 불완전해 가슴지느러미를 넘지 않는다. 꼬리지느러미는 절단형이다. 미병부는 새코미꾸리에 비해 납작하다.

생태 특성

서식지 물이 빠르게 흐르고 바닥에 큰 돌이나 자갈이 많이 깔린 하천 중·상류 여울 지역에 서식한다.

먹이습성 잡식성이며 주로 부착조류를 먹는다.

행동습성 산란기는 5~6월이며 수컷은 암컷의 몸통을 휘감아 조여 알을 낳도록 돕는다. 새코미꾸리와 생김새가 거의 같지만 몸 색깔과 반점의 크기 및 색깔에 차이가 있다.

국내 분포 낙동강 일부 수계에만 제한적으로 분포한다.

특이 사항 한국 고유종, 멸종위기야생동식물I급

서식특성	상류	상류/중류	중류	중류/하류	정수역	기수역
	수층종		저서종		여울-저서성종	
내성특성	민감종		중간종		내성종	
섭식특성	초식성		충식성		육식성	잡식성
관리현황	멸종위기I급	멸종위기II급		고유종	천연기념물	외래종

잉어목 〉 미꾸리과 • Cypriniformes 〉 Cyprinidae

참종개
Iksookimia Koreensis (Kim, 1975)

몸은 길고 굵으며 몸 뒷부분은 옆으로 납작하다.

등에는 구름모양의 반문이 있다.

1 입수염이 3쌍 있고, 입술 밑에 가시 모양 돌기가 있다. **2** 꼬리지느러미 시작 부분에 검은색 점이 1개 있고, 3~4줄의 갈색띠가 있다. **3** 몸의 옆 부분에 고드름 모양 무늬가 10~18개 있다.

형태 특성

몸길이 7~10cm이다.

체색과 무늬 전체적으로 연한 노란색이며, 몸 옆 부분에 고드름 모양 무늬가 10~18개 있고, 등 쪽에는 구름 모양 반문이 있다. 꼬리지느러미 시작 부분에 검은색 점이 1개 있다. 등지느러미와 꼬리지느러미에는 갈색 띠가 3~4개 있다.

주요 형질 몸은 길고 굵으며, 몸 뒷부분은 옆으로 납작하다. 등지느러미 연조 수 7개, 뒷지느러미 연조 수 5개, 새파 수 16개다. 주둥이는 튀어나왔고, 끝은 둥글며 입은 주둥이 아래에 있다. 입수염은 3쌍이고 눈 밑에 세울 수 있는 가시 모양 돌기(안하극)가 있다. 옆줄은 불완전하며 가슴지느러미의 기저를 넘지 못한다. 꼬리지느러미 끝부분은 거의 직선형이다. 수컷의 가슴지느러미 제2기조는 새 부리처럼 뾰족하며, 기부에 가늘고 긴 막대 모양 골질반이 있다.

생태 특성

서식지 물 흐름이 빠르고 자갈이 많이 깔린 하천 중·상류에 서식한다.

먹이습성 모래와 자갈이 있는 곳에서 모래를 걸러 부착조류와 수서곤충을 먹는다.

행동습성 산란기는 5~7월이며 다른 미꾸리과 어류처럼 수컷이 암컷의 몸통을 휘감아 조여 알을 낳도록 돕는다.

국내 분포 노령산맥 이북의 서해로 흐르는 임진강, 한강, 금강, 만경강, 동진강과 강원도 삼척 오십천, 마읍천에 서식한다.

특이 사항 한국 고유종

서식특성	상류	상류/중류	중류	중류/하류	정수역	기수역
	수층종		저서종		여울-저서성종	
내성특성	민감종		중간종		내성종	
섭식특성	초식성		충식성		육식성	잡식성
관리현황	멸종위기I급	멸종위기II급		고유종	천연기념물	외래종

잉어목 〉 미꾸리과 • Cypriniformes 〉 Cyprinidae

부안종개
Iksookimia pumila (Kim and Lee, 1987)

몸은 소형으로 길고 굵으며 몸 뒷부분은 약간 납작하다.

윗 모습으로 등에는 폭 넓은 횡반이 10여 개 있다.

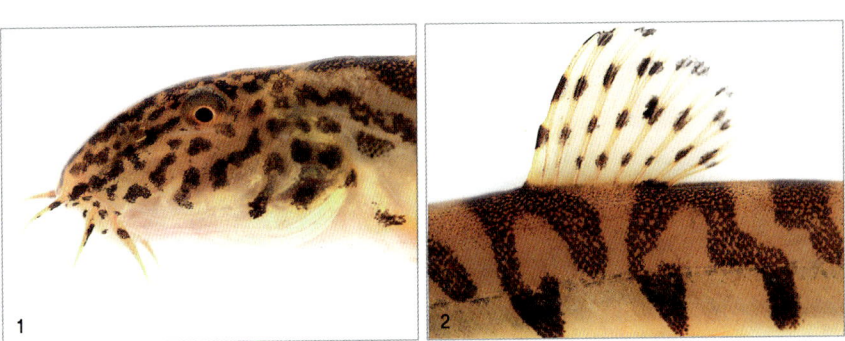

1 머리는 크고 납작하며 입수염은 3쌍이다. **2** 몸 가운데에는 고드름 모양 갈색 횡반이 있다.

형태 특성

몸길이 6~8cm이다.

체색과 무늬 전체적으로 담황색이며 등 쪽과 몸 옆면에 갈색 반문이 발달했다. 등에는 폭이 넓은 횡반 10여 개가 몸 중앙까지 이어지며, 몸 가운데에는 고드름 모양으로 가늘고 긴 갈색 횡반 5~10개가 균일한 간격으로 배열된다. 등 쪽과 옆면에는 구름 모양 반문이 없다. 등지느러미와 꼬리지느러미에 가로 줄무늬가 2~3개 있으며 꼬리지느러미 기부 위쪽에는 작고 검은 점이 1개 있다.

주요 형질 몸은 소형으로 길고 굵으며 몸 뒷부분은 약간 납작하다. 등지느러미 연조 수 7개, 뒷지느러미 연조 수 5개, 새파 수 14~15개다. 머리는 크고 납작하며 입수염은 3쌍이다. 입은 주둥이 밑에 있고 아래턱은 위턱보다 짧다. 입술은 육질로 되어 있으며 아랫입술은 가운데에 홈이 있어 둘로 갈라져 구엽을 이룬다. 눈 밑에 가시 모양 돌기(안하극)가 있다. 등지느러미는 배지느러미보다 조금 앞에서 시작하며 바깥 가장자리는 반듯해 전체 모양이 삼각형이다. 꼬리지느러미 끝부분은 크고 수직으로 반듯하다. 옆줄은 불완전해서 가슴지느러미의 기부를 넘지 않는다. 수컷 가슴지느러미 기부에 긴 골질반이 있다.

생태 특성

서식지 물 흐름이 완만하고 물이 차고 맑으며 바위, 자갈, 모래가 많은 바닥에 서식한다.

먹이습성 수서곤충, 부착조류, 유기물을 먹는다.

행동습성 산란기는 4~7월이며 수컷은 암컷의 몸통을 휘감아 조여 알을 낳도록 돕는다. 참종개보다 몸집이 작으며, 암컷이 품는 알 수가 적고, 알이 크며 몸통 무늬가 달라 참종개와 구분된다.

국내 분포 전라북도 부안군 백천에서만 제한적으로 분포한다.

특이 사항 한국 고유종, 멸종위기야생동식물II급

서식특성	상류	상류/중류	중류	중류/하류	정수역	기수역
	수층종		저서종		여울-저서성종	
내성특성	민감종		중간종		내성종	
섭식특성	초식성		충식성		육식성	잡식성
관리현황	멸종위기I급	멸종위기II급		고유종	천연기념물	외래종

잉어목 〉 미꾸리과 • Cypriniformes 〉 Cobitidae

미호종개
Iksookimia choii (Kim and Son, 1984)

날렵한 유선형으로 몸이 길고 가운데는 굵으며, 몸 뒷부분은 납작하다.

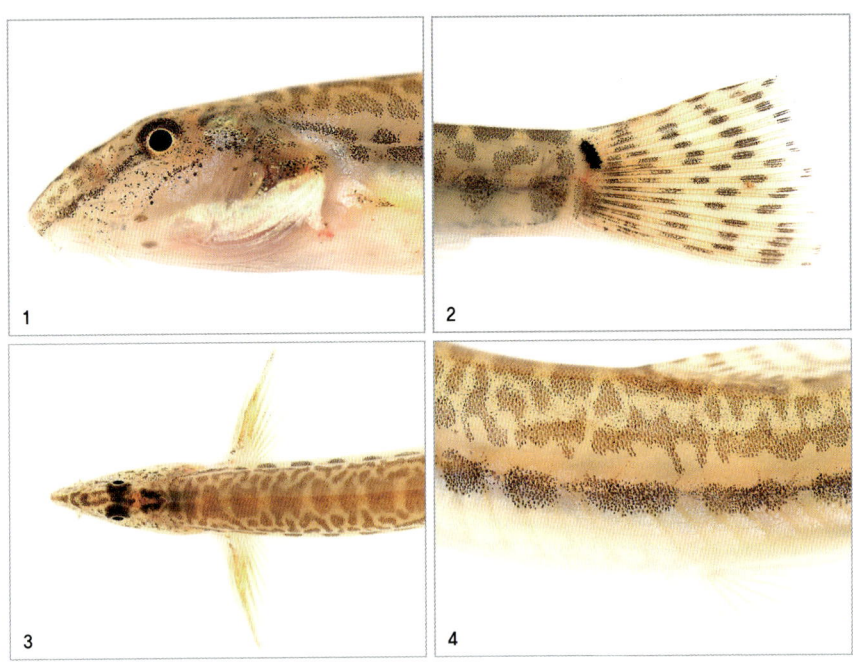

1 머리는 작고 주둥이는 길고 뾰족하다. 입은 주둥이 아래에 있으며 입수염은 3쌍이다. **2** 꼬리지느러미 시작 부분에 검은색 점이 1개 있으며, 갈색 띠가 3개 있다. **3** 가슴지느러미의 골질반 안쪽에 거치가 있다. **4** 몸 옆 부분에 삼각형과 반원형 무늬가 12~17개 있고, 등 쪽에는 크고 작은 무늬가 불규칙하게 있다.

형태특성

몸길이 7~12cm이다.

체색과 무늬 전체적으로 연한 노란색이다. 몸 옆 부분에 삼각형과 반원형 무늬가 12~17개 있고, 등 쪽에는 크고 작은 무늬가 불규칙하게 있다. 꼬리지느러미 시작 부분에는 검은색 점이 1개 있다. 등지느러미와 꼬리지느러미에는 갈색 띠가 3개 있다.

주요 형질 날렵한 유선형으로 몸이 길고 가운데는 굵으며, 몸 뒷부분은 납작하다. 등지느러미 연조 수 6~7개, 뒷지느러미 연조 수 5개, 새파 수 14개다. 머리는 작고 주둥이는 길고 뾰족하다. 입은 주둥이 아래에 있으며, 입수염은 3쌍이다. 머리 위쪽에 작은 눈이 있고 그 아래에는 끝이 둘로 갈라진 가시 모양 돌기(안하극)가 있다. 옆줄은 불완전해 가슴지느러미 시작 부분을 넘지 못한다. 수컷의 가슴지느러미는 암컷에 비해 길고 골질반이 있으며, 골질반 안쪽에 톱니 모양 거치가 있다. 비늘은 아주 작고 중앙의 초점부는 넓다.

생태특성

서식지 물 흐름이 완만하고, 수심이 얕으며, 모래가 깔린 하천 중류에 살며 주로 모래 속에 서식한다. 한국 특산종으로 1984년 신종으로 발표되었다. 대청호 이남의 금강 지류인 미호천에 산다. 폐수와 골재 채취 등으로 수가 크게 감소했다. 2005년 3월 17일 천연기념물 제454호로 지정되었고, 2012년 5월 31일 멸종위기야생동식물 Ⅰ급으로 지정되어 보호받고 있다.

먹이습성 주로 규조류를 먹는다.

행동습성 산란기는 5~6월로 추정된다. 수컷은 알을 밴 암컷의 배를 주둥이로 자극한 뒤 가슴지느러미로 배를 누르고 몸통을 휘감아 조여 알을 낳도록 돕는다. 수컷의 가슴지느러미는 암컷보다 길며 골질반은 막대 모양이다. 모래 속에 몸을 완전히 파묻고 산다.

국내 분포 금강 수계(미호천, 백곡천, 갑천, 지천)에만 분포한다.

특이 사항 한국 고유종, 멸종위기야생동식물Ⅰ급, 천연기념물

서식특성	상류	상류/중류	중류	중류/하류	정수역	기수역
	수층종		저서종		여울–저서성종	
내성특성	민감종		중간종		내성종	
섭식특성	초식성		충식성		육식성	잡식성
관리현황	멸종위기Ⅰ급	멸종위기Ⅱ급		고유종	천연기념물	외래종

잉어목 〉 미꾸리과 • Cypriniformes 〉 Cobitidae

왕종개
Iksookimia longicorpa (Kim, Choi and Nalbant, 1976)

몸은 길고 굵으며 옆으로 약간 납작하다.

몸 옆면에 수직으로 긴 갈색 반문이 있다.

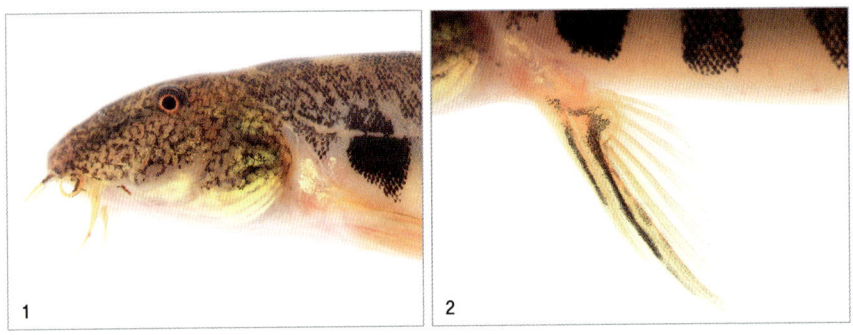

1 입수염은 3쌍이다. 아가미가 시작되는 부분의 첫 반문이 진하다. 2 가슴지느러미 기부에 혹 모양 골질반이 있다.

형태특성

몸길이 10~18cm이다.

체색과 무늬 전체적으로 연한 노란색이며, 몸 옆 부분에서부터 위쪽까지 굵고 긴 갈색 반문이 연결되었다. 몸 옆면 가운데에는 수직으로 긴 갈색 횡반 10~13개가 아가미뚜껑 뒤에서부터 꼬리지느러미 기점까지 일정한 간격으로 배열되고, 그 중 1, 2번째 횡반은 다른 것보다 진해서 뚜렷이 구분된다. 등지느러미와 꼬리지느러미에는 갈색 횡반이 3~4개 있고, 꼬리지느러미 시작 부분에는 검은색 점이 1개 있다.

주요 형질 몸은 길고 굵으며 옆으로 약간 납작하다. 등지느러미 연조 수 7개, 뒷지느러미 연조 수 5개, 새파 수 16~17개다. 주둥이는 끝이 길고 뾰족하며 입은 주둥이 밑에 있다. 입수염은 3쌍이다. 눈 아래에 끝이 둘로 갈라진 가시 모양 돌기(안하극)가 있다. 옆줄은 불완전해 가슴지느러미의 기저를 넘지 못한다. 꼬리지느러미 끝은 거의 직선이다. 수컷은 가슴지느러미 기부에 혹 모양 골질반이 있다.

생태특성

서식지 물 흐름이 빠르고 바닥에 자갈이 많이 깔린 하천 중·상류에 서식한다.

먹이습성 주로 수서곤충을 먹는다.

행동습성 산란기는 5~7월이며 다른 미꾸리과 어류들처럼 수컷이 암컷의 몸통을 휘감아 조여 알을 낳도록 돕는다. 미꾸리과의 어류 중 몸이 가장 굵고 크다.

국내 분포 섬진강, 낙동강, 남해 유입 하천과 인접한 도서지방의 담수역과 태화강(울산) 이남의 하천에 분포한다.

특이 사항 한국 고유종

서식특성	상류	상류/중류	중류	중류/하류	정수역	기수역
	수층종		저서종		여울-저서성종	
내성특성	민감종		중간종		내성종	
섭식특성	초식성		충식성		육식성	잡식성
관리현황	멸종위기I급	멸종위기II급		고유종	천연기념물	외래종

잉어목 〉 미꾸리과 • Cypriniformes 〉 Cobitidae

남방종개

Iksookimia hugowolfeldi Nalbant, 1993

몸 앞부분은 원통형이며, 길고 옆으로 납작하다.

1

2

3

1 주둥이는 길게 튀어나왔으며 입수염은 3쌍이다. **2** 꼬리지느러미 시작 부분에 검은색 반점과 무늬가 있다. **3** 몸 옆에 삼각형으로 가늘고 긴 짙은 흑갈색 반점이 9~11개 있다.

형태 특성

몸길이 10~15㎝이다.
체색과 무늬 전체적으로 연한 노란색이며, 등에는 구름 모양 흑갈색 얼룩무늬가 있다. 몸 옆 부분에는 삼각형으로 가늘고 긴 짙은 흑갈색 반점이 9~11개 있다. 등지느러미와 꼬리지느러미에는 검은 반점이 있다.
주요 형질 앞부분은 원통형이며, 길고 옆으로 약간 납작하다. 등지느러미 연조 수 7개, 뒷지느러미 연조 수 5개, 새파 수 15~16개다. 주둥이는 길게 돌출되어 끝이 뾰족하며 입수염은 3쌍이다. 눈은 머리 중앙의 위쪽 지점에 있으며, 그 아래에는 작고 끝이 2개로 갈라진 가시 모양 돌기(안하극)가 있다. 수컷의 가슴지느러미 기부에는 혹 모양 골질반이 있다. 옆줄은 불완전하다.

생태 특성

서식지 물 흐름이 완만하고 바닥에 모래와 자갈이 깔린 하천 중·하류에 서식한다.
먹이습성 주로 수서곤충을 먹는다.
행동습성 산란기는 5~6월이며 수컷은 암컷의 몸통을 휘감아 조여 알을 낳도록 돕는다.

국내 분포 영산강과 탐진강, 전라남도의 작은 하천에서 분포한다.
특이 사항 한국 고유종

서식특성	상류	상류/중류	중류	중류/하류	정수역	기수역
	수층종		저서종		여울–저서성종	
내성특성	민감종		중간종		내성종	
섭식특성	초식성		충식성		육식성	잡식성
관리현황	멸종위기Ⅰ급		멸종위기Ⅱ급	고유종	천연기념물	외래종

잉어목 〉 미꾸리과 ・ Cypriniformes 〉 Cobitidae

동방종개
Iksookimia yongdokensis Kim and Park, 1977

몸 앞부분은 원통형이며, 길고 옆으로 납작하다.

1 입수염이 3쌍이며, 세 번째 수염이 가장 길다. 2 꼬리지느러미에 띠 3~4개가 배열된다. 3 등에는 굵은 마디로 된 무늬가 7~9개 있다.

형태 특성

몸길이 10~12cm이다.

체색과 무늬 전체적으로 연한 노란색이며, 몸 옆 부분에 역삼각형 구름무늬가 9~13개 있고, 등 쪽에는 구름무늬가 7~9개 있다. 등지느러미와 꼬리지느러미 기조에는 갈색 횡반이 3~4개 있고, 꼬리지느러미 시작 부분에는 검은색 반점이 1개 있다.

주요 형질 몸은 길고 굵으며 옆으로 납작하다. 등지느러미 연조 수 6~7개, 뒷지느러미 연조 수 5개, 새파 수 13~14개다. 입은 주둥이 밑에 있고 입수염은 3쌍이며 세 번째 수염이 가장 길다. 눈 아래에 가시 모양 돌기(안하극)가 있다. 수컷의 가슴지느러미는 암컷에 비해 길고 골질반이 있다. 비늘은 아주 작고 중앙 초점부는 비교적 넓다. 옆줄은 불완전해 가슴지느러미의 기저를 넘지 못한다.

생태 특성

서식지 물 흐름이 느리거나 정체된 맑은 물의 모래와 자갈이 깔린 하천 중·하류에 서식한다.

먹이습성 조류나 수서곤충을 먹는다.

행동습성 산란기는 6~7월로 추정된다. 수컷의 가슴지느러미는 암컷에 비해 길고 뾰족하며 골질반이 있다. 암컷의 가슴지느러미 끝은 둥글다.

국내 분포 동해로 유입되는 형산강, 영덕군 오십천, 축산천, 송천천에 분포한다.
특이 사항 한국 고유종

서식특성	상류	상류/중류	중류	중류/하류	정수역	기수역
	수층종		저서종		여울-저서성종	
내성특성	민감종		중간종		내성종	
섭식특성	초식성		충식성		육식성	잡식성
관리현황	멸종위기I급		멸종위기II급		고유종	천연기념물	외래종

잉어목 > 미꾸리과 • Cypriniformes > Cobitidae

기름종개
Cobitis hankugensis Kim, Park, Son and Nalbant, 2003

몸은 길며 옆으로 납작하다.

1 입수염은 3쌍이며 세 번째 수염이 가장 길다. **2** 꼬리지느러미 끝은 거의 직선이다. **3** 몸통에는 각기 다른 형태의 줄무늬가 4개 있으며, 맨 아랫부분에는 타원형 또는 직사각형 무늬가 9~12개 있다.

형태특성

몸길이 10~15cm이다.

체색과 무늬 전체적으로 연한 노란색이며 몸통에 각기 다른 형태의 줄무늬가 4개 있는데 맨 아랫부분에는 타원형 또는 직사각형 무늬가 9~12개 있다. 등지느러미와 꼬리지느러미에는 검은색 줄무늬가 2~4개 있으며, 꼬리지느러미 시작 부분에는 검은색 점이 1개 있다. 산란기가 되면 수컷은 점열형 반점이 흐려지면서 종대형과 비슷한 반문을 가진 개체들이 많이 나타난다.

주요 형질 몸은 길며 옆으로 납작하다. 등지느러미 연조 수 7개, 뒷지느러미 연조 수 5개, 새파 수 15~16개다. 입은 주둥이 아래에 있고, 밑에서 보면 반원형이다. 입수염은 3쌍으로 세 번째 수염이 가장 길어 눈 지름의 1.5~2.0배다. 눈 아래에는 끝이 둘로 갈라진 가시 모양 돌기(안하극)가 있다. 비늘은 작고 피부에 묻혀 있으며 머리에는 없다. 수컷의 가슴지느러미는 암컷에 비해 크고 골질반이 있다. 꼬리지느러미 끝은 거의 직선이다. 옆줄은 불완전하다.

생태특성

서식지 물 흐름이 느리며 바닥에 모래가 깔린 하천 중·상류에 서식한다.

먹이습성 수서곤충과 절지동물, 부착조류 등을 먹는다.

행동습성 산란기는 5~6월이며 알을 낳는 습성은 다른 미꾸리과 물고기와 같다. 수컷의 가슴지느러미에 있는 골질반은 원형이다. 기름종개속 물고기(기름종개, 점줄종개, 줄종개, 북방종개)의 몸통에는 줄무늬가 4개 있다. 이를 감베타반문이라 하며, 종마다 특성이 있어 분류의 단서가 된다. 번식기 기름종개 수컷의 몸통 가장 아랫부분의 타원형 또는 직사각형 반점은 약간 흐려지고 좌우로 길어져서 거의 붙게 된다.

국내 분포 낙동강 수계와 형산강에만 분포한다.

특이 사항 한국 고유종

서식특성	상류	상류/중류	중류	중류/하류	정수역	기수역
	수층종		저서종		여울-저서성종	
내성특성	민감종		중간종		내성종	
섭식특성	초식성		충식성		육식성	잡식성
관리현황	멸종위기I급		멸종위기II급	고유종	천연기념물	외래종

잉어목 > 미꾸리과 • Cypriniformes > Cobitidae

점줄종개
Cobitis lutheri Rendahl, 1935

몸은 가늘고 길며 옆으로 납작하다.

윗 모습으로 등에는 몸통의 점줄무늬와 만나는 반점이 있다.

1

2

3

1 입은 주둥이 아래에 있고 입수염은 3쌍이다. **2** 꼬리지느러미에 검은색 띠가 3~4개 있다. **3** 몸통 가운데에 굵은 점줄무늬가 2개 있고, 그 사이에 네모꼴 또는 둥근 점줄무늬가 있다.

형태 특성

몸길이 약 8㎝이다.

체색과 무늬 전체적으로 연한 노란색이며, 머리 옆면에는 작은 반점이 산재한다. 몸통 가운데에는 굵은 점줄무늬가 2개 있고, 그 사이에는 네모꼴 또는 둥근 어두운 점줄무늬가 10~18개 있다. 등 쪽에는 몸통의 점줄무늬와 만나는 반점이 있다. 등지느러미와 꼬리지느러미에는 횡반이 2~4줄 있고 꼬리지느러미 시작 부분에는 검은색 점이 1개 있다.

주요 형질 몸은 가늘고 길며, 옆으로 납작하다. 등지느러미 연조 수 7개, 뒷지느러미 연조 수 5개, 새파 수 15~16개다. 입은 주둥이 아래에 있고, 입수염은 3쌍이다. 눈은 작고 눈 아래에 가시 모양 돌기(안하극)가 있다. 아래턱은 위턱보다 짧으며, 수컷의 가슴지느러미는 암컷에 비해 크고 골질반이 있다. 꼬리지느러미 끝은 거의 직선이다. 옆줄은 불완전하다.

생태 특성

서식지 물 흐름이 완만하고 맑고 깨끗하며, 모래와 펄이 깔린 하천 중·하류에 서식한다.

먹이습성 주로 수서곤충을 먹는다.

행동습성 산란기는 5~6월로 추정되며 수컷은 암컷의 몸통을 휘감아 조여 알을 낳도록 돕는다. 암컷이 수컷보다 체구가 더 크다. 번식기 수컷의 2, 4열 반점은 좌우로 길어지면서 붙게 되고 1, 3열 줄무늬는 흐려진다.

국내 분포 서해 및 남해 유입 하천에 분포한다.
국외 분포 중국, 시베리아 동부에 분포한다.

서식특성	상류	상류/중류	중류	중류/하류	정수역	기수역
	수층종		저서종		여울-저서성종	
내성특성	민감종		중간종		내성종	
섭식특성	초식성		충식성		육식성	잡식성
관리현황	멸종위기I급		멸종위기II급	고유종	천연기념물	외래종

잉어목 〉 미꾸리과 • Cypriniformes 〉 Cobitidae

줄종개
Cobitis tetralineata Kim, Park and Nalbant, 1999

몸은 가늘고 길며 옆으로 납작하다.

1 머리에 눈을 가로지르는 진갈색 줄무늬가 있고 입수염이 3쌍 있다. **2** 꼬리지느러미에 줄무늬가 2~3개 있고 검은 반점이 1개 있다. **3** 몸 옆면에 어두운 세로띠가 2개 있으며, 그 사이에 희미하고 불연속적인 선이 있다.

형태 특성

몸길이 약 10cm이다.

체색과 무늬 전체적으로 연한 노란색이며 머리에는 눈을 가로지르는 너비가 좁은 진갈색 줄무늬가 있으며, 뺨에는 갈색 반점이 산재한다. 몸 옆면에는 굵고 짙은 세로띠가 2개 있으며, 그 사이에 작은 줄무늬가 있다. 등지느러미와 꼬리지느러미에는 줄무늬가 2~3개 있고, 꼬리지느러미 시작 부분에 검은색 반점이 1개 있다.

주요 형질 몸은 가늘고 길며 옆으로 납작하다. 몸통 뒷부분은 가늘다. 등지느러미 연조 수 7개, 뒷지느러미 연조 수 5개, 새파 수 17~18개. 머리는 약간 길고 납작하며 눈은 작고 두 눈의 간격도 좁다. 주둥이는 길고 밑에 작은 입이 있다. 눈 밑에 가시 모양 돌기(안하극)가 있으며 입수염은 3쌍이다. 옆줄은 불완전해 가슴지느러미를 넘지 않는다. 수컷 가슴지느러미는 암컷보다 길고 원형 골질반이 있다. 꼬리지느러미는 거의 직선이다.

생태 특성

서식지 물 흐름이 완만하며 맑고 깨끗한 하천 중·하류의 모래바닥에 서식한다. 섬진강에만 분포했으나 도수터널로 동진강과 연결되면서 동진강에서도 서식이 확인되었다.

먹이습성 주로 수서곤충을 먹는다.

행동습성 산란기는 5~6월이며 수컷은 암컷의 몸통을 휘감아 조여 알 낳는 것을 돕는다.

국내 분포 섬진강 수계에만 분포했으나 유역 변경으로 동진강과 칠보천 상류에서도 관찰된다.

특이 사항 한국 고유종

서식특성	상류	상류/중류	중류	중류/하류	정수역	기수역
	수층종		저서종		여울-저서성종	
내성특성	민감종		중간종		내성종	
섭식특성	초식성		충식성	육식성		잡식성
관리현황	멸종위기I급	멸종위기II급		고유종	천연기념물	외래종

잉어목 〉 미꾸리과 · Cypriniformes 〉 Cobitidae

북방종개
Iksookimia pacifica Kim, Park and Nalbant, 1999

몸은 가늘고 길며 옆으로 납작하다.

1

2

3

1 머리 위에서 눈을 지나 주둥이 끝으로 짙은 갈색 줄무늬가 있으며, 입수염은 3쌍이다. **2** 꼬리지느러미에 띠가 3~4겹 있고 끝부분은 거의 직선이다. **3** 몸 옆 부분에 역삼각형 또는 하트 모양 무늬가 10~12개 있다.

형태 특징

몸길이 8~10cm이다.

체색과 무늬 전체적으로 연한 갈색이며 몸 옆 부분에 역삼각형 또는 하트 모양 무늬가 10~12개 있고, 등 쪽으로 작은 점줄무늬가 있다. 머리 위에서 눈을 지나 주둥이 끝으로 짙은 갈색 줄무늬가 있다. 등지느러미와 꼬리지느러미에는 줄무늬로 이루어진 띠가 3~4겹 있다.

주요 형질 몸은 가늘고 길며 옆으로 납작하다. 몸통이 끝나는 부분은 가늘다. 등지느러미 연조 수 7개, 뒷지느러미 연조 수 5개, 새파 수 15~17개다. 머리는 옆으로 납작하다. 주둥이는 뾰족하며 입은 작고 바닥을 향한다. 입술은 육질로 되었으며 입수염은 3쌍이다. 눈은 작고 머리 가운데 위쪽에 있으며, 눈 아래에는 끝이 둘로 갈라진 가시 모양 돌기(안하극)가 있다. 옆줄은 불완전해 가슴지느러미 기저를 넘지 못한다. 꼬리지느러미 끝부분은 거의 직선이다. 수컷의 가슴지느러미는 암컷보다 길고, 골질반은 원에 가까운 삼각형이다.

생태 특징

서식지 모래가 깔린 하천 중·하류에 서식한다. 강릉 남대천과 북쪽에서 동해로 유입되는 하천에 서식한다.

먹이습성 수서곤충, 부착조류를 먹는다.

행동습성 산란기는 6~8월로 추정된다. 수컷이 암컷의 몸을 휘감아 조여 알을 낳게 하고 수정한다. 주로 모래 속에서 지내다가 먹이를 먹을 때 위로 나온다. 이전에는 우리나라의 동북부와 시베리아 등지에 분포하는 *Cobitis melanoleuca*로 보았으나, 몸 옆면 반문과 골질반 등의 형태적 특징이 구별되어 1999년에 다른 종으로 기재되었다.

국내 분포 강릉 남대천 이북의 동해로 흐르는 하천에만 분포한다.

특이 사항 한국 고유종

서식특성	상류	상류/중류	중류	중류/하류	정수역	기수역
	수층종		저서종		여울-저서성종	
내성특성	민감종		중간종		내성종	
섭식특성	초식성		충식성		육식성	잡식성
관리현황	멸종위기I급	멸종위기II급		고유종	천연기념물	외래종

잉어목 〉 미꾸리과 · Cypriniformes 〉 Cobitidae

수수미꾸리
Kichulchoia multifasciata (Wakiya and Mori, 1929)

몸은 가늘고 길며 옆으로 납작하다.

윗면

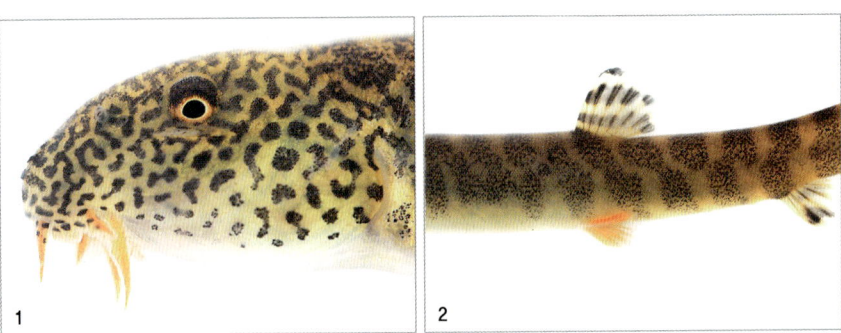

1 입수염은 3쌍으로 짧다. 가슴지느러미와 입수염은 주황색을 띤다. **2** 몸 옆면에 암갈색 띠 13~18개가 수직 혹은 비스듬히 있다.

형태 특성

몸길이 10~13㎝이다.

체색과 무늬 전체적으로 노란색이며, 머리와 입수염, 가슴지느러미, 배지느러미는 주황색을 띤다. 머리 쪽에는 작고 검은 점이 산재하고 몸 옆면에는 암갈색 띠 13~18개가 수직 혹은 비스듬히 연결되었다. 등지느러미와 꼬리지느러미에는 검은색 줄무늬가 2~3개 있다.

주요 형질 몸은 가늘고 길며 옆으로 납작하다. 등지느러미 연조 수 6개, 뒷지느러미 연조 수 4개, 새파 수 18~20개다. 머리는 작고 입은 주둥이 밑에 있으며, 입수염은 3쌍으로 짧다. 입은 'Ω' 모양이며 눈 아래에 가시 모양 돌기(안하극)가 있다. 눈은 작고 머리 가운데 위쪽에 있다. 등지느러미는 몸 뒤쪽으로 나 있다. 옆줄은 불완전해 가슴지느러미를 넘지 않는다. 수컷의 가슴지느러미에 골질반이 없다.

생태 특성

서식지 물이 맑고 깨끗하며 물 흐름이 빠르고 바닥에 큰 자갈이 많이 깔린 하천 상류에 서식한다.

먹이습성 주로 부착조류 및 수서곤충을 먹는다.

행동습성 산란기는 11~3월이며 산란행동은 다른 미꾸리과 어류와 같이 수컷이 암컷의 몸통을 휘감아 조여 알을 낳도록 돕는다.

국내 분포 낙동강 수계에만 분포한다.

특이 사항 한국 고유종

서식특성	상류	상류/중류	중류	중류/하류	정수역	기수역
	수층종		저서종		여울-저서성종	
내성특성	민감종		중간종		내성종	
섭식특성	초식성		충식성		육식성	잡식성
관리현황	멸종위기Ⅰ급		멸종위기Ⅱ급		고유종	천연기념물	외래종

잉어목 〉 미꾸리과 • Cypriniformes 〉 Cobitidae

좀수수치

Kichulchoia brevifasciata (Kim and Lee, 1995)

몸집은 작고 길며, 옆으로 납작하다.

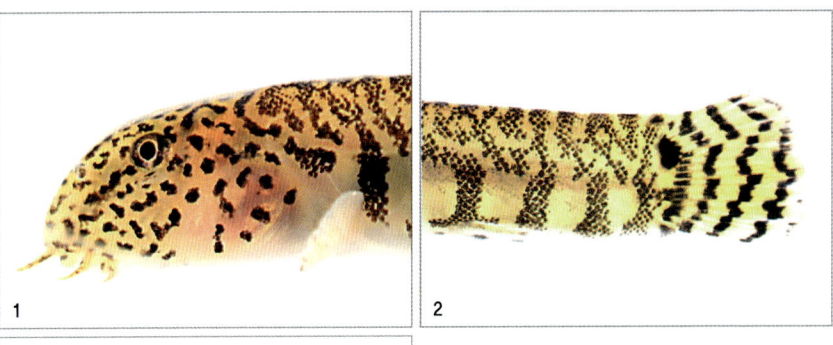

1 머리는 작고 입은 주둥이 밑에 있다. 입수염은 3쌍이며 짧다. **2** 꼬리지느러미 시작 부분 위쪽에 작고 검은 점이 있다. **3** 몸에는 13~19개로 된 좁은 갈색 횡반이 배열되어 있다.

형태 특성

몸길이 약 5㎝이다.

체색과 무늬 전체적으로 연한 노란색으로 머리 쪽에는 작고 검은 점이 흩어져 있다. 몸에는 13~19개로 된 좁은 갈색 횡반이 균일한 간격으로 배열된다. 등 쪽으로는 구름무늬와 커다란 반점이 있다. 꼬리지느러미 시작 부분 위쪽에 작고 검은 점이 있다. 가슴지느러미, 배지느러미 및 뒷지느러미는 투명하지만 간혹 검은색 반점이 있다.

주요 형질 몸집은 작고 몸은 길며 옆으로 납작하다. 등지느러미 연조 수 6개, 뒷지느러미 연조 수 4개, 새파 수 12~14개다. 머리는 작고 입은 주둥이 밑에 있다. 비늘은 작으며 머리에는 없다. 눈은 작고 주둥이 끝과 새공 사이의 중간 위쪽에 있으며, 두 눈의 간격은 좁다. 눈 아래에는 끝이 둘로 갈라진 가시 모양 돌기(안하극)가 있다. 입수염은 3쌍으로 짧다. 수컷의 가슴지느러미에 골질반이 없다. 꼬리지느러미 앞부분에 위아래로 날처럼 솟은 곳이 있다. 옆줄은 불완전해 가슴지느러미를 넘지 못한다. 입의 구조, 몸 옆 반문 등의 특징이 수수미꾸리속과 잘 구분된다는 점을 근거로 독립된 좀수수치속(*Kichulchoia*)으로 보고했다(Kim et al., 1999)

생태 특성

서식지 수심이 얕고 물 흐름이 빠른 비교적 작은 하천의 자갈 바닥에 서식한다.
먹이습성 수서곤충을 먹는다.
행동습성 산란기는 4~5월로 추정되며, 번식 행동은 알려지지 않았다. 미꾸리과 물고기 중 몸집이 가장 작다. 다른 미꾸리과 물고기 수컷의 가슴지느러미에 있는 골질반이 없다.

국내 분포 전라남도 고흥반도(풍양), 거금도, 금오도의 소하천에만 분포한다.
특이 사항 한국 고유종, 멸종위기야생동식물II급

서식특성	상류	상류/중류	중류	중류/하류	정수역	기수역
	수층종		저서종		여울-저서성종	
내성특성	민감종		중간종		내성종	
섭식특성	초식성		충식성		육식성	잡식성
관리현황	멸종위기I급		멸종위기II급		고유종	천연기념물	외래종

메기목 〉 동자개과 • Siluriformes 〉 Bagridae

동자개

Pseudobagrus fulvidraco (Richardson, 1846)

머리는 위아래로, 몸은 옆으로 납작하다.

윗면

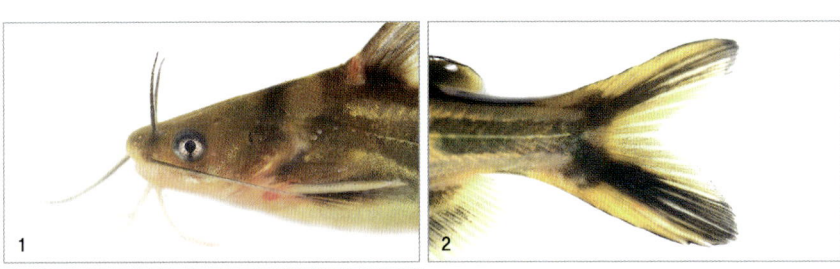

1 머리는 위아래로 납작하며. 입수염은 4쌍이다. **2** 꼬리지느러미 끝부분 가운데가 깊게 파였다. **3** 가슴지느러미 극조 안 팎으로 톱니 모양 거치가 있다.

형태특성

몸길이 15~20cm이다.

체색과 무늬 전체적으로 황갈색이며, 몸 옆면 중앙과 배에 폭 넓고 긴 암갈색 직사각형 무늬가 있다. 모든 지느러미에는 검은색을 띤 무늬가 있다.

주요 형질 머리는 위아래로, 몸은 옆으로 납작하다. 등지느러미 연조 수 7개, 뒷지느러미 연조 수 21~25개, 새파 수 13~17개다. 주둥이는 끝이 뾰족하며 입은 주둥이 밑에 있다. 위턱이 아래턱보다 길며, 입수염은 4쌍으로 위턱에 있는 것이 가장 길다. 가슴지느러미 극조 안쪽으로 큰 거치가, 바깥쪽으로는 미세한 거치가 있다. 꼬리지느러미 끝부분은 깊게 파였다. 옆줄은 완전하고 거의 직선이며 몸 옆면 중앙을 달린다. 비늘은 없다.

생태특성

서식지 물 흐름이 완만하고 바닥에 모래와 진흙이 깔린 큰 하천 중·하류, 댐호, 연못 등에 서식한다.

먹이습성 수서곤충, 새우류, 작은 동물 등을 먹는다.

행동습성 산란기는 5~7월이며 수컷이 가슴지느러미 극조를 이용해 산란실을 만들면 암컷이 그 안에 알을 낳는다. 수컷은 수정된 알과 깨어난 새끼가 유영할 능력을 갖출 때까지 알자리를 지킨다. 가슴지느러미 극조와 아가미 뒤의 관절을 마찰시켜 "꾸기꾸기" 또는 "빠가빠가" 하는 소리를 낸다. 야행성으로 몸에 비늘이 없는 대신 몸 표면에서 점액성 물질을 분비한다.

국내 분포 서해 및 남해 유입 하천에 분포한다.
국외 분포 대만, 중국에 분포한다.

서식특성	상류	상류/중류	중류	중류/하류	정수역	기수역
	수층종		저서종		여울-저서성종	
내성특성	민감종		중간종		내성종	
섭식특성	초식성		충식성		육식성	잡식성
관리현황	멸종위기I급		멸종위기II급	고유종	천연기념물	외래종

메기목 〉 동자개과 · Siluriformes 〉 Bagridae

눈동자개
Pseudobagrus koreanus Uchida, 1990

몸은 원통형으로 길고, 뒷부분은 옆으로 납작하며 길다.

윗면

1

2

3

1 입수염이 4쌍 있다. **2** 등지느러미 앞부분은 검은색을 띠며, 등지느러미의 가시는 거칠지만 톱니 모양 거치는 없다. **3** 가슴지느러미 언저리에 톱니 모양 거치가 있다.

형태특성

몸길이 20~30㎝이다.

체색과 무늬 전체적으로 어두운 회갈색이며 부분에 따라 색이 짙거나 연하다. 머리 뒤쪽 등지느러미 앞부분과 꼬리지느러미 기부 등에 다른 부위보다 불규칙적으로 검은 부분이 있다.

주요 형질 몸은 원통형으로 길고, 뒷부분은 옆으로 납작하지만 가늘고 길다. 등지느러미 연조 수 7개, 뒷지느러미 연조 수 19~24개, 새파 수 8~14개다. 머리 앞부분은 위아래로 납작하고 주둥이 끝은 다소 둥글며 입은 주둥이 아래쪽에 있다. 위턱이 아래턱보다 약간 짧다. 입수염은 4쌍이며 위턱에 있는 것이 가장 길다. 가슴지느러미 언저리에 톱니 모양 거치가 있으며, 바깥쪽 톱니는 10개, 안쪽 톱니는 7개로 뒤집은 낫 모양이고 매우 크다. 등지느러미 가시는 안퍅으로 거칠기는 하지만 거치는 없다. 꼬리지느러미는 얕게 갈라진다.

생태특성

서식지 물 흐름이 완만하고 돌과 바위가 많이 깔린 하천 중·하류에 서식한다.

먹이습성 수서곤충과 작은 물고기를 먹는다.

행동습성 산란기는 5~7월이며 바닥에 웅덩이를 파고 알을 낳는다.

국내 분포 남해 및 서해 유입 하천에 분포한다(낙동강에는 살지 않았으나 최근 이입되었다).

특이 사항 한국 고유종

서식특성	상류	상류/중류	중류	중류/하류	정수역	기수역
	수층종		저서종		여울-저서성종	
내성특성	민감종		중간종		내성종	
섭식특성	초식성		충식성	육식성		잡식성
관리현황	멸종위기I급	멸종위기II급		고유종	천연기념물	외래종

메기목 〉 동자개과 • Siluriformes 〉 Bagridae

꼬치동자개

Pseudobagrus brevicorpus (Mori, 1936)

몸은 짧고 머리는 위 아래로, 몸통은 옆으로 납작하다.

1 입수염이 4쌍 있다. 2 꼬리지느러미 시작 부분에 반달 모양 엷은 반점이 있다. 3 가슴지느러미 극조 안팎으로 톱니 모양 거치가 있다.

형태 특성

몸길이 8~10㎝이다.

체색과 무늬 전체적으로 짙은 갈색을 띠며 배 쪽은 아주 엷다. 아가미, 등지느러미, 기름지느러미가 끝나는 지점에는 탈색된 듯한 반점이 등에서 배 쪽으로 이어진다. 꼬리지느러미 시작 부분에 반달 모양 엷은 반점이 있다.

주요 형질 몸은 짧고 머리는 위아래로, 몸통은 옆으로 납작하다. 등지느러미 연조 수 7개, 뒷지느러미 연조 수 15~20개, 새파 수 10~13개다. 주둥이는 짧고 둥글며 입은 작고 주둥이 밑에 있다. 위턱이 아래턱보다 약간 길고, 긴 입수염이 4쌍 있다. 눈은 머리 앞쪽에 있다. 가슴지느러미와 등지느러미의 극조는 매우 단단하다. 가슴지느러미 극조 안팎으로 톱니 모양 거치가 있다. 꼬리지느러미 끝은 약간만 파였다. 옆줄은 완전하며 비늘이 없다.

생태 특성

서식지 물이 맑고 깨끗하며 자갈이나 큰 돌이 깔린 하천 중·하류의 소에 서식한다.

먹이습성 수서곤충, 물고기 알, 작은 물고기를 먹는다.

행동습성 번식기는 6~7월로 추정된다. 낮에는 돌 틈에 있다가 해가 지면 먹이 활동을 한다. 동자개속 물고기 중에 몸집이 가장 작다. 천연기념물 제455호로 지정되었으며, 낙동강 일부 수계에서만 서식한다.

국내 분포 낙동강 일부 수역에만 제한적으로 분포한다.

특이 사항 한국 고유종, 멸종위기야생동식물I급, 천연기념물

서식특성	상류	상류/중류	중류	중류/하류	정수역	기수역
	수층종		저서종		여울-저서성종	
내성특성	민감종		중간종		내성종	
섭식특성	초식성		충식성		육식성	잡식성
관리현황	멸종위기I급		멸종위기II급	고유종	천연기념물	외래종

메기목 〉 동자개과 · Siluriformes 〉 Bagridae

대농갱이
Leiocassis ussuriensis (Dybowski, 1871)

몸은 가늘고 길며 원통형이다.

1 입수염 4쌍은 짧고, 비늘은 없다. **2** 꼬리지느러미 끝부분 가운데가 얕게 파여 갈라졌다. **3** 가슴지느러미 가시 안쪽으로 톱니 모양 거치가 12~18개 있다.

형태 특성

몸길이 20~30cm이다.

체색과 무늬 전체적으로 진한 갈색이며, 몸에 불규칙한 반점이 산재하나 죽으면 모두 사라진다. 등지느러미와 뒷지느러미는 바깥쪽이 짙고, 꼬리지느러미 가장자리는 색이 연하다.

주요 형질 몸은 가늘고 길며 원통형이다. 등지느러미 연조 수 7개, 뒷지느러미 연조 수 20~24개, 새파 수 11~15개다. 등은 높지 않고, 머리는 위아래로 납작하며, 뒤쪽은 옆으로 납작하다. 입은 주둥이 밑에 있으며 입수염 4쌍은 짧고, 비늘은 없다. 옆줄은 뚜렷하고 몸 중앙보다 앞쪽에 있다. 아래턱이 위턱보다 짧다. 가슴지느러미 가시 안쪽으로 톱니 모양 거치가 12~18개 있다. 꼬리지느러미 끝부분 가운데가 얕게 파여 갈라졌다.

생태 특성

서식지 하천 중·하류의 바닥에 모래와 진흙, 자갈이 깔린 곳에 서식한다.

먹이습성 수서곤충과 물고기 알, 새우류, 작은 물고기를 먹는다.

행동습성 산란기는 5~6월로 추정되며 산란 습성에 관해서는 알려진 것이 없다. 모든 동자개과 물고기는 수컷이 암컷보다 잘 자라고 몸길이가 더 길며 날씬하다.

국내 분포 임진강, 한강, 금강에 분포한다. 낙동강(물금, 수산)에서도 발견되는데, 인위적으로 이입된 것으로 추정된다.

국외 분포 북한의 대동강, 압록강과 중국에 분포한다.

서식특성	상류	상류/중류	중류	중류/하류	정수역	기수역
	수층종		저서종		여울-저서성종	
내성특성	민감종		중간종		내성종	
섭식특성	초식성		충식성		육식성	잡식성
관리현황	멸종위기I급	멸종위기II급		고유종	천연기념물	외래종

메기목 〉 동자개과 · Siluriformes 〉 Bagridae

밀자개
Leiocassis nitidus (Sauvage and Dabryi, 1874)

머리는 위아래로 몸은 옆으로 납작하며 몸높이는 높다.

윗면

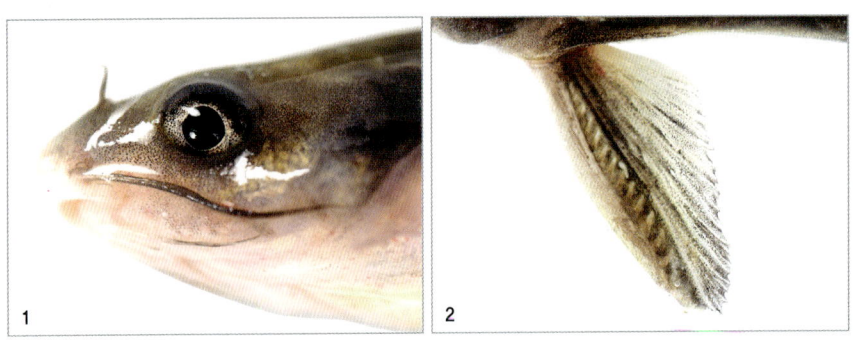

1 입은 작고 입수염은 4쌍이다. **2** 가슴지느러미 가시 안쪽으로 톱니 모양 거치가 12~18개 있다.

형태 특성

몸길이 10~15cm이다.

체색과 무늬 전체적으로 황갈색 바탕에 암갈색 반문이 있다. 등지느러미 아랫부분과 가슴지느러미 아랫부분 몸통에 옆줄을 중심으로 위아래 갈색 띠가 2개 있다. 등지느러미와 가슴지느러미는 약간 검고, 꼬리지느러미에도 중앙 부분에 검은 부분이 길게 있다.

주요 형질 머리는 위아래로, 몸은 옆으로 납작하며 몸높이가 높다. 등지느러미 연조 수 7개, 뒷지느러미 연조 수 24~28개, 새파 수 9~14개다. 주둥이는 둥글고 주둥이 아래에 입이 있다. 입은 작고 입수염은 4쌍으로 짧다. 아래턱이 위턱보다 약간 짧다. 가슴지느러미 가시는 동자개와 달리 안쪽으로 톱니 모양 거치가 12~18개 있다. 꼬리지느러미 끝부분은 깊게 파였다. 옆줄은 완전하고 비늘은 없다.

생태 특성

서식지 하천 중·하류 해수의 영향을 받는 수역에 많으며, 물 흐름이 완만하고 바닥에 진흙이 많이 깔린 곳에 서식한다.

먹이습성 수서곤충, 새우류, 작은 동물 등을 먹는다.

행동습성 산란기는 5~6월로 추정되며 생활사는 알려지지 않았다.

국내 분포 임진강, 금강, 영산강 하류에 분포한다.

국외 분포 중국에 분포한다.

서식특성	상류	상류/중류	중류	중류/하류	정수역	기수역
	수층종		저서종		여울-저서성종	
내성특성	민감종		중간종		내성종	
섭식특성	초식성		충식성		육식성	잡식성
관리현황	멸종위기I급	멸종위기II급		고유종	천연기념물	외래종

메기목 〉 동자개과 • Siluriformes 〉 Bagridae

종어
Leiocassis longirostris Günther, 1864

몸은 길고 통통하며, 등은 높고 몸 뒤쪽은 옆으로 납작하다.

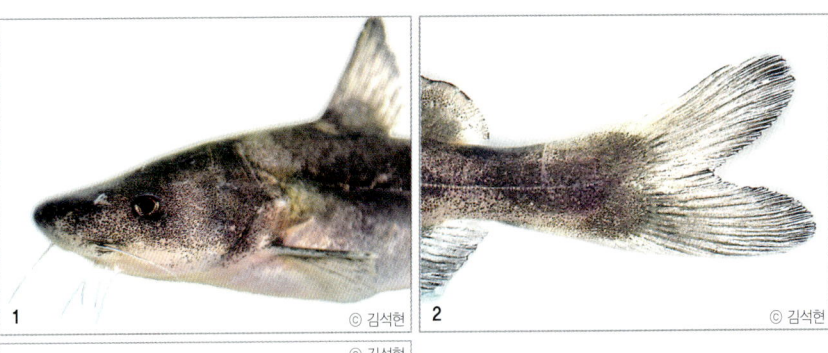

1 입수염은 4쌍으로 윗수염은 아주 가늘고 짧으며 콧구멍과 같이 있다. **2** 꼬리지느러미 끝은 깊게 파였다. **3** 가슴지느러미와 등지느러미의 극조는 아주 단단하며, 가슴지느러미 가시 안쪽으로 톱니 모양 거치가 있다.

형태 특성

몸길이 30~50㎝이다.

체색과 무늬 전체적으로 진한 갈색이며 등 쪽은 짙고 배 쪽은 회백색이다. 머리, 등지느러미, 뒷지느러미 부근에 짙고 큰 회갈색 반점이 있다. 각 지느러미 가장자리는 흑갈색이다.

주요 형질 몸은 길고 통통하며, 등은 높고 몸 뒤쪽은 옆으로 납작하다. 등지느러미 연조 수 7개, 뒷지느러미 연조 수 14~18개, 새파 수 16개다. 머리는 위아래로 납작하고 주둥이는 튀어나왔다. 입은 주둥이 아래 가슴 쪽으로 치우쳐 있어 상어 입을 닮았다. 눈은 아주 작고 머리 앞쪽에 있다. 입수염은 4쌍으로 윗수염은 아주 가늘고 짧으며 콧구멍과 같이 있다. 가슴지느러미와 등지느러미의 극조는 매우 단단하며, 가슴지느러미 가시 안쪽으로 톱니 모양 거치가 있다. 꼬리지느러미 끝은 깊게 파였다. 옆줄은 완전하며 비늘은 없다.

생태 특성

서식지 바닥에 모래와 진흙이 깔린 큰 강 하류에 서식한다.

먹이습성 수서곤충과 실지렁이, 새우류, 작은 물고기를 먹는다.

행동습성 산란기는 4~6월로 추정된다. 몸길이가 50㎝까지 자라는 비교적 큰 물고기다. 맛이 물고기 중에서 가장 뛰어나다는 뜻에서 종어라 불렸고, 조선조 이래 임금에게 진상하던 진미어다. 국립수산과학원에서 1999년부터 사라진 종어를 복원하기 위해 중국에서 종어를 도입해 연구해 왔고, 2008년 9월 인공 생산한 어린 종어 5,000마리를 금강에 방류했다.

국내 분포 한강과 금강에 서식했으나 절멸되었고, 현재 금강에 종복원사업이 실시 중이다.

국외 분포 북한의 대동강, 중국 대륙에 분포한다.

서식특성	상류	상류/중류	중류	중류/하류	정수역	기수역
	수층종		저서종		여울-저서성종	
내성특성	민감종		중간종		내성종	
섭식특성	초식성		충식성		육식성	잡식성
관리현황	멸종위기I급	멸종위기II급		고유종	천연기념물	외래종

메기목 〉 메기과 ・ Siluriformes 〉 Siluridae

메기
Silurus asotus Linnaeus, 1758

몸 앞부분은 원통형이나 뒤로 갈수록 옆으로 납작해지며 가늘어진다.

1 머리는 위아래로 납작하고 아래턱이 위턱보다 길다. **2** 꼬리지느러미는 흑갈색 혹은 황갈색을 띠고 가장자리는 검은색을 띤다. **3** 등지느러미는 미유기보다 크고 길다.

형태특성

몸길이 보통 30~50㎝이며, 1m 이상인 개체도 있다.

체색과 무늬 전체적으로 암갈색 또는 황갈색이며, 반점이 없으나 가끔 구름무늬 반점이 있는 경우도 있다. 입 아랫부분과 뒷지느러미 앞까지의 배는 노란색을 띤다. 등지느러미, 뒷지느러미 및 꼬리지느러미는 몸 색깔과 같이 흑갈색 혹은 황갈색이고, 가장자리는 검은색을 띤다.

주요 형질 몸 앞부분은 원통형이나 뒤로 갈수록 옆으로 납작해지며 가늘어진다. 등지느러미 연조 수 4~5개, 뒷지느러미 연조 수 70~85개, 새파 수 10~12개다. 머리는 위아래로 납작하다. 입은 크고 아래턱이 위턱보다 길며 주둥이는 현저하게 튀어나왔다. 입수염은 2쌍이다. 위턱과 아래턱에 작고 날카로운 이빨이 있다. 가슴지느러미 극조는 단단하고 바깥쪽으로 톱니가 있다. 몸에 비늘이 없고 점액질이 발달했으며, 옆줄은 완전하고 몸통 옆면 가운데에 직선으로 위치한다.

생태특성

서식지 물 흐름이 느리고 모래와 진흙이 깔린 하천과 호수, 늪에 서식한다.

먹이습성 야행성으로 긴 수염을 이용해 작은 물고기, 수서곤충, 작은 동물 등을 먹는다.

행동습성 산란기는 5~7월이며 수컷이 암컷의 배를 강하게 감아서 산란하도록 한다. 알을 수초나 자갈에 붙이기도 한다. 유생기 때 입수염은 3쌍이나, 알에서 깨어난 지 3~4개월이 지날 무렵이면 아래턱에 있는 입수염 1쌍이 없어진다.

국내 분포 국내의 거의 전 담수역에 분포한다.
국외 분포 중국, 대만, 일본에 분포한다.

서식특성	상류	상류/중류	중류	중류/하류	정수역	기수역
	수층종		저서종		여울-저서성종	
내성특성	민감종		중간종		내성종	
섭식특성	초식성		충식성		육식성	잡식성
관리현황	멸종위기I급	멸종위기II급		고유종	천연기념물	외래종

메기목 〉 메기과 • Siluriformes 〉 Siluridae

미유기
Silurus microdorsalis (Mori, 1936)

몸 앞부분은 원통형이나 뒤로 갈수록 위아래로 납작하다.

윗 모습으로 등에는 불분명한 구름 모양 반문이 있다.

1

2

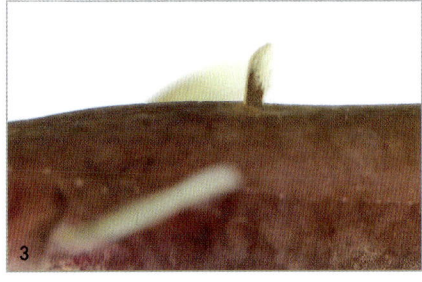
3

1 머리의 앞부분은 수평으로 납작하며, 입수염이 아래턱에 1쌍씩 있다. **2** 꼬리지느러미 **3** 등지느러미는 암갈색이다.

형태특성

몸길이 15~25cm이다.
체색과 무늬 전체적으로 암갈색이며, 등은 짙고 주둥이 아랫면과 배는 노란색을 띤다. 등 쪽과 몸 옆면에는 불분명한 구름 모양 반문이 있다. 뒷지느러미 가장자리에는 밝은 테가 있다. 가슴지느러미와 배지느러미는 기부만 어둡고, 등지느러미의 앞부분과 뒷지느러미 및 꼬리지느러미는 몸과 같은 색이며, 뒷지느러미의 바깥쪽 가장자리는 연한 색으로 그 폭이 넓다.
주요 형질 앞부분은 원통형이나 뒤로 갈수록 수직 방향으로 납작해진다. 등지느러미 연조 수 3개, 뒷지느러미 연조 수 67~73개, 새파 수 7~9개다. 머리 앞부분은 수평으로 몹시 납작하며, 주둥이도 위아래로 납작하다. 위턱이 아래턱보다 짧아 입은 주둥이 끝에서 위를 향해 열린다. 이빨은 매우 작다. 눈은 작고 머리의 옆면 중앙보다 앞쪽에 있으며, 두 눈 사이는 매우 넓다. 입수염은 위턱과 아래턱에 각 1쌍씩 있다. 옆줄은 완전하고 몸 옆면 가운데에 직선으로 이어진다.

생태특성

서식지 물이 맑고 깨끗하며, 자갈이나 바위가 많은 하천 상류에 서식한다.
먹이습성 수서곤충이나 작은 물고기를 먹는다.
행동습성 산란기는 4~6월이며 수컷은 암컷의 배를 휘감아 알을 낳도록 돕고 수정한다. 메기와 생김새가 아주 유사해 혼동하기 쉽지만 메기보다 몸이 가늘며, 등지느러미는 연조 수(3개)가 적고, 길이와 폭이 아주 짧고 좁다.

국내 분포 거의 전 담수역에 분포한다.
특이 사항 한국 고유종

서식특성	상류	상류/중류	중류	중류/하류	정수역	기수역
	수층종		저서종		여울-저서성종	
내성특성	민감종		중간종		내성종	
섭식특성	초식성		충식성		육식성	잡식성
관리현황	멸종위기I급		멸종위기II급	고유종	천연기념물	외래종

메기목 〉 퉁가리과 • Siluriformes 〉 Amblycipitidae

자가사리
Liobagrus mediadiposalis Mori, 1936

몸은 길고 통통하며, 등은 높고 몸 뒤쪽은 옆으로 납작하다.

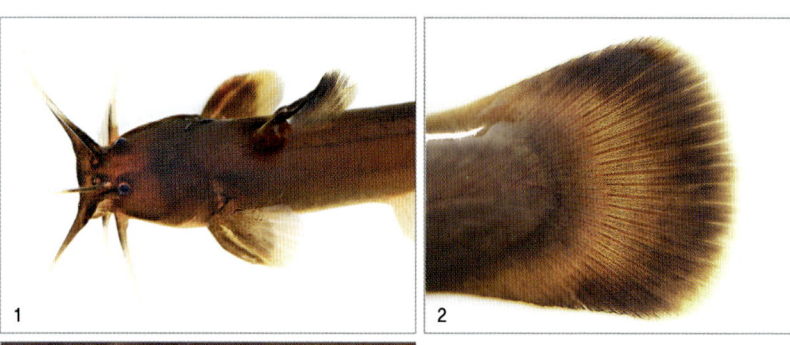

1 위턱이 아래턱보다 길며 입수염은 4쌍으로 2쌍은 길고, 2쌍은 짧다. **2** 모든 지느러미 가장자리에 밝고 노란 테두리가 있다. **3** 가슴지느러미 가시는 끝이 뾰족하고 안쪽으로 거치가 4~6개 있다.

형태 특성

몸길이 6~10cm이다.

체색과 무늬 전체적으로 황갈색이며, 등 쪽은 짙고 배 쪽은 노란색이다. 각 지느러미 가장자리에 밝고 노란 테두리가 있다. 꼬리지느러미 끝 가장자리에 반달 모양 노란색 띠가 있는 것도 있으며 둥글다.

주요 형질 몸은 약간 길고 몸통은 둥글며, 몸 뒷부분은 옆으로 납작하다. 등지느러미 연조 수 6개, 뒷지느러미 연조 수 15~19개, 새파 수 7~11개다. 주둥이와 머리는 위아래로 납작하다. 위턱이 아래턱보다 길고 입수염은 4쌍이며, 2쌍은 길고, 2쌍은 짧다. 눈은 아주 작고 그 뒷부분은 볼록하며 머리 가운데는 약간 골이 있다. 가슴지느러미 가시는 끝이 뾰족하고 안쪽으로 거치가 4~6개 있다. 옆줄은 흔적만 있거나 희미하며 비늘은 없다. 가슴지느러미에 가시가 있어 찔리면 통증을 일으킨다.

생태 특성

서식지 물이 맑고 깨끗하며 바위와 돌이 많이 깔린 하천 상류의 물 흐름이 빠른 여울에 서식한다.

먹이습성 야행성이며 주로 수서곤충을 먹는다.

행동습성 산란기는 5~6월이며 암컷은 알 100개 이상을 한 곳에 낳고 산란장을 지킨다. 섬진강 수계에 사는 자가사리는 꼬리지느러미에 노란색 초승달무늬 혹은 반달무늬가 있어 다른 곳에 사는 것들과 구별된다. 야행성으로 밤에 활동한다.

국내 분포 금강, 낙동강, 섬진강, 탐진강, 남해도, 거제도 및 동해 남부 수계에 분포한다.

특이 사항 한국 고유종

서식특성	상류	상류/중류	중류	중류/하류	정수역	기수역
	수층종		저서종		여울-저서성종	
내성특성	민감종		중간종		내성종	
섭식특성	초식성		충식성		육식성	잡식성
관리현황	멸종위기I급		멸종위기II급	고유종	천연기념물	외래종

퉁가리

Liobagrus andersoni Regan, 1908

몸은 약간 길고 몸통은 둥글며, 몸 뒷부분이 옆으로 납작하다.

1 입수염은 4쌍이고, 가슴지느러미는 뾰족하다. **2** 등, 가슴, 꼬리지느러미 가장자리에 연한 갈색 테두리가 있고, 그 안쪽은 검은색을 띤다. **3** 윗면

형태특성

몸길이 10~15㎝이다.

체색과 무늬 전체적으로 황갈색이며, 등 쪽은 짙고 배 쪽은 연한 갈색이다. 등지느러미와 가슴지느러미, 꼬리지느러미 가장자리에 연한 갈색 테두리가 있고 그 안쪽은 검은색이다.

주요 형질 몸은 약간 길고 몸통은 둥글며 몸 뒷부분은 옆으로 납작하다. 등지느러미 연조 수 6개, 뒷지느러미 연조 수 16~19개, 새파 수 7~8개다. 주둥이와 머리는 위아래로 납작하다. 위턱과 아래턱의 길이는 거의 같고 입수염은 4쌍이다. 눈은 아주 작고 머리 가운데는 약간 골이 있다. 가슴지느러미 가시는 끝이 뾰족하고 단단하며 안쪽으로 거치가 1~3개 있는데, 이것은 성장하면서 감소한다. 옆줄은 흔적만 있거나 희미하며 비늘이 없다.

생태특성

서식지 물이 맑고 깨끗하며 자갈이 많이 깔린 하천 중·상류 여울에 서식한다. 한강과 임진강수계에만 서식한다.

먹이습성 수서곤충을 먹는다.

행동습성 산란기는 5~6월이며 돌 밑에 알을 낳고 암컷은 알자리를 지킨다. 퉁가리과 물고기의 가슴지느러미 가시는 단단하고 끝이 매우 뾰족해서 찔리면 통증을 일으킨다. 야행성으로 낮에는 돌 밑에 숨어 있다가 밤에 활동한다.

국내 분포 한강, 임진강, 안성천, 무한천, 삽교천에 분포한다.

특이 사항 한국 고유종

서식특성	상류	상류/중류	중류	중류/하류	정수역	기수역
	수층종		저서종		여울-저서성종	
내성특성	민감종		중간종		내성종	
섭식특성	초식성		충식성		육식성	잡식성
관리현황	멸종위기I급		멸종위기II급	고유종	천연기념물	외래종

메기목 〉 퉁가리과 • Siluriformes 〉 Amblycipitidae

퉁사리

Liobagrus obesus Son, Kim and Choo, 1987

몸은 약간 길고 몸통은 둥글며, 몸 뒷부분은 옆으로 납작하다.

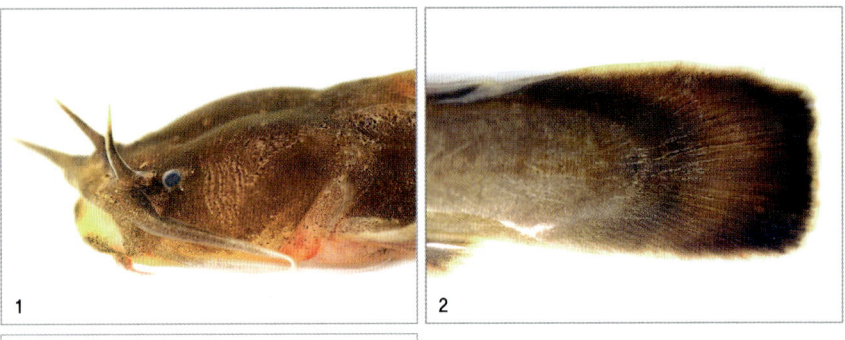

1 입수염은 4쌍이며, 위턱과 아래턱 길이가 같다. **2** 배지느러미를 제외한 각 지느러미 가장자리에 연한 갈색 테두리가 있다. **3** 윗면

형태 특성

몸길이 10~15cm이다.

체색과 무늬 전체적으로 진한 황갈색이며 등 쪽은 짙고 배 쪽은 연한 갈색이다. 배지느러미는 노란색이고, 다른 지느러미 가장자리에는 연한 갈색 테두리가 있다.

주요 형질 몸은 약간 길고 몸통은 둥글며 몸 뒷부분은 옆으로 납작하다. 등지느러미 연조 수 6개, 뒷지느러미 연조 수 15~19개, 새파 수 5~8개다. 주둥이와 머리는 위아래로 납작하다. 위턱과 아래턱 길이는 거의 같고 입수염은 4쌍이다. 눈은 아주 작고 머리 가운데에는 약간 골이 있다. 가슴지느러미 가시는 끝이 뾰족하고 단단하며 안쪽에 거치가 3~5개 있는데, 성장할수록 거치수가 증가한다. 옆줄은 흔적만 있거나 희미하며 비늘은 없다. 자가사리나 퉁가리보다 몸이 통통하다.

생태 특성

서식지 물 흐름이 완만하고, 자갈이 많이 깔린 하천 중·상류 여울에 서식한다. 금강과 만경강, 영산강 수계에만 서식한다.

먹이습성 수서곤충을 먹는다.

행동습성 산란기는 5~6월이며 돌 밑에 알을 낳고 암컷은 알자리를 지킨다. 야행성으로 낮에는 돌 밑에 숨어 있고 야간에 수서곤충을 먹는다.

국내 분포 금강의 중류와 웅천천, 만경강, 영산강 상류에 제한적으로 분포한다.
특이 사항 한국 고유종, 멸종위기야생동식물I급

서식특성	상류	상류/중류	중류	중류/하류	정수역	기수역
	수층종		저서종		여울-저서성종	
내성특성	민감종		중간종		내성종	
섭식특성	초식성		충식성		육식성	잡식성
관리현황	멸종위기I급		멸종위기II급		고유종	천연기념물	외래종

바다빙어목 〉 바다빙어과 • Osmeriformes 〉 Osmeridae

빙어
Hypomesus nipponensis McAllister, 1963

몸은 길며 옆으로 납작하다.

1

2

3

1 입은 크고 위를 향한다. **2** 등지느러미와 꼬리지느러미 사이에 기름지느러미가 있다. **3** 몸 가운데에 짙은 가로 줄무늬가 있다.

형태특성

몸길이 10~15cm이다.

체색과 무늬 전체적으로 은백색이며 등 쪽은 회갈색이다. 각 지느러미는 투명하고 아래턱 복면에는 검은 색소포가 보통 50개 이상 밀집되어 있다. 몸 가운데에 짙은 가로 줄이 있다.

주요 형질 몸은 길며 옆으로 납작하다. 등지느러미 연조 수 8~10개, 뒷지느러미 연조 수 12~18개, 종렬 비늘 수 56~64개, 새파 수 28~36개다. 입은 크고 위로 향했으며 아래턱이 위턱보다 약간 튀어나왔다. 입수염은 없고 눈은 비교적 크다. 등지느러미와 꼬리지느러미 사이에 기름지느러미가 있다. 옆줄은 배지느러미 앞까지 있다. 비늘이 약해서 벗겨지기 쉽다.

생태특성

서식지 연안이나 저수지의 깊은 곳에 서식하다가 산란기인 3월이 되면 얕은 개울로 이동한다.

먹이습성 동물성 플랑크톤, 갑각류, 깔따구 애벌레 등 수서곤충을 먹는다.

행동습성 산란기는 2~3월이며 연안에 살다가 알을 낳기 위해 하천이나 강의 얕은 곳, 호수 유입부로 올라온다. 댐호나 저수지에 사는 육봉형 빙어는 하천이나 강의 얕은 가장자리 모래나 수초에 알을 낳는다. 1년생으로 알을 낳고 죽는다.

국내 분포 동해 북부에 자연적으로 분포했으나 전국의 댐호와 저수지 등에 방류되어 살고 있다.

국외 분포 일본, 알래스카, 러시아에 분포한다.

서식특성	상류	상류/중류	중류	중류/하류	정수역	기수역
	수층종		저서종		여울-저서성종	
내성특성	민감종		중간종		내성종	
섭식특성	초식성		충식성		육식성	잡식성
관리현황	멸종위기I급	멸종위기II급		고유종	천연기념물	외래종

바다빙어목 〉 바다빙어과 · Osmeriformes 〉 Osmeridae

은어
Plecoglossus altivelis altivelis Temminck and Schlegel, 1846

몸은 길며 옆으로 납작하다.

1 입은 매우 크다. 입술은 평행이며 두껍고 희다. **2** 기름지느러미 가운데 지점에서 뒷지느러미가 끝난다. **3** 등지느러미에는 무늬가 없으며, 몸은 매우 작은 비늘로 덮여 있다.

형태특성

몸길이 20~30㎝이다.

체색과 무늬 등 쪽은 회갈색 또는 청갈색이고 배 쪽은 은백색이다. 입술은 평행으로 두꺼우며 희다. 모든 지느러미에는 반문이 없으며 엷은 노란색을 띤다.

주요 형질 몸은 길며 옆으로 납작하다. 등지느러미 연조 수 11~12개, 뒷지느러미 연조 수 15~17개, 옆줄 비늘 수 67~72개다. 머리는 크고 주둥이는 뾰족하며, 입은 매우 크다. 위턱 앞부분에 돌기가 있으며, 이빨은 빗살 모양으로 나 있다. 뒷지느러미 앞부분의 기조가 약간 길어 가장자리가 오목하다. 옆줄은 완전해 거의 직선으로 이어진다. 꼬리지느러미 끝부분은 둘로 갈라졌다. 기름지느러미 가운데 지점에서 뒷지느러미가 끝난다.

생태특성

서식지 연안이나 저수지의 깊은 곳에 서식하다가 산란기인 3월이 되면 얕은 개울로 이동한다.

먹이습성 강과 가까운 연안에서 살다가 봄철 산란기(3~4월)에 하천을 거슬러 올라가 바닥에 자갈이나 바위가 깔린 곳에 도달하면 세력권을 형성하고 정착하며, 가을철 산란기(9~10월)에 산란기가 되면 방향을 바꾸어 하구로 내려온다.

행동습성 산란기는 9~10월이며, 하구 가까운 담수역 여울에 산란장을 만들어 산란과 방정을 한다. 산란을 마치면 암수 모두 죽는다. 산란기가 되면 수컷은 몸 색깔이 검어지며 몸의 하단부와 새개부 하단에 붉은색 띠가 선명해지고, 지느러미는 노란색을 띤다. 또한 수컷은 비늘 표면에 돌기가 매우 빽빽하게 나고 배지느러미와 뒷지느러미 기조에도 돌기가 나타난다.

국내 분포 울릉도를 포함한 전국의 연안으로 흐르는 하천에 분포하지만 수질오염 및 개발로 인해 서식하지 못하는 지역이 많아지고 있다.

국외 분포 일본, 대만, 중국에 분포한다.

서식특성	상류	상류/중류	중류	중류/하류	정수역	기수역
	수층종		저서종		여울-저서성종	
내성특성	민감종		중간종		내성종	
섭식특성	초식성		충식성		육식성	잡식성
관리현황	멸종위기Ⅰ급	멸종위기Ⅱ급		고유종	천연기념물	외래종

연어목 〉 연어과 • Salmoniformes 〉 Salmonidae

산천어(육봉형), 송어(강해형)
Oncorhynchus masou masou (Brevoort, 1856)

몸은 유선형으로 길며, 옆으로 납작하다.

1 주둥이는 둥글고 입은 크며 위턱이 아래턱보다 약간 길다. **2** 모든 지느러미에 반문이 없으며, 유생의 꼬리지느러미는 붉은색을 띤다. **3** 큰 세로 반문 10여 개가 옆줄 위로 배열되고 몸통 상단부에는 눈 크기만 한 반점들이, 배 쪽에는 눈동자보다 작은 반점들이 세로 무늬 사이에 끼워져 있다.

형태 특성

몸길이 20cm(산천어), 60cm(송어)이다.

체색과 무늬 육봉형인 산천어는 4~5월에 등 쪽은 연두색이 섞인 황갈색으로 변하고, 배 쪽은 은백색이 되지만, 가을이 되면 이러한 색은 없어지고, 몸 옆면이 검은빛을 띤다. 등 쪽은 황록색이고 작은 갈색 반점들이 산재하며 배는 은백색이다. 성체의 경우 큰 세로 반문 10여 개가 옆줄 위로 배열되고 몸통 상단부에는 눈 크기만 한 반점들이, 배 쪽에는 눈동자보다 작은 반점들이 세로 반문 사이에 끼워져 있다. 모든 지느러미에는 반문이 없으며 유생의 꼬리지느러미는 붉은색을 띤다. 강해형인 송어 암컷의 등 쪽은 파란색이고 배 쪽은 은백색이다. 등에는 작은 점이 있으나 몸 옆면에는 반문이 없으며, 등지느러미, 가슴지느러미, 꼬리지느러미는 검고 나머지 지느러미는 흰색이다.

주요 형질 몸은 유선형으로 길며 옆으로 납작하다. 등지느러미 연조 수 12~18개, 뒷지느러미 연조 수 16~19개, 옆줄 비늘 수 150~240개, 새파 수 26~32개다. 주둥이는 둥글고 입은 크며 위턱이 아래턱보다 약간 길다. 눈이 크며 머리 앞부분에 있다. 기름지느러미는 아주 작고 뒷지느러미가 끝나는 지점에 있다. 수컷은 등지느러미 앞쪽이 뚜렷하게 부풀어 몸높이가 높은 반면 암컷은 정상적인 체형이 있다.

생태 특성

서식지 육봉형인 산천어는 물이 차고 맑으며 산소가 풍부한 상류에 서식한다.

먹이습성 갑각류와 요각류, 물고기 알 등을 먹는다.

행동습성 어린 송어는(강해형) 1년간 하천에서 살고, 대부분의 암컷은 이듬해 4~5월 몸 색깔이 은빛으로 변해 스몰트(smolt)가 되어 바다로 내려가며, 다음해 4~6월에 태어난 하천으로 되돌아온다. 산란기인 9~10월에 맞춰 올라오기도 한다. 수컷 대부분은 하천 상류로 올라가 산천어(육봉형)로 살다가 회귀하는 암컷과 만나며, 최상류의 자갈 바닥을 파고 알을 낳아 수정시킨다.

국내 분포 강원도 동해 북부 일부 하천에 분포한다.
국외 분포 일본과 러시아, 알래스카 등에 분포한다.

서식특성	상류	상류/중류	중류	중류/하류	정수역	기수역
	수층종		저서종		여울-저서성종	
내성특성	민감종		중간종		내성종	
섭식특성	초식성		충식성		육식성	잡식성
관리현황	멸종위기I급	멸종위기II급		고유종	천연기념물	외래종

연어목 > 연어과 • Salmoniformes > Salmonidae

무지개송어
Oncorhynchus myskiss (Walbaum, 1792)

몸이 굵고 둥글며 약간 옆으로 납작하다.

무지개송어(알비노)이다.

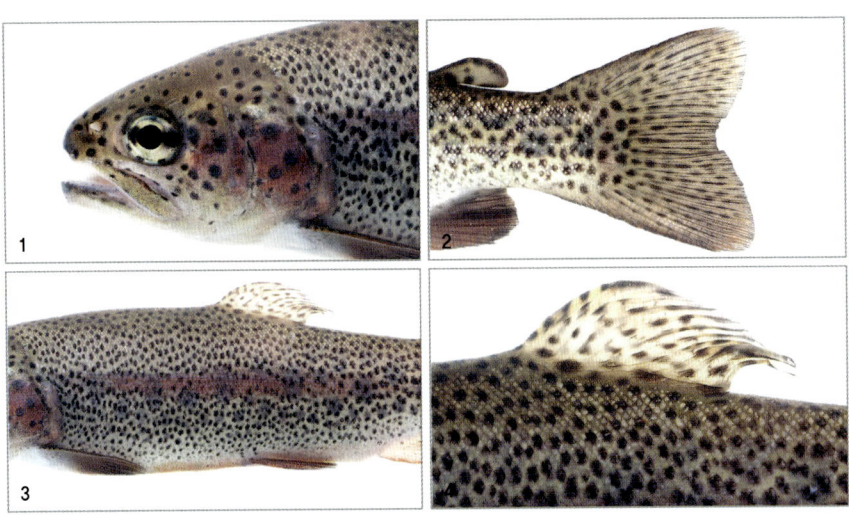

1 머리는 크고 주둥이는 둥글며, 위턱이 아래턱보다 약간 길다. **2** 기름지느러미와 꼬리지느러미 **3** 치어는 몸 가운데에 8~12개의 짙은 반점과 붉은색 가로줄이 있다. **4** 등과 꼬리지느러미에 흑색 반점이 있다.

형태 특성

몸길이 80~100cm이다.
체색과 무늬 전체적으로 연두색을 띠며 등 쪽은 짙고 배 쪽은 희다. 작고 검은 반점이 빽빽하게 있다. 치어는 몸 가운데에 짙은 반점 8~12개와 붉은색 가로 줄이 있는데, 반점은 성장하면서 차츰 불투명해지고, 만 1년 이상이 되면 완전히 없어진다. 산란기에는 무지갯빛 혼인색을 띤다. 등과 꼬리지느러미에 검은색 반점이 있다.
주요 형질 몸이 굵고 둥글며 약간 옆으로 납작하다. 등지느러미 연조 수 11~12개, 뒷지느러미 연조 수 10~12개, 새파 수 10~15개다. 머리는 크고 주둥이는 둥글며 위턱이 아래턱보다 약간 길다. 입이 크고 눈은 머리 앞쪽에 있다. 기름지느러미는 아주 작으며 뒷지느러미가 끝나는 지점에 있다.

생태 특성

서식지 바다로 내려가지 않고 담수에서 일생을 보낸다. 냉수성 어종으로 산간 계곡의 찬물에서 산다(24℃ 이하에서만 서식).
먹이습성 수서곤충이나 갑각류, 어린 물고기를 먹는다.
행동습성 양식용으로 1965년에 도입되었으며 자연 분포하지 않는다. 하절기 홍수와 관리 소홀로 양식장에서 빠져 나온 일부 개체들이 자연 계류에 서식한다. 산란기는 봄과 가을 두 번으로, 봄은 자연적 산란시기이며 가을에는 인위적으로 산란을 유도한다.

국내 분포 국내에 자연분포하지 않으나 양식장에서 빠져나온 일부 개체들이 자연 계류에 서식하기도 한다.
국외 분포 서북아시아와 태평양 연안에 자연 분포한다. 전 세계에 양식용으로 도입되었다.
특이 사항 외래종

서식특성	상류	상류/중류	중류	중류/하류	정수역	기수역
	수층종		저서종		여울-저서성종	
내성특성	민감종		중간종		내성종	
섭식특성	초식성		충식성		육식성	잡식성
관리현황	멸종위기I급		멸종위기II급	고유종	천연기념물	외래종

숭어목 〉 숭어과 • Mugiliformes 〉 Mugilidae

숭어

Mugil cephalus Linnaeus, 1758

몸은 길며 앞은 원통형이고 뒤로 갈수록 옆으로 납작하다.

1 눈은 크고 기름 눈꺼풀이 있다. **2** 꼬리지느러미 가운데는 깊이 파였고 끝부분은 뾰족하다. **3** 등지느러미는 거의 투명하다.

형태 특성

몸길이 50~70㎝이다.

체색과 무늬 전체적으로 회청색이며 등 쪽은 진하고 배 쪽은 흰색에 가깝다. 반문은 없고 비늘 가운데 검은색 반점이 있는데, 이것이 이어져 가느다란 가로줄이 6~7개 형성된다. 가슴지느러미 앞부분에 눈 크기만 한 청색 반점이 있고, 각 지느러미는 거의 투명하며, 꼬리지느러미는 엷은 노란색을 띤다.

주요 형질 몸은 길며 몸 앞부분은 원통형이고, 뒷부분은 옆으로 납작하다. 제2등지느러미 연조 수 9개, 뒷지느러미 연조 수 8~9개, 종렬 비늘 수 36~38개다. 머리는 작고 이마는 편평하다. 정면에서 보는 입은 'ㅅ' 모양이다. 눈은 크고 기름 눈꺼풀이 있다. 아래턱과 위턱 외연에 매우 작은 융모형 이빨이 일렬로 있다. 꼬리지느러미 가운데는 깊이 파였고 끝은 뾰족하다.

생태 특성

서식지 연안이나 강 하구에서 무리를 이루며 생활한다.

먹이습성 식물성 플랑크톤과 각종 조류, 펄 속의 유기물을 먹는다.

행동습성 산란기는 10~11월이며 쿠로시오 난류가 흐르는 깊은 곳의 바위 지대에 알을 낳는다. 알에서 깨어난 새끼들은 강 하구나 하천 하류로 이동해 생활하다 그해 가을, 몸길이 20~25㎝가 되어 바다로 나간다.

국내 분포 전 연안과 강 하구에 분포한다.

국외 분포 전 세계의 열대지역부터 온대지역까지 널리 분포하며, 바다와 담수에서 분포한다.

서식특성	상류	상류/중류	중류	중류/하류	정수역	기수역
	수층종		저서종		여울–저서성종	
내성특성	민감종		중간종		내성종	
섭식특성	초식성		충식성		육식성	잡식성
관리현황	멸종위기I급		멸종위기II급	고유종	천연기념물	외래종

숭어목 〉 숭어과 • Mugiliformes 〉 Mugilidae

가숭어
Chelon haematocheilus (Temminck and Schlegel, 1845)

몸은 긴 방추형으로 옆으로 납작하다.

1 눈은 노란색을 띤다. **2** 꼬리지느러미는 황갈색이며, 얕게 갈라졌다. **3** 등지느러미가 두 개이며 암회색이다.

형태 특성

몸길이 50~70㎝이며, 최대 1m까지 자란다.
체색과 무늬 등 쪽은 푸른색을 띠지만 가운데부터 밝아져 배 쪽은 은백색이다. 눈은 노란색, 등지느러미는 암회색, 가슴지느러미 및 꼬리지느러미는 황갈색, 뒷지느러미 및 배지느러미는 노란색을 띤다.
주요 형질 몸은 긴 방추형으로 옆으로 납작하고, 머리 앞쪽은 위아래로 약간 납작하며 편평하다. 제2등지느러미 연조 수 9개, 뒷지느러미 연조 수 8~9개, 종렬 비늘 수 37~42개나. 주둥이는 짧고 끝이 둥글다. 눈은 크며 머리 앞쪽에 치우쳐 있고, 기름 눈꺼풀이 발달하지 않았다.

생태 특성

서식지 바다(연안), 치어류는 강 하구에 서식한다.
먹이습성 치어일 때는 동물 플랑크톤을 먹지만, 성장하면 삽 모양인 아래턱을 이용해 모래 속의 유기물과 저서무척추동물을 먹는다.
행동습성 산란기는 10월경이다.

국내 분포 동해 유입 하천, 남해 및 서해 유입 하천에 분포한다.
국외 분포 일본과 중국에 분포한다.

서식특성	상류	상류/중류	중류	중류/하류	정수역	기수역
	수층종		저서종		여울-저서성종	
내성특성	민감종		중간종		내성종	
섭식특성	초식성		충식성		육식성	잡식성
관리현황	멸종위기I급		멸종위기II급		고유종	천연기념물	외래종

동갈치목 〉 송사리과 • Beloniformes 〉 Adrianichthyoidae

송사리
Oryzias latipes (Temminck and Schlegel, 1846)

몸은 유선형으로 길고 옆으로 납작하며 배는 통통하다.

1 주둥이는 뾰족하고 아래턱이 위턱보다 길며 아래턱만 움직여 입을 연다. **2** 대륙송사리에 비해 몸통 옆면에 검은 점이 많다. **3** 전체적으로 밝은 갈색이며, 배 아랫부분은 흰색이다.

형태특성

몸길이 약 4cm이다.

체색과 무늬 전체적으로 밝은 갈색이며 배 아랫부분은 흰색이다. 몸에 특별한 반문은 나타나지 않으나 비늘 뒷부분에 작고 검은 점이 있고, 옆면에는 검은색 점이 산재한다. 대륙송사리에 비해 검은 점이 많다.

주요 형질 몸은 유선형으로 길고 옆으로 납작하며 배는 통통하다. 머리는 위아래로 납작하며 이마는 편평하다. 등지느러미 연조 수 6~7개, 뒷지느러미 연조 수 18~21개, 종렬 비늘 수 29~33개다. 주둥이는 뾰족하고 아래턱이 위턱보다 길며 주로 아래턱만 움직여 입을 연다. 눈은 아주 크다. 등지느러미는 몸 뒤쪽에 있으며, 수컷의 뒷지느러미는 네모꼴이고, 끝 부분은 둥근 톱니 모양이다. 등지느러미 5~6번째 기조 사이가 벌어져 있으며, 꼬리지느러미 끝 부분은 거의 일직선이다.

생태특성

서식지 물 흐름이 느리고 수심이 얕은 연못, 늪, 농수로와 정체된 소하천의 표층에서 떼를 지어 서식한다.

먹이습성 동식물성 플랑크톤이나 모기의 애벌레인 장구벌레를 먹는다.

행동습성 산란기는 5~7월이며 암컷은 수정된 알을 포도송이처럼 배에 매달고 다니다가 수초에 붙인다. 산란기의 수컷은 배지느러미와 뒷지느러미가 검은색으로 변하고, 가슴 부위에는 1개 내외의 검은색 가로띠가 나타난다.

국내 분포 전 연안으로 흐르는 하천 중·하류 및 서남해 도서지방의 담수역에 분포한다.

국외 분포 일본에 분포한다.

서식특성	상류	상류/중류	중류	중류/하류	정수역	기수역
	수층종		저서종		여울-저서성종	
내성특성	민감종		중간종		내성종	
섭식특성	초식성		충식성		육식성	잡식성
관리현황	멸종위기I급		멸종위기II급		고유종	천연기념물	외래종

동갈치목 〉 송사리과 • Beloniformes 〉 Adrianichthyoidae

대륙송사리
Oryzias sinensis Chen, Uwa and Chu, 1989

몸은 옆으로 납작하며 배는 통통하다.

1 아래턱이 위턱보다 약간 길며 입은 위쪽을 향한다. **2** 등지느러미는 몸 뒤쪽에 있다. **3** 윗면

형태특성

몸길이 3~4cm이다.
체색과 무늬 전체적으로 밝은 갈색이며 배 쪽은 흰색이다.
주요 형질 몸은 옆으로 납작하며 배는 통통하다. 등지느러미 연조 수 8~9개, 뒷지느러미 연조 수 17~19개, 종렬 비늘 수 27~31개다. 머리는 위아래로 매우 납작해 정수리 부분이 편평하다. 몸높이는 높고 꼬리로 가면서 급격히 낮아진다. 아래턱은 위턱보다 약간 길며 아래턱만 움직인다. 눈은 아주 크다. 등지느러미는 몸 뒤쪽에 있어 꼬리에 가깝다. 수컷의 뒷지느러미는 네모꼴이다.

생태특성

서식지 물 흐름이 느리거나 정체된 저수지, 늪, 농수로, 하천 물풀지대의 표층에 무리지어 서식한다.
먹이습성 동물성 플랑크톤이나 모기의 애벌레인 장구벌레 등을 먹는다.
행동습성 산란기는 5~7월이나, 9~10월에 알을 낳기도 하며, 수정된 알은 수초에 붙인다. 번식기의 수컷은 배지느러미와 뒷지느러미가 검은색으로 변한다.

국내 분포 서해 유입 하천과 서해안의 섬 지방에 분포한다.
국외 분포 중국에 분포한다.

서식특성	상류	상류/중류	중류	중류/하류	정수역	기수역
	수층종		저서종		여울-저서성종	
내성특성	민감종		중간종		내성종	
섭식특성	초식성		충식성		육식성	잡식성
관리현황	멸종위기I급	멸종위기II급		고유종	천연기념물	외래종

동갈치목 〉 학공치과 • Beloniformes 〉 Hemiramphidae

학공치

Hyporhamphus sajori (Temminck and Schlegel, 1845)

몸은 원통형으로 가늘고 길며 옆으로 납작하다.

1 아래턱이 길게 앞으로 나왔다. **2** 각 지느러미는 거의 투명하고, 꼬리지느러미는 검은 빛을 띤다. **3** 몸 가운데에 금속성 광택을 띠는 은백색 세로 무늬가 있다.

형태특성

몸길이 약 40cm이다.

체색과 무늬 전체적으로 연한 청록색이며 등 쪽은 약간 짙고 배 쪽은 은백색을 띤다. 몸 가운데에는 금속성 광택을 띠는 은백색 세로 무늬가 있다. 각 지느러미는 거의 투명하나 꼬리지느러미는 약간 검은 빛을 띤다. 아래턱의 끝은 선홍빛을 띤다.

주요 형질 몸은 원통형으로 가늘고 길며 옆으로 납작하다. 등지느러미 연조 수 16~17개, 뒷지느러미 연조 수 16~17개다. 몸높이는 낮으며, 횡단면은 타원형에 가깝다. 아래턱이 바늘처럼 길며 앞쪽으로 쑥 나왔다. 비늘은 몸 표면과 상악의 전단부까지 덮어 있다. 등지느러미는 1개로 몸 뒤쪽에 위치한다.

생태특성

서식지 연안성 해산어이나 기수역에 들어가기도 하고, 때로는 하구에서 멀리 떨어진 담수역까지 올라가 무리지어 서식한다.

먹이습성 물위에 떠다니는 동물성 플랑크톤을 먹는다.

행동습성 산란기는 4~7월이며 연안의 해조류에 알을 붙인다. 봄과 여름에는 북쪽으로 이동했다가 가을과 겨울에는 남쪽으로 내려간다. 주위의 변화에 민감하게 반응해서 날치와 같이 뛰어오르는 습성이 있다.

국내 분포 전 연안에 분포한다.
국외 분포 중국, 일본, 사할린 등에 분포한다.

서식특성	상류	상류/중류	중류	중류/하류	정수역	기수역
	수층종		저서종		여울−저서성종	
내성특성	민감종		중간종		내성종	
섭식특성	초식성		충식성	육식성		잡식성
관리현황	멸종위기I급	멸종위기II급		고유종	천연기념물	외래종

큰가시고기목 〉 큰가시고기과 • Gasterosteiformes 〉 Gasterosteidae

큰가시고기
Gasterosteus aculeatus (Linnaeus, 1758)

몸은 유선형이며 옆으로 매우 납작하다.

1 아래턱이 위턱보다 약간 길다. **2** 꼬리지느러미 가장자리는 둥글다. **3** 날카로운 가시가 등 쪽에 3개, 배지느러미와 뒷지느러미에 1개씩 있다.

형태특성

몸길이 약 13㎝이다.
체색과 무늬 산란기가 아닐 때는 전반적으로 연갈색을 띠고, 배만 은색과 황금색을 띤다. 산란기가 되면 수컷은 몸 전체가 암청색을 띠고 몸통 상단의 일부와 배 쪽은 밝은 적색을 띤다. 암컷 몸통과 배는 밝은 은색이나 황금색을 띤다.
주요 형질 몸은 유선형이며 옆으로 매우 납작하다. 등지느러미 연조 수 12~14개, 뒷지느러미 연조 수 9~11개, 몸 옆면 인판 수 32~35개, 새파 수 23~26개다. 아래턱이 위턱보다 약간 길다. 날카로운 가시가 등 쪽에 3개, 배지느러미와 뒷지느러미에 1개씩 있다. 골질 성분인 인판이 아가미 뒤에서부터 몸통 뒷부분까지 배열된다. 몸통 옆면에는 인판이 변형되어 골질 돌기를 형성한다. 꼬리지느러미 끝은 둥글다.

생태특성

서식지 수초가 많은 하천 중류에 살며 바다로 나가지 않는다.
먹이습성 물벼룩과 깔따구 애벌레, 실지렁이 등을 주로 먹는다.
행동습성 산란기는 3~5월이며 수컷은 모래와 진흙으로 된 하천 바닥을 파내고, 입과 가슴지느러미를 이용해 넓이 10×10㎠, 깊이 3~5㎝ 구역을 깨끗이 청소한다. 그 다음 주변에 있는 나뭇잎, 수초 등을 입으로 운반하고, 신장에서 분비되는 분비물로 구멍이 2개인 둥지 모양 산란장을 만든다. 산란장이 완성되면, 수컷은 몸을 'S' 자로 휘어 구애하면서 암컷을 유인한 뒤 산란을 유도하는 동시에 방정해 알을 수정시킨다. 수컷은 새끼들이 깨어날 때까지 산란장을 지키다 죽으며, 암컷은 산란 후 몇 시간 내에 죽는다.

국내 분포 전 연안으로 유입되는 하천에 분포한다.
국외 분포 일본의 북해도, 연해주, 북아메리카 및 유럽 등지에 널리 분포한다.

서식특성	상류	상류/중류	중류	중류/하류	정수역	기수역
	수층종		저서종		여울-저서성종	
내성특성	민감종		중간종		내성종	
섭식특성	초식성		충식성		육식성	잡식성
관리현황	멸종위기I급	멸종위기II급		고유종	천연기념물	외래종

큰가시고기목 〉 큰가시고기과 · Gasterosteiformes 〉 Gasterosteidae

가시고기
Pungitius sinensis (Guichenot, 1869)

몸은 유선형이며 옆으로 매우 납작하다.

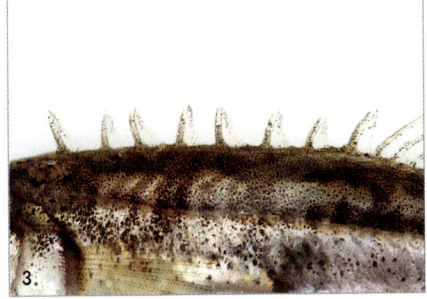

1 주둥이는 뾰족하고 위턱과 아래턱의 길이는 거의 같다. 2 꼬리지느러미 3 등에 가시가 8~9개 있고, 가시는 기조막으로 연결되었으며 투명하다. 또한 옆줄을 따라 초승달 모양 인판이 있다.

형태특성

몸길이 약 9㎝이다.

체색과 무늬 전체적으로 연한 갈색이며 몸에 진한 갈색 무늬가 있다. 꼬리지느러미를 제외한 지느러미 가시의 기조막은 투명하다. 수컷의 몸통에는 갈색 횡반이 명료하게 나타나지만, 암컷은 약간 희미하고 배는 거의 은백색으로 밝다.

주요 형질 몸은 유선형이며 옆으로 매우 납작하다. 제2등지느러미 연조 수 10~12개, 뒷지느러미 연조 수 9~11개, 몸 옆면 인판 수 32~35개, 새파 수 10~14개다. 등에는 가시가 8~9개 있고, 가시는 기조막으로 연결되었다. 배와 뒷지느러미 앞부분에도 가시가 1개씩 있다. 위턱과 아래턱의 길이는 거의 같다. 미병부는 매우 짧고 꼬리지느러미 가장자리는 둥글다. 옆줄을 따라 초승달 모양 인판이 있다. 아가미 끝부분과 미병부의 골질반은 크기가 작으나 4번째 등지느러미 가시부터의 골질반은 크다.

생태특성

서식지 수초가 많은 하천 중류에 살며 바다로 나가지 않는다.

먹이습성 물벼룩과 깔따구 애벌레, 실지렁이 등을 주로 먹는다.

행동습성 산란기는 5~6월이며 수컷은 수초 줄기 아랫부분에 둥지를 지어 암컷을 유인해 알을 낳게 한다. 수컷은 새끼가 깨어날 때까지 둥지와 알을 돌본다. 알을 돌보는 동안 수컷의 몸은 검은색으로 변한다. 잔가시고기와 생김새가 비슷하지만 잔가시고기는 가시막이 검은 반면 가시고기의 가시막은 투명하다.

국내 분포 동해안 하천 중류에 분포한다. 충청남도 제천시 등 일부 서해로 흐르는 하천의 저수지에는 이식된 것들이 살고 있다.

국외 분포 일본, 중국에 분포한다.

특이 사항 멸종위기야생동식물II급

서식특성	상류	상류/중류	중류	중류/하류	정수역	기수역
	수층종		저서종		여울–저서성종	
내성특성	민감종		중간종		내성종	
섭식특성	초식성		충식성		육식성	잡식성
관리현황	멸종위기I급		멸종위기II급	고유종	천연기념물	외래종

큰가시고기목 〉 큰가시고기과 · Gasterosteiformes 〉 Gasterosteidae

잔가시고기
Pungitius kaibarae Tanaka, 1915

몸은 유선형이며 옆으로 매우 납작하다.

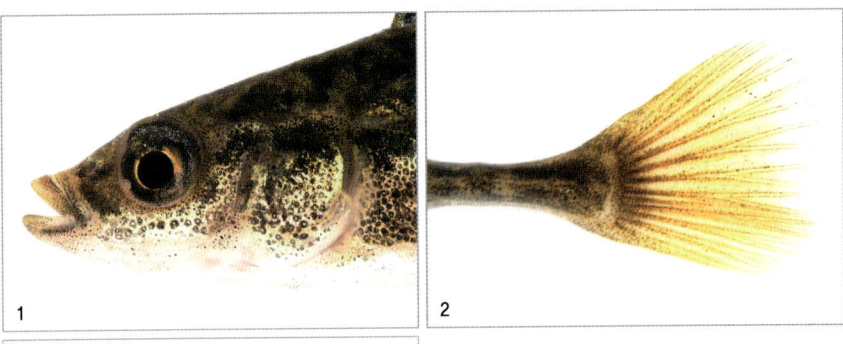

1 주둥이는 뾰족하고 위턱과 아래턱의 길이는 거의 같다. **2** 꼬리지느러미 끝부분이 둥글다. **3** 등에는 가시가 7~9개 있고, 가시는 기조막과 연결되었으며, 기조막은 연한 검은색을 띤다.

형태 특성

몸길이 약 7cm이다.

체색과 무늬 전체적으로 갈색이며 몸에는 진한 갈색 무늬가 있다. 꼬리지느러미를 제외한 지느러미 가시의 기조막은 연한 검은색을 띤다. 산란기에는 성적 이형이 나타난다.

주요 형질 몸은 유선형이며 옆으로 매우 납작하다. 제2등지느러미 연조 수 10~12개, 뒷지느러미 연조 수 8~11개, 몸 옆면 인판 수 31~34개, 새파 수 10~13개다. 뒷지느러미에는 가시가 7~9개 있고, 가시는 기조막과 연결되어 있으나 각각의 가시는 분리되었다. 위턱과 아래턱의 길이는 같다. 주둥이는 뾰족하고, 꼬리자루는 매우 가늘다. 배와 뒷지느러미 앞부분에도 가시가 1개씩 있다. 옆줄을 따라 초승달 모양 인판이 있다. 4번째 가시부터의 인판이 크다. 산란기가 되면 암수 모두 몸높이가 약간 높아지는 경향이 있다.

생태 특성

서식지 수초가 많은 하천 중·상류와 저수지에 서식하며, 바다로 나가지 않는다.

먹이습성 물벼룩과 깔따구 애벌레, 실지렁이 등을 주로 먹는다.

행동습성 산란기는 5~8월이며 수컷은 수초 줄기 중간에 둥지를 지어 암컷을 유인해 알을 낳게 하고, 가슴지느러미를 움직여서 둥지에 신선한 물을 공급하며, 새끼가 깨어날 때까지 둥지와 알을 돌본다. 알을 돌보는 동안 수컷의 몸 색깔은 암청색으로 변한다. 가시고기보다 몸집이 약간 작고, 등가시의 가시막이 검다.

국내 분포 동해의 석호와 동해로 흘러드는 하천 중·상류, 형산강, 낙동강 지류인 금호강, 경상북도 영천시에 분포한다.

국외 분포 일본에도 분포했으나 현재는 멸종되었다.

특이 사항 한국 고유종

서식특성	상류	상류/중류	중류	중류/하류	정수역	기수역
	수층종		저서종		여울-저서성종	
내성특성	민감종		중간종		내성종	
섭식특성	초식성		충식성		육식성	잡식성
관리현황	멸종위기I급	멸종위기II급		고유종	천연기념물	외래종

드렁허리목 〉 드렁허리과 • Synbranchiformes 〉 Synbranchidae

드렁허리

Monopterus albus (Zuiew, 1793)

몸은 길고 가늘며 원통형이다.

1 머리는 작고 입은 크며, 윗입술 앞부분은 파였다. **2** 꼬리는 뾰족하다. **3** 공기호흡을 한다.

형태특성

몸길이 약 60㎝이다.
체색과 무늬 전체적으로 주황색이며, 등 쪽은 황갈색이고 배 쪽은 연한 주황색 도는 연한 노란색이다. 몸 전체에는 작은 반점이 흩어져 있다.
주요 형질 몸은 길고 가늘며 원통형이다. 머리는 작고 입은 크며 윗입술 앞부분은 파였고, 그 양옆으로 콧구멍이 있다. 눈은 작고 피막으로 덮여 있다. 새공은 두부 아래쪽에 있으며 옆줄은 없고, 전체 길이가 긴 개체에서는 육질 홈이 새공 상단부에서 거의 끝부분까지 있다. 지느러미와 비늘은 없다.

생태특성

서식지 진흙이 많은 논과 농수로, 연못, 늪지, 호수 등에 서식한다.
먹이습성 어린 물고기나 곤충, 지렁이를 먹는다.
행동습성 산란기는 6~7월이며 암컷이 진흙 속에 굴을 파고 알을 낳으며 수컷이 알을 지킨다. 암컷에서 수컷으로 성전환을 하는 것으로 알려졌다. 공기호흡을 하며, 주둥이 끝을 물 밖으로 내민 후 턱밑을 부풀려서 공기를 머금고 물속으로 들어간다. 건조한 시기에는 진흙을 파서 굴을 만들고 그 속에 들어가 생활한다.

국내 분포 서해 및 남해 유입 하천과 주변 논, 농수로에 분포한다.
국외 분포 중국, 일본, 인도네시아에 분포한다.

서식특성	상류	상류/중류	중류	중류/하류	정수역	기수역
	수층종		저서종		여울-저서성종	
내성특성	민감종		중간종		내성종	
섭식특성	초식성		충식성		육식성	잡식성
관리현황	멸종위기I급	멸종위기II급		고유종	천연기념물	외래종

쏨뱅이목 〉 둑중개과 • Scorpaeniformes 〉 Cottidae

둑중개
Cottus koreanus Fujii, Yabe and Choi, 2005

몸은 유선형이며 머리는 위아래로, 몸 뒷부분은 옆으로 약간 납작하다.

1 입은 크며 입술은 두툼하다. 눈은 머리 윗부분에 튀어나왔다. **2** 모든 지느러미는 노랗고, 그것들을 가로지르는 암갈색과 황갈색 반점열이 있다. **3** 몸에 진한 갈색 횡반이 5~6개 있고 연한 갈색 반점이 흩어져 있다.

형태 특성

몸길이 약 15cm이다.

체색과 무늬 전체적으로 녹갈색이며, 등 쪽은 짙고 배 쪽은 연회색이다. 몸에 진한 갈색 횡반이 5~6개 있고, 연한 갈색 반점이 흩어져 있다. 모든 지느러미는 노랗고, 그것들을 가로지르는 암갈색과 황갈색 반점열이 배열된다. 또한 극조부 앞쪽은 밝아 거의 투명하고 뒷부분 기저는 검지만 위 가장자리에는 노란색 테가 둘린다.

주요 형질 몸은 유선형이며 머리는 위아래로, 몸 뒷부분은 옆으로 약간 납작하다. 제2등지느러미 연조 수 19~21개, 뒷지느러미 연조 수 15~17개, 옆줄 비늘 수 39~52개, 새파 수 8~9개다. 입은 크며 입술은 두툼하다. 위턱과 아래턱의 길이는 거의 같다. 눈은 머리 윗부분에 튀어나왔다. 매우 짧고 작은 전새개골의 제1극은 위쪽 후방으로 향하며 머리와 아래턱 면에는 피질돌기가 없다. 배지느러미 제일 안쪽 연조 길이는 매우 짧아 가장 긴 연조의 절반을 넘지 못한다. 옆줄은 완전하다.

생태 특성

서식지 물 흐름이 빠르고 바다에 돌이 많이 깔린 하천 상류에 서식한다.

먹이습성 하루살이, 날도래, 파리 등 수서곤충 애벌레와 작은 물고기를 먹는다.

행동습성 산란기는 3~4월이며, 암컷이 큰 돌 밑에 알을 덩어리로 낳고, 수컷은 알자리에서 다가오는 다른 물고기를 물리치며 새끼가 깨어날 때까지 보호한다. 알을 돌보는 동안 수컷의 몸은 검은색으로 변한다. 암컷 1마리가 알을 650~900개 낳는다. 수온이 20℃ 이하인 찬물에서 살며, 주변 색에 가까운 보호색으로 자신을 보호한다.

국내 분포 한강의 최상류와 금강, 만경강, 섬진강 등에 분포한다.

특이 사항 한국 고유종, 멸종위기야생동식물II급

서식특성	상류	상류/중류	중류	중류/하류	정수역	기수역
	수층종		저서종		여울-저서성종	
내성특성	민감종		중간종		내성종	
섭식특성	초식성		충식성		육식성	잡식성
관리현황	멸종위기I급		멸종위기II급	고유종	천연기념물	외래종

쏨뱅이목 〉 둑중개과 • Scorpaeniformes 〉 Cottidae

한둑중개

Cottus hangiongensis Mori, 1930

몸은 유선형이며 머리는 위아래로, 몸 뒷부분은 옆으로 약간 납작하다.

1 입은 크며 입술은 두툼하다. 눈은 머리 윗부분에 튀어나왔다. **2** 배지느러미 **3** 등지느러미
4 꼬리지느러미는 노란색을 띤다.

형태특성

몸길이 약 15cm이다.

체색과 무늬 전체적으로 회갈색이고 배 쪽은 연황색이다. 몸에 진한 갈색 반점이 4~5개 있고, 밝고 둥근 반점이 많아 갈색 줄이 엉킨 것처럼 보인다. 등지느러미 극조부의 외곽선은 밝고 그 안쪽은 어두운 녹색이며, 연조부는 기저부에서 바깥쪽으로 갈수록 점차 밝아지고, 각 기조에는 검은 점이 있다. 꼬리지느러미는 노란색을 띠며, 갈색 횡반이 약 4개 있다. 뒷지느러미 바탕은 흰색이며 검은 점이 있다.

주요 형질 몸은 유선형이며 머리는 위아래로, 몸 뒷부분은 옆으로 약간 납작하다. 제2등지느러미 연조 수 20~22개, 뒷지느러미 연조 수 15~18개, 새파 수 8~10개, 유문수 수 4~5개다. 입은 크며 입술은 두툼하다. 위턱과 아래턱의 길이는 거의 같다. 눈은 머리 윗부분에 튀어나왔다. 옆줄은 완전하다. 전새개골의 제1극은 아주 작고 위쪽 후방으로 향했으며, 머리와 아래턱에는 피질돌기가 없다.

생태특성

서식지 물이 빠르게 흐르고 바닥에 돌이 많이 깔린 하천 하류 여울에 서식한다. 동해로 흐르는 하천에만 서식한다.

먹이습성 수서곤충과 작은 물고기를 먹는다.

행동습성 산란기는 3~6월이며 암컷이 큰 돌 밑에 알을 덩어리로 낳고, 수컷은 알자리에서 다가오는 다른 물고기를 물리치며 새끼가 깨어날 때까지 보호한다. 알을 돌보는 동안 수컷의 몸은 검은색으로 변한다. 알에서 갓 깨어난 치어는 물 흐름에 따라 바다로 내려가 1달 정도 머문 후 하천으로 다시 거슬러 올라온다. 한둑중개와 둑중개는 배 쪽에 있는 국화꽃 무늬의 유무로 구분할 수 있다.

국내 분포 태백산맥 동쪽 중북부 수계 하류 지역에 분포한다.

국외 분포 일본 및 러시아 연해주에 분포한다.

특이 사항 멸종위기야생동식물II급

서식특성	상류	상류/중류	중류	중류/하류	정수역	기수역
	수층종		저서종		여울-저서성종	
내성특성	민감종		중간종		내성종	
섭식특성	초식성		충식성		육식성	잡식성
관리현황	멸종위기I급	멸종위기II급		고유종	천연기념물	외래종

쏨뱅이목 〉 둑중개과 • Scorpaeniformes 〉 Cottidae

꺽정이

Trachidermus fasciatus Heckel, 1837

몸은 약간 옆으로 납작하나 유선형이며 머리도 옆으로 납작하다.

몸 전체에 돌기가 돋았으며 몸에 커다란 흑갈색 반점이 3~4개 있다.

1 입은 크고 길다. **2** 등쪽에 줄무늬가 2개 있다.

형태 특성

몸길이 약 17㎝이다.

체색과 무늬 전체적으로 황적색을 띤 담갈색이며, 등 쪽은 흑갈색, 배는 연한 노란색이다. 옆구리에는 폭이 넓은 회색 띠 3~4개가 가로로 그려져 있다. 몸에 비해 입이 크고 머리는 위아래로 매우 납작하다. 특히 아가미 덮개 아래 부분은 호흡할 때마다 황색으로 변하는데 번식기가 가까워질수록 색이 더 진해진다.

주요 형질 몸은 약간 옆으로 납작하나 유선형이며, 머리는 위아래로 납작하다. 등지느러미 연조 수 17~18개, 뒷지느러미 연조 수 15~16개, 옆줄 비늘 수 37~40개다. 입은 크고 옆으로 길며, 꼬리지느러미 뒷가장자리는 둥글다. 몸 가운데에 돌기가 이어지고 몸 전체에는 작은 돌기가 돋았다. 등 쪽과 가운데에 세로 줄무늬가 2개 있으며 아래쪽 줄무늬는 주둥이 끝에서 꼬리지느러미 앞까지 이어진다. 두 눈은 머리 위쪽에 위치해 바닥에서 앞과 위를 바라보기 쉽다.

생태 특성

서식지 물 흐름이 완만하고 자갈과 모래가 많이 깔린 강 하류에서 각자 일정한 세력권을 형성해 서식한다.

먹이습성 작은 물고기, 수서곤충, 갑각류 및 어린시기에는 플랑크톤을 먹는다.

행동습성 산란기는 2~3월이며, 강 하구나 간석지에서 암컷이 빈 조개껍데기 안쪽에 지름 2㎜ 정도인 알을 붙이며 수컷은 수정시킨 뒤부터 부화할 때까지 그 알을 지킨다. 알에서 깨어난 치어는 조수가 드나드는 강의 하류에서 수면이나 중층을 헤엄쳐 다니다 몸길이가 3㎝를 넘을 때쯤부터 바닥에 붙어 생활한다. 치어는 반투명한 상태이나 자라면서 점점 어미와 같은 암갈색으로 변하며 4~5월에 강을 거슬러 중류로 올라가는 것으로 알려져 있다. 야간에는 수심이 얕은 강가의 편평한 곳으로 나와 바닥에 납작 엎드린 채 먹이활동을 한다.

국내 분포 서해와 남해로 흐르는 강과 하천 하류에 분포한다.

국외 분포 일본과 중국에 분포한다.

서식특성	상류	상류/중류	중류	중류/하류	정수역	기수역
	수층종		저서종		여울-저서성종	
내성특성	민감종		중간종		내성종	
섭식특성	초식성		충식성		육식성	잡식성
관리현황	멸종위기I급	멸종위기II급		고유종	천연기념물	외래종

농어목 〉 농어과 • Perciformes 〉 Moronidae

농어

Lateolabrax japonicus (Cuvier, 1828)

몸은 방추형이며 옆으로 납작하고 몸높이는 비교적 높다.

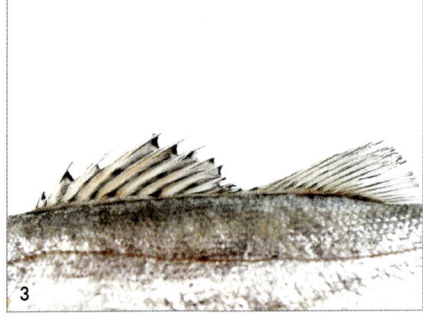

1 주둥이는 뾰족하며, 아가미 끝은 거치상으로 나타나고, 강한 가시가 모서리에 1개, 아래쪽 가장자리에 3개 있다. **2** 꼬리지느러미 끝부분은 깊게 파였다. **3** 등지느러미 기조막에 검은 반점이 산재한다.

형태 특징

몸길이 50~70㎝이다.

체색과 무늬 등 쪽은 회청록색으로 다소 짙고 배 쪽은 은빛 광택을 띤다. 옆줄 약간 아래에서 등 쪽으로 작은 반점이 산재하지만 큰 성어에서는 나타나지 않는다. 등지느러미 기조막에도 검은 반점이 산재한다. 모든 지느러미는 무늬 없이 흰색이다.

주요 형질 몸은 방추형이며 옆으로 납작하고, 몸높이는 비교적 높다. 제2등지느러미 연조 수 12~13개, 뒷지느러미 연조 수 7~8개, 옆줄 비늘 수 86~92개, 새파 수 23~26개다. 주둥이는 끝이 뾰족하며, 아래턱이 위턱보다 약간 길다. 아가미 끝은 거치상으로 나타나고, 강한 가시가 모서리에 1개, 아래쪽 가장자리에 3개 있다. 꼬리지느러미 끝부분 가운데는 깊게 파였다. 옆줄은 완전하다.

생태 특징

서식지 봄부터 여름까지는 먹이를 먹기 위해 육지에 가까운 얕은 바다로 이동하고, 겨울철에는 알을 낳고 겨울을 나기 위해 수심이 깊은 곳으로 이동한다. 유생기에는 담수를 좋아해 봄에는 육지에 가까운 바다로 들어오며, 여름에는 강 하구까지 거슬러 왔다가 가을이 되면 깊은 바다로 이동한다.

먹이습성 육식성으로 작은 물고기, 새우류를 주로 먹는다. 특히 멸치가 주 먹이원이어서 멸치가 연안으로 몰려오는 봄, 여름이면 멸치 떼를 좇아 연안을 돌아다닌다.

행동습성 산란기는 11월 상순에서 4월 상순으로, 산란은 연 1회 이루어진다. 연안이나 만 입구의 수심 50~80m 되는 약간 깊은 암초 지대에 알을 낳는다.

국내 분포 서해, 남해 연안과 주변 하천 하구에 분포한다.

국외 분포 일본, 중국, 대만 등의 연안에 분포한다.

서식특성	상류	상류/중류	중류	중류/하류	정수역	기수역
	수층종		저서종		여울-저서성종	
내성특성	민감종		중간종		내성종	
섭식특성	초식성		충식성		육식성	잡식성
관리현황	멸종위기I급	멸종위기II급		고유종	천연기념물	외래종

농어목 〉 꺽지과 • Perciformes 〉 Centropomidae

쏘가리

Siniperca scherzeri Steindachner, 1892

몸은 유선형으로 납작하고 황갈색 바탕에 표범무늬가 흩어져 있다.

1 주둥이는 길고 뾰족하며 아래턱이 위턱보다 약간 길다. **2** 등지느러미와 뒷지느러미에 작은 반점이 있다. **3** 몸 전체에는 표범무늬 갈색 반점이 있다.

형태 특성

몸길이 보통 30~40㎝이며, 최대 70㎝까지 자란다.

체색과 무늬 전체적으로 황갈색이며, 둥근 갈색 반점(표범 무늬)이 흩어져 있다. 등지느러미와 뒷지느러미, 꼬리지느러미에는 작은 흑갈색 반점이 흩어져 있다. 가슴지느러미를 제외한 각 지느러미에 작은 반점이 있다. 몸 전체가 노란색을 띠며, 흑갈색 반문이 거의 나타나지 않는 백화현상(albinism) 개체가 간혹 나타나며, 이것을 황쏘가리라 한다.

주요 형질 몸은 유선형이며 옆으로 납작하고, 머리는 위아래로 약간 납작하다. 제2등지느러미 연조 수 13~14개, 뒷지느러미 연조 수 8~10개, 새파 수 6개다. 머리가 길고, 그 중앙의 약간 앞쪽에 눈이 있다. 주둥이는 길고 뾰족하며 아래턱이 위턱보다 약간 길고 위턱의 뒤쪽 끝이 눈동자의 중앙 부근에 이른다. 입은 크며 이빨이 날카롭다. 옆줄은 완전하며 비늘은 없다. 꼬리지느러미 끝부분이 둥글다. 등지느러미 기조는 단단한 극조와 부드러운 연조로 나뉘고, 가시는 매우 뾰족하다.

생태 특성

서식지 물이 맑으며 큰 자갈이나 바위가 많고 물살이 빠른 큰 강 중류에 살며 바위나 돌 틈에 잘 숨는다.

먹이습성 육식성으로 물고기와 새우류를 먹는다.

행동습성 산란기는 5~7월이며 밤에 여울의 자갈 위에 무리지어 알을 낳는다. 대형 댐호에서는 호 안의 돌무더기에 날을 낳는다. 한강의 황쏘가리는 천연기념물 제190호로 지정되어 있다.

국내 분포 서해와 남해로 흐르는 큰 강과 하천, 대형 댐호에 분포한다.
국외 분포 중국에 분포한다.

서식특성	상류	상류/중류	중류	중류/하류	정수역	기수역
	수층종		저서종		여울-저서성종	
내성특성	민감종		중간종		내성종	
섭식특성	초식성		충식성		육식성	잡식성
관리현황	멸종위기I급	멸종위기II급		고유종	천연기념물	외래종

농어목 〉 꺽지과 • Perciformes 〉 Centropomidae

꺽지
Coreoperca herzi Herzenstein, 1896

몸과 머리는 옆으로 납작하며, 옆에서 보면 방추형이다.

1 아가미덮개에 둥근 청색 반점이 있다. **2** 꼬리지느러미 끝부분은 둥글다. **3** 등지느러미는 극조부가 짧고 연조부는 길며, 뒷부분은 끝이 둥글다.

형태특성

몸길이 15~30cm이다.

체색과 무늬 전체적으로 회갈색이며, 등에서 배 쪽으로 검은색 가로 줄무늬가 7~8개 있고, 아가미덮개에 둥근 청색 반점이 있다. 지느러미는 연한 황갈색이다.

주요 형질 몸과 머리는 좌우로 납작하며, 옆에서 보면 방추형이다. 제2등지느러미 연조 수 11~13개, 뒷지느러미 연조 수 8개, 옆줄 비늘 수 52~66개, 새파 수 16~19개다. 머리는 크며 눈은 머리 위쪽에 있다. 입은 크고 뾰족하며 아래턱이 위턱보다 약간 길다. 등지느러미는 극조부와 연조부가 구분되며, 극조부는 짧고 연조부는 길다. 등지느러미와 뒷지느러미의 뒷부분은 끝이 둥글고 길며, 옆줄은 뚜렷하다.

생태특성

서식지 하천 중·상류의 물이 맑고 깨끗하며 바위와 자갈이 많이 깔린 하천에 서식한다.

먹이습성 육식성으로 수서곤충과 갑각류, 작은 물고기를 먹는다.

행동습성 산란기는 4~7월이며 큰 돌 밑에 알을 낳고 수컷은 알자리에서 새끼가 깨어날 때까지 알을 지키며, 일정 크기로 자랄 때까지 새끼를 돌본다. 돌고기속의 물고기들은 꺽지의 알자리에 침입해 알을 낳기도 하며, 꺽지 수컷은 이들의 알도 함께 돌본다.

국내 분포 우리나라의 거의 모든 하천에 분포한다.

특이 사항 한국 고유종

서식특성	상류	상류/중류	중류	중류/하류	정수역	기수역
	수층종		저서종		여울–저서성종	
내성특성	민감종		중간종		내성종	
섭식특성	초식성		충식성		육식성	잡식성
관리현황	멸종위기I급		멸종위기II급	고유종	천연기념물	외래종

농어목 〉 꺽지과 • Perciformes 〉 Centropomidae

꺽저기

Coreoperca kawamebari (Temminck and Schlegel, 1842)

몸과 머리는 옆으로 납작하고, 몸높이는 높아 전체적으로 방추형이다.

1 아가미덮개에 작은 청색 반점이 있다. **2** 꼬리지느러미는 연한 갈색을 띠고 끝이 둥글다. **3** 등지느러미는 극조부는 짧고 연조부는 길다.

형태 특성

몸길이 15~20cm이다.

체색과 무늬 전체적으로 광택이 나는 진한 갈색이며, 등에서 배 쪽으로 진한 무늬가 8~10개 있다. 아가미덮개에 작은 청색 반점이 있으며, 가슴지느러미는 색이 없고 다른 지느러미는 연한 갈색을 띤다.

주요 형질 몸과 머리는 옆으로 납작하고 몸높이는 높아 전체적으로 방추형이다. 제2등지느러미 연조 수 11~12개, 뒷지느러미 연조 수 9개, 옆줄 비늘 수 33~40개, 새파 수 18~19개다. 머리는 크고 주둥이는 길며 뾰족하다. 아래턱이 위턱보다 약간 길며 입은 크다. 눈은 머리 위쪽에 있다. 아가미 덮개 뒤 반점 부위에 뾰족한 가시가 2개 있다. 등지느러미는 극조부와 연조부가 구분되며, 극조부는 짧고 연조부는 길다. 옆줄은 완전하고 등지느러미가 시작되는 점 밑까지는 굽었지만 그 뒤로는 거의 직선이다.

생태 특성

서식지 물 흐름이 완만하고 모래, 자갈과 큰 돌이 많이 깔린 하천 중상류의 수초가 많은 곳에 서식한다.

먹이습성 수서곤충과, 육상곤충, 작은 물고기를 먹는다.

행동습성 산란기는 5~6월이며 수컷이 만든 여울의 산란장에 암컷이 1~3회에 걸쳐 알을 낳는다. 수컷은 수정란에 신선한 물을 공급하기 위해 가슴지느러미로 물살을 일으키며, 부화 도중에 죽은 알은 제거한다. 알에서 깨어난 새끼들이 독립할 때까지 돌본다.

국내 분포 낙동강, 탐진강, 거제도 일부 하천에서 분포한다.
국외 분포 일본에 분포한다.
특이사항 멸종위기야생동식물 II급

서식특성	상류	상류/중류	중류	중류/하류	정수역	기수역
	수층종		저서종		여울-저서성종	
내성특성	민감종		중간종		내성종	
섭식특성	초식성		충식성		육식성	잡식성
관리현황	멸종위기I급	멸종위기II급		고유종	천연기념물	외래종

농어목 〉 검정우럭과 • Perciformes 〉 Centrarchidae

블루길

Lepomis macrochirus Rafinesque, 1819

머리와 몸통은 옆으로 납작하다. 몸높이는 높고 몸길이는 짧으며, 몸통은 난형이다.

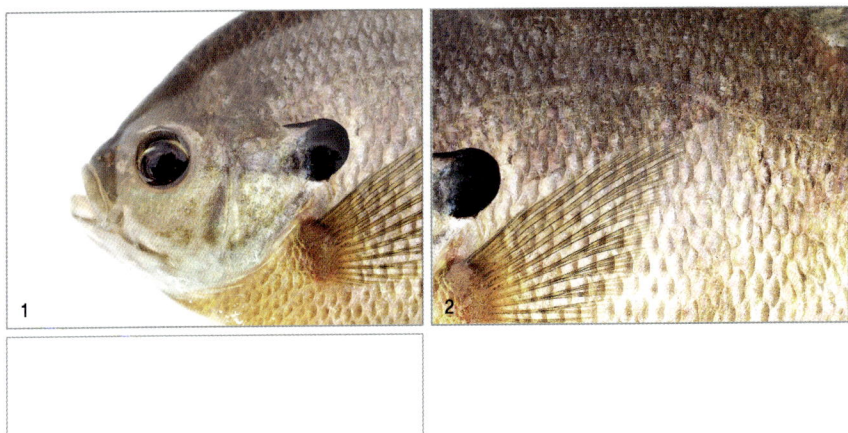

1 아가미뚜껑 후단에 짙은 청색 반점이 있다. 2 등에서 배쪽으로 갈색 횡반이 8~9개 있다. 3 등지느러미는 두 개로 구분된다.

형태 특성

몸길이 15~20㎝이다.

체색과 무늬 상반부는 짙은 청색이고, 배 쪽은 노란색 광택을 띤다. 등에서 배 쪽으로 8~9줄로 된 무늬가 있다. 성장하며 몸 색깔은 짙은 회갈색으로부터 암갈색으로 검어지며 긴 무늬는 점점 불명료해진다. 암수 모두 아가미뚜껑 후단의 약간 돌출된 부분에 짙은 청색 반점이 있다.

주요 형질 몸은 옆으로 납작하고 몸높이가 아주 높아 원형에 가깝다. 제2등지느러미 연조 수 10~12개, 뒷지느러미 연조 수 10~12개, 옆줄 비늘 수 38~54개다. 머리는 비교적 크고, 눈은 머리 위쪽에 치우쳐 있다. 주둥이는 끝이 뾰족하고 아래턱이 위턱보다 약간 앞으로 나왔다. 입은 크고 이빨은 날카롭다. 아가미 가장자리에 톱니 모양 돌기가 있다. 꼬리지느러미 끝부분의 가운데는 약간 오목하다. 옆줄은 완전하며 등 쪽의 윤곽선과 평행하다.

생태 특성

서식지 하천이나 강, 저수지, 하구역 등의 수초가 잘 발달된 지역에 주로 서식한다.
먹이습성 동물성 플랑크톤, 수서곤충, 갑각류, 물고기 알, 작은 물고기를 먹는다.
행동습성 산란기는 4~6월이며, 수컷은 자갈이나 모래가 있는 곳에 둥지를 만든 후 암컷을 유인해 산란한다. 수컷은 방정 후 둥지 주변을 유영하면서 알이나 새끼를 보호한다. 수정란은 직경이 1.18~1.30㎜로 무색투명하며 거의 구형이고, 난막은 점착성이 강한 분리침성 점착란이다. 평균 수온 24.7℃에서 인공수정 후 40시간 만에 부화한다. 산란기의 수컷은 담청색 띠와 함께 노란색과 주황색 혼인색을 띤다. 토종 물고기와 새우 등을 닥치는 대로 먹어 토착 생태계에 심각한 영향을 주고 있어 큰입배스와 함께 생태계교란야생동식물로 지정되었다.

국내 분포 전국의 하천과 댐호에 분포한다. 최근에는 팔당댐, 대청댐, 안동댐에서 우점종으로 출현하고 있다.
국외 분포 북아메리카 전역, 유럽, 아시아, 남아프리카에 분포한다.
특이 사항 외래종, 생태계교란야생동식물

서식특성	상류	상류/중류	중류	중류/하류	정수역	기수역
	수층종		저서종		여울–저서성종	
내성특성	민감종		중간종		내성종	
섭식특성	초식성		충식성		육식성	잡식성
관리현황	멸종위기I급	멸종위기II급		고유종	천연기념물	외래종

농어목 〉 검정우럭과 ・ Perciformes 〉 Centrarchidae

큰입배스

Micropterus salmoides (Lacepède, 1802)

머리와 몸통은 옆으로 납작하고 몸은 긴 방추형이다.

1 머리는 크고 주둥이는 뾰족하다. **2** 꼬리지느러미 끝부분 가운데가 오목하다. **3** 등지느러미는 2개이며, 제1등지느러미는 가시로 되어 있고, 제2등지느러미는 연조로 되어 있다.

형태 특성

몸길이 25~60cm이다.
체색과 무늬 등 쪽은 짙은 푸른색, 배 쪽은 노란색을 띠며, 몸 가운데에 진한 줄무늬가 길게 있다.
주요 형질 머리와 몸통은 옆으로 납작하고, 몸은 긴 방추형이다. 제2등지느러미 연조 수 12~13개, 뒷지느러미 연조 수 10~12개, 옆줄 비늘 수 58~68개, 새파 수 8개다. 머리는 크고 주둥이는 뾰족하며 아래턱이 위턱보다 약간 앞으로 나왔다. 머리는 크며 눈은 작고 머리 앞부분에 있다. 등지느러미는 2개이며, 제1등지느러미는 가시로 되어 있고, 제2등지느러미는 부드러운 연조로 되어 있다. 꼬리지느러미 끝부분 가운데가 오목하다.

생태 특성

서식지 흐름이 없는 정수역인 호수나, 저수지, 댐과 물 흐름이 느린 강과 하천에 서식한다.
먹이습성 육식성으로 주로 물고기를 먹으며 개구리와 새우, 수서곤충 등 입 크기에 맞는 모든 동물을 먹는다.
행동습성 산란기는 5~6월이며, 수컷은 자갈 바닥에 지름 50~100cm, 깊이 10~15cm로 구덩이를 파고 암컷을 유인해 알을 낳게 하고 수정한다. 수컷 한 마리가 암컷 여러 마리를 유도해 산란행동을 하며, 보통 둥지 하나에서 알 수백 개에서 1만 개가 발견되기도 한다. 우리나라 토종 물고기를 감소시키는 대표적인 외래종으로 블루길과 함께 생태계교란야생동식물로 지정되었다.

국내 분포 전국의 주요 강과 하천, 댐, 저수지에 정착해 살고 있다.
국외 분포 원산지는 미국 남부와 동부 지역이지만, 북아메리카 전역과 양식 및 낚시 대용으로 전 세계에 이식되고 있다.
특이 사항 외래종, 생태계교란야생동식물

서식특성	상류	상류/중류	중류	중류/하류	정수역	기수역
	수층종		저서종		여울–저서성종	
내성특성	민감종		중간종		내성종	
섭식특성	초식성		충식성		육식성	잡식성
관리현황	멸종위기I급	멸종위기II급		고유종	천연기념물	외래종

농어목 〉 시클리과 • Perciformes 〉 Cichlidae

나일틸라피아
Oreochromis niloticus (Linnaeus, 1758)

몸높이가 높은 타원형이고 옆으로 납작하다.

1 주둥이는 길고 뾰족하며 아래턱이 위턱보다 약간 튀어나왔다. **2** 꼬리지느러미 **3** 등에서 배 쪽으로 이어지는 줄무늬가 8~10개 있다.

형태 특성

몸길이 20~50㎝이다.
체색과 무늬 전체적으로 은빛이 나는 갈색이고, 배 쪽으로 갈수록 연해진다. 등에서 배 쪽으로 이어지는 줄무늬가 8~10개 있다. 산란기에 수컷은 주둥이를 비롯해 등지느러미 끝이 담홍색을 띤다. 꼬리지느러미에 수직 반문이 몇 개 있다.
주요 형질 몸높이가 높은 타원형이고 옆으로 납작하다. 등지느러미 연조 수 12~13개, 뒷지느러미 연조 수 9개, 새파 수 24~27개다. 주둥이는 길고 뾰족하며, 등 곡선은 동그랗게 휘었다. 아래턱이 위턱보다 약간 튀어나왔다. 입은 크지 않으나 산란기가 되면 새끼를 키우기 위해 수컷의 입이 매우 커진다. 눈은 머리 중앙 위쪽에 있다. 옆줄은 2개로, 하나는 아가미에서 등 쪽으로 향해 구부러지면서 항문 가까이에 이르며 비늘 수가 20~30개이고, 다른 하나는 항문에서 곧바로 위의 가운데 부분에서 미병부까지 이어지며 비늘 수는 12~14개다.

생태 특성

서식지 수온 17~35℃에 사는 열대어로 우리나라에서는 특별한 가온 시설이 없으면 겨울을 나지 못한다. 어린 것은 수온이 15℃, 성어는 10℃ 이하로 내려가면 죽는다. 연못이나 하천 하류, 강 하구에 서식한다.
먹이습성 조류, 수생식물, 유기물, 동물성 플랑크톤 등을 먹는다.
행동습성 산란기는 6~7월이며 수컷은 모래나 진흙 바닥에 너비 15~50㎝, 깊이 5~10㎝인 원형 산란장을 만들고 암컷을 유도해 산란한다. 암컷이 산란한 알을 입에 넣고 수컷이 방정한 것을 입으로 흡입해 입 안에서 수정·발생시킨다. 알은 3~5일 만에 부화하며, 암컷은 치어들이 자유로이 유영할 수 있는 20여 일 후까지 그들을 입안에 넣어 보호한다. 이 기간 동안 암컷은 아무것도 먹지 않는다.

국내 분포 1955년 태국에서 이식되어 들어온 후 국내 여러 곳에서 양식하고 있지만, 자연 하천이나 저수지는 동절기 수온이 10℃보다 훨씬 낮아 월동이 불가능하므로 정착하기는 어렵다고 판단했다. 그러나 최근 경기도 황구지천 수계에 자연 서식하는 것이 보고되었다.
국외 분포 원산지는 아프리카의 케냐 남부에서 남아프리카이지만, 지금은 아프리카 전역과 세계 각국에 양식 대상 종으로 이식되었다.
특이 사항 외래종

서식특성	상류	상류/중류	중류	중류/하류	정수역	기수역
	수층종		저서종		여울-저서성종	
내성특성	민감종		중간종		내성종	
섭식특성	초식성		충식성		육식성	잡식성
관리현황	멸종위기I급	멸종위기II급		고유종	천연기념물	외래종

농어목 〉 주둥치과 • Perciformes 〉 Leiognathidae

주둥치

Nuchequula nuchalis (Temminck and Schlegel, 1845)

몸은 옆으로 심하게 납작하며 몸 색깔은 은백색으로 옆면 하단부와 배에 작은 점들이 산재한다.

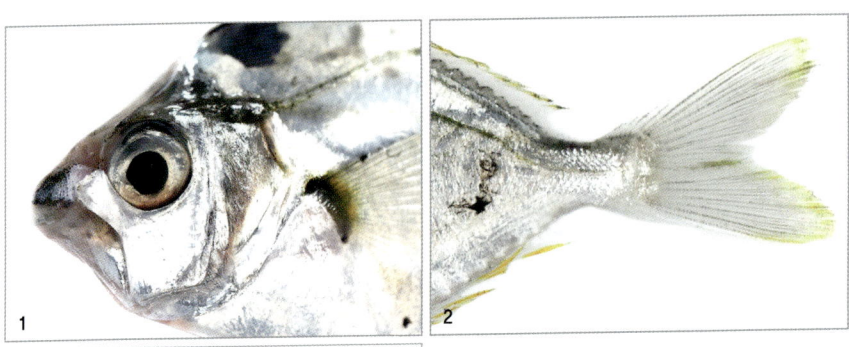

1 위턱이 아래턱보다 약간 길다. **2** 꼬리지느러미는 상하 양엽으로 뚜렷하게 구분된다. **3** 등지느러미 극조 앞부분에는 눈 크기만 한 검은 점이 있다.

형태 특성

몸길이 10~15cm이다.

체색과 무늬 눈은 크고 머리의 중앙보다 약간 위에 위치하고 있다. 전체적으로 은백색이며, 옆면 하단부와 배에 작고 검은 점들이 산재한다. 머리 등쪽 외곽은 둥글고 두 눈 사이는 움푹 들어가 있다. 등지느러미 시작점 바로 아래, 몸통 중앙과 그 사이에는 연한 갈색 횡반이 있다. 등지느러미 극조 앞부분에 눈 크기만 한 검은 점이 있다. 몸에 발광 박테리아가 있어 몸에서 빛을 낸다.

주요 형질 몸은 옆으로 심하게 납작하나. 제2등지느러미 연조 수 15개, 뒷지느러미 연조 수 15개, 새파 수 20~22개다. 위턱이 아래턱보다 약간 길다. 옆줄은 완전하며 등 쪽으로 휘었다. 꼬리지느러미는 상하 양엽으로 뚜렷하게 구분된다. 주둥이는 눈의 지름보다 짧지만 뾰족하고 입은 매우 작은 편이다. 주둥이는 관 모양으로 앞으로 내밀 수 있으며, 신축성이 있어 뻗거나 다물 수 있기 때문에 주둥치로 불린다. 비늘은 작고 떨어지기 쉬우며 머리에는 비늘이 없다.

생태 특성

서식지 수심이 얕은 강 하구에서 무리지어 서식한다.

먹이습성 저서성 등각류, 단각류, 패류, 해조류를 먹는다.

행동습성 산란기는 6~8월이며 수정란은 무색투명한 구형 분리 부성란으로 수온 23℃에서 수정 후 31시간 전후해 부화한다. 위턱의 뼈와 이마의 뼈를 마찰시켜 소리를 내는 습성이 있다.

국내 분포 남해와 서해 남부 등의 강 하구에 분포한다.
국외 분포 일본 중남부, 동중국해 및 타이완에 분포한다.

서식특성	상류	상류/중류	중류	중류/하류	정수역	기수역
	수층종		저서종		여울-저서성종	
내성특성	민감종		중간종		내성종	
섭식특성	초식성		충식성		육식성	잡식성
관리현황	멸종위기I급	멸종위기II급		고유종	천연기념물	외래종

277

농어목 〉 돛양태과 • Perciformes 〉 Callionymidae

강주걱양태
Repomucenus olidus (Günther, 1873)

몸은 작고 머리와 가슴 부분이 위아래로 심하게 납작하다. 뒤쪽은 가늘고 원통형을 이룬다.

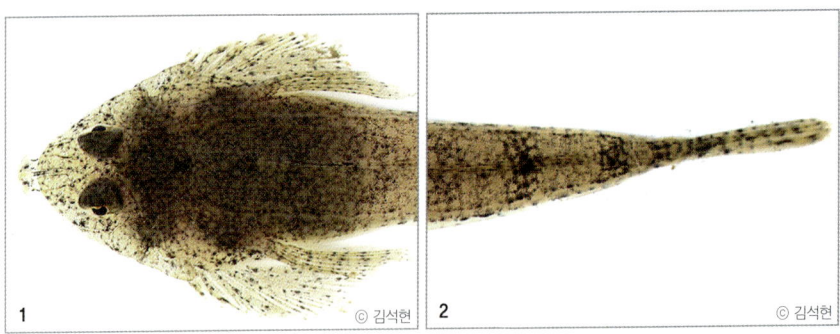

1 아가미구멍이 등 쪽으로 2개 있다. **2** 꼬리지느러미에 작은 반점이 흩어져 있다.

형태특성

몸길이 7~10cm이다.

체색과 무늬 전체적으로 연한 갈색이며 모래와 비슷하고 배 아랫부분은 흰색이다. 몸에는 흰색과 검은색 반점이 흩어져 있다. 제1등지느러미는 전체가 검고, 제2등지느러미와 뒷지느러미는 거의 투명하다. 꼬리지느러미, 가슴지느러미 및 배지느러미에 작은 반점이 흩어져 있다.

주요 형질 몸은 작고 머리와 가슴 부분은 위아래로 심하게 납작하며, 뒤쪽은 가늘고 원통형을 이룬다. 제2등지느러미 연조 수 9개, 뒷지느러미 연조 수 9개, 새파 수 9개다. 주둥이는 뾰족하고 위턱이 아래턱보다 길다. 눈은 머리 위로 튀어나왔으며 크기가 작다. 배지느러미는 가슴지느러미 제일 마지막 연조와 막으로 연결되어 배를 감싸고 있다. 아가미구멍은 등 쪽으로 2개가 나 있다. 제1등지느러미는 아주 미약하고, 제2등지느러미도 작다. 새개부에는 전새개골이 외부로 튀어나왔으며 끝이 3~5개로 나누어진 작은 거치가 있다. 꼬리지느러미 가장자리는 둥글다. 옆줄은 완전하며 새공 바로 뒤에서 시작해 미병부까지 이어진다.

생태특성

서식지 강 하류와 연안의 모래바닥에 살며, 염분이 없는 중류역까지 올라온다. 위험에 처했을 때나 쉴 때에는 모래 속으로 숨는다.

먹이습성 갯지렁이, 작은 갑각류 등 저서생물을 먹는다.

행동습성 산란기는 알려지지 않았으며, 암수가 물의 중층으로 올라오며 산란하는 것으로 알려졌다. 아가미구멍이 등 쪽으로 나 있어 호흡할 때마다 새공이 밸브처럼 열리고 닫힌다.

국내 분포 한강 반섬, 임진강, 금강(강경), 파주, 동진강 하구 등에 분포한다.
국외 분포 중국 남부 양쯔 강 하구에 분포한다.

서식특성	상류	상류/중류	중류	중류/하류	정수역	기수역
	수층종		저서종		여울-저서성종	
내성특성	민감종		중간종		내성종	
섭식특성	초식성		충식성		육식성	잡식성
관리현황	멸종위기I급	멸종위기II급		고유종	천연기념물	외래종

농어목 〉 동사리과 • Perciformes 〉 Odontobutidae

동사리

Odontobutis platycephala Iwata and Jeon, 1985

몸의 앞부분은 원통형이나 뒤로 갈수록 옆으로 납작하다.

1

2

3

1 주둥이는 크고 그 끝에 입이 있다. **2** 꼬리지느러미 끝부분은 둥글다. **3** 각 지느러미에 작고 검은 반점이 일정하게 배열되어 있으며, 몸통에 검은색 띠가 제1등지느러미와 제2등지느러미 사이로 지나간다.

형태 특성

몸길이 10~13cm이다.

체색과 무늬 전체적으로 황갈색이나 암갈색이며 배 쪽은 연한 갈색이다. 제1등지느러미 기저 중간 부분과 제1등지느러미 기저 후부, 꼬리지느러미 기부에 커다란 검은색 반점이 있다. 각 지느러미에는 작고 검은 반점이 배열되어 횡반처럼 보인다.

주요 형질 몸은 유선형으로 앞쪽은 원통형이나 뒤로 갈수록 옆으로 납작하다. 제2등지느러미 연조 수 7~8개, 뒷지느러미 연조 수 6~7개, 옆줄 비늘 수 45~50개, 새파 수 8~9개다. 머리는 위아래로 납작하다. 눈은 작으며 머리 위쪽에 있다. 주둥이는 크고 입은 그 끝에 있으며 크고 약간 비스듬하다. 아래턱이 위턱보다 길고 약간 앞으로 튀어나왔으며, 이빨은 날카롭다. 꼬리지느러미 끝부분은 둥글다. 등지느러미는 2개이며 제1등지느러미 극조는 가시로 되어 있지 않다.

생태 특성

서식지 하천 중·상류의 돌 밑에 서식한다.

먹이습성 수서곤충, 새우류, 작은 물고기를 먹는다.

행동습성 산란기는 4~7월이며 암컷은 큰 돌 밑의 편평한 부분에 몸을 뒤집은 자세로 알을 낳고 수컷이 방정한다. 수컷은 알자리에서 새끼가 깨어날 때까지 다른 물고기로부터 알을 보호한다. 산란기 수컷의 가슴지느러미, 뒷지느러미, 꼬리지느러미는 암컷보다 색이 진하다.

국내 분포 강원도 북부의 동해로 흐르는 하천을 제외한 전국의 하천에 분포한다.

특이 사항 한국 고유종

서식특성	상류	상류/중류	중류	중류/하류	정수역	기수역
	수층종		저서종		여울-저서성종	
내성특성	민감종		중간종		내성종	
섭식특성	초식성		충식성		육식성	잡식성
관리현황	멸종위기I급	멸종위기II급		고유종	천연기념물	외래종

농어목 〉 동사리과 · Perciformes 〉 Odontobutidae

얼룩동사리

Odontobutis interrupta Iwata and Jeon, 1985

몸은 크고 타원형이며 몸 앞부분은 둥글고 뒷부분은 옆으로 약간 납작하다.

1 입이 크며 입술은 두껍다. **2** 제1등지느러미 중간, 제2등지느러미 끝부분, 꼬리지느러미 시작 부분에 크고 진한 갈색 반점이 있다. **3** 몸 전체에 크고 작은 반점이 있으며, 몸통에 검은색 띠가 제1등지느러미를 지나간다.

형태 특성

몸길이 10~15cm이다.

체색과 무늬 전체적으로 흑갈색 또는 회갈색으로 배 쪽은 밝은 노란색이며 몸 전체에는 크고 작은 반점이 있다. 제1등지느러미 중간, 제2등지느러미 끝부분, 꼬리지느러미 시작 부분에 크고 진한 갈색 반점이 있지만 동사리처럼 뚜렷하지는 않다. 모든 지느러미에 작은 반점이 점열해 횡반처럼 보인다.

주요 형질 몸은 크고 타원형이며 몸 앞부분은 둥글고 뒷부분은 옆으로 약간 납작하다. 머리는 위아래로 납작하다. 제2등지느러미 연조 수 8~9개, 뒷지느러미 연조 수 6~8개, 옆줄 비늘 수 38~41개. 입이 크며 입술은 두껍고 이빨이 날카롭다. 아래턱이 위턱보다 길다. 가슴지느러미와 꼬리지느러미 끝은 둥글다. 등지느러미는 2개이며 제1등지느러미 극조는 가시로 되어 있지 않다.

생태 특성

서식지 물 흐름이 완만하고 모래와 자갈, 펄이 깔린 하천 중·하류에 서식한다.

먹이습성 육식성으로 수서곤충과 새우류, 작은 물고기를 먹는다.

행동습성 산란기는 5~7월이며 암컷은 큰 돌 밑의 편평한 부분에 몸을 뒤집은 자세로 알을 낳고 수컷이 방정한다. 수컷은 알자리에서 새끼가 깨어날 때까지 알을 보호한다.

국내 분포 금강과 만경강 이북의 서해 유입 하천에 분포한다.

특이 사항 한국 고유종

서식특성	상류	상류/중류	중류	중류/하류	정수역	기수역
	수층종		저서종		여울-저서성종	
내성특성	민감종		중간종		내성종	
섭식특성	초식성		충식성		육식성	잡식성
관리현황	멸종위기I급	멸종위기II급		고유종	천연기념물	외래종

농어목 〉 동사리과 • Perciformes 〉 Odontobutidae

남방동사리

Odontobutis obscura (Temminck and Schlegel, 1845)

몸은 긴 유선형이며, 앞쪽은 둥글고 뒷부분은 옆으로 납작하다.

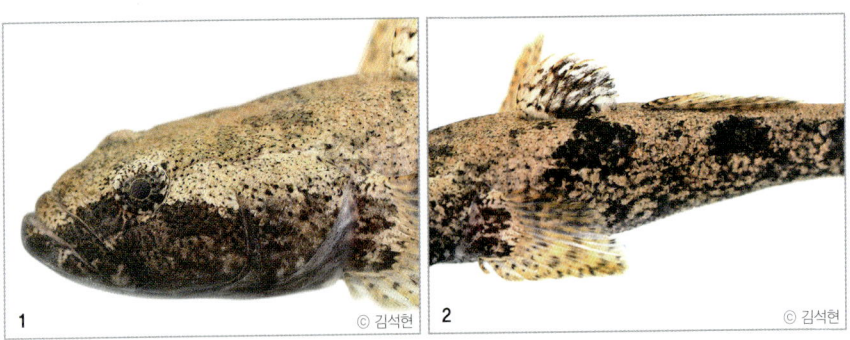

1 머리는 위아래로 납작하다. 입은 크며 입술은 두껍고 이빨은 날카롭다. **2** 제1등지느러미와 제2등지느러미 끝부분, 꼬리지느러미 시작 부분에 크고 진한 갈색 반점이 있다.

형태 특성

몸길이 10~14cm이다.

체색과 무늬 전체적으로 진한 갈색이며 배 쪽은 연한 황갈색이다. 제1등지느러미와 제2등지느러미 끝부분, 꼬리지느러미 시작 부분에 크고 진한 갈색 반점이 있다. 각 지느러미에는 점열형 반점들이 있다. 머리의 반점은 위에서 보면 리본 모양처럼 보인다.

주요 형질 몸은 긴 유선형이며, 몸 앞쪽은 둥글고 뒷부분은 옆으로 납작하다. 제2등지느러미 연조 수 9~11개, 뒷지느러미 연조 수 7~9개, 옆줄 비늘 수 34~42개다. 머리는 위아래로 납작하다. 입은 크며 입술은 두껍고 이빨은 날카롭다. 아래턱이 위턱보다 길다. 눈은 작고 머리 위에 있다. 가슴지느러미와 꼬리지느러미 가장자리가 둥글다.

생태 특성

서식지 물 흐름이 느리고 모래와 자갈이 깔린 하천 중·상류에 서식한다. 거제도의 일부 수계에서만 분포한다.

먹이습성 수서곤충, 새우류, 작은 물고기를 먹는다.

행동습성 산란기는 4~7월이며 암컷은 큰 돌 밑의 편평한 부분에 몸을 뒤집은 자세로 알을 낳고 수컷이 방정한다. 수컷은 알자리에서 새끼가 깨어날 때까지 다른 물고기로부터 알을 보호한다. 남방동사리는 동사리과의 동사리, 얼룩동사리와 형태가 매우 비슷하지만 이들보다 몸 색이 조금 더 진한 흑갈색이다.

국내 분포 남해의 거제도에 적은 수가 분포한다.
국외 분포 일본의 남서부, 중국 남부에 분포한다.
특이 사항 멸종위기야생동식물I급

서식특성	상류	상류/중류	중류	중류/하류	정수역	기수역
	수층종		저서종		여울-저서성종	
내성특성	민감종		중간종		내성종	
섭식특성	초식성		충식성		육식성	잡식성
관리현황	멸종위기I급	멸종위기II급		고유종	천연기념물	외래종

농어목 〉 동사리과 • Perciformes 〉 Odontobutidae

좀구굴치
Micropercops swinhonis (Günther, 1873)

크기가 작고 몸과 머리는 옆으로 납작하다.

1 눈 하단 아가미 앞부분에 검은색 줄무늬가 있다. **2** 꼬리지느러미 끝은 둥글고 반점이 5~6개 있다. **3** 등지느러미 2개가 근접해 있고 반점이 5~6개 있다.

형태 특성

몸길이 4~5㎝이다.

체색과 무늬 수컷은 전체적으로 황갈색이며, 등에서 배 아래쪽으로 진한 갈색 반문이 9~10개 있다. 암컷은 회갈색으로 배 아래쪽에 진한 갈색 반문이 희미하게 있다. 눈 하단 아가미 앞부분에는 검은색 줄무늬가 있다. 또한 수컷은 배와 뒷지느러미 시작 부분, 꼬리지느러미 밑 부분이 진한 주황색을 띤다. 암컷은 지느러미에 색이 없지만 산란기에는 뒷지느러미와 꼬리지느러미 시작 부분이 노란색을 띤다. 제2등지느러미와 꼬리지느러미에 반점이 5~6개 있다.

주요 형질 몸은 크기가 작고 몸과 머리는 옆으로 납작하다. 제2등지느러미 연조 수 9~11개, 뒷지느러미 연조 수 6~8개, 옆줄 비늘 수 33~37개, 새파 수 11~14개다. 아래턱이 위턱보다 앞으로 튀어나왔으며 입은 위를 향한다. 눈은 작고 튀어나왔으며 머리 윗부분에 있다. 등지느러미는 2개이며 서로 근접해 있다. 꼬리지느러미 끝이 둥글다.

생태 특성

서식지 물 흐름이 완만하고 정체된, 수초가 많은 하천이나 저수지 가장자리에 서식한다.

먹이습성 물벼룩과 요각류, 깔따구 애벌레, 실지렁이와 같이 움직이는 동물을 먹는다.

행동습성 산란기는 4~6월이며 수컷이 돌이나 수초 밑을 청소해 알자리를 만든 후 암컷을 유인해 알을 낳게 한다. 같은 알자리에 암컷 여러 마리가 알을 낳으며 수컷은 알자리에서 수정된 알을 지킨다. 산란기에 수컷은 제1등지느러미가 커지며 몸색깔이 검어지고, 뒷지느러미와 꼬리지느러미에 주황색 반점이 나타난다.

국내 분포 경기도, 충청도, 전라도 등 서해로 흐르는 소하천과 하천, 저수지에 분포한다.

국외 분포 중국에 분포한다.

서식특성	상류	상류/중류	중류	중류/하류	정수역	기수역
	수층종		저서종		여울-저서성종	
내성특성	민감종		중간종		내성종	
섭식특성	초식성		충식성		육식성	잡식성
관리현황	멸종위기I급	멸종위기II급		고유종	천연기념물	외래종

농어목 〉 망둑어과 • Perciformes 〉 Gobiidae

날망둑
Gymnogobius castaneus (O'shaughnessy, 1875)

수컷. 몸은 원통형으로 길고, 앞쪽은 둥글며 뒤쪽은 옆으로 납작하다. ⓒ 김석현

암컷

1

2

3

1 눈은 작고 튀어나왔으며, 위턱과 아래턱 길이는 거의 같다. **2** 꼬리지느러미의 위쪽 가장자리에 검은 점줄이 1개 있다. **3** 등지느러미와 뒷지느러미에 5열종대로 암갈색 무늬가 있으며 끝에는 까만 반점이 있다.

형태특성

몸길이 8~9cm이다.

체색과 무늬 등은 갈색이며 담황색 가로 줄무늬가 여러 개 있다. 꼬리지느러미 위쪽 가장자리에 검은 점으로 이루어진 줄이 1개 있다. 수컷의 몸통에는 암갈색 반점 여러 개가 띠를 이루며, 몸통 끝에는 검은 반점이 있다.

주요 형질 몸은 원통형으로 길고, 앞쪽은 둥글며, 뒤쪽은 옆으로 납작하다. 제2등지느러미 연조 수 9~10개, 뒷지느러미 연조 수 8개, 종렬 비늘 수 65~73개, 새파 수 11~23개다. 위턱과 아래턱의 길이가 거의 비슷하고, 양 턱에는 이빨이 여러 줄 있으며, 혀끝은 갈라졌다. 눈은 아주 작고 튀어나왔다. 등지느러미 앞쪽의 연조가 뒤쪽의 것보다 현저히 길어서 그 길이 차이가 5배 이상이다. 등지느러미 뒤에 작은 지느러미가 있다. 가슴지느러미가 길어서 후단은 배지느러미 기부를 지난다. 배지느러미가 서로 붙어 흡반을 형성한다.

생태특성

서식지 강 하구와 가까운 연안의 모래바닥에 서식한다.
먹이습성 동물성 플랑크톤, 저서동물, 작은 어류, 해조류 등을 먹는다.
행동습성 산란기는 1~4월이며 하구의 모래질 흙바닥 빈 구멍에 암수가 들어가 벽에 산란하며, 수컷은 수정된 알을 지킨다. 번식기 암컷의 등지느러미와 배지느러미, 뒷지느러미는 검은색이 된다.

국내 분포 동해로 흐르는 하천을 제외한 전국의 하천과 댐 등에 분포한다.
국외 분포 중국, 일본, 시베리아에 분포한다.

서식특성	상류	상류/중류	중류	중류/하류	정수역	기수역
	수층종		저서종		여울-저서성종	
내성특성	민감종		중간종		내성종	
섭식특성	초식성		충식성		육식성	잡식성
관리현황	멸종위기I급	멸종위기II급		고유종	천연기념물	외래종

농어목 〉 망둑어과 • Perciformes 〉 Gobiidae

꾹저구

Gymnogobius urotaenia (Hilgendorf, 1879)

머리가 크고 몸 뒤쪽으로 갈수록 옆으로 납작하다.

1 눈은 머리 위쪽에 볼록하게 솟았다. 2 꼬리지느러미 끝부분은 흰색을 띠며 가장자리가 둥글다. 3 제1등지느러미 끝은 검은색이고, 제2등지느러미 끝은 흰색이다.

형태 특성

몸길이 8~12cm이다.

체색과 무늬 전체적으로 흑갈색이고 배 쪽은 노란색이다. 지느러미는 몸보다 약간 색이 연하다. 몸에는 갈색 줄무늬가 7~8개 있다. 제1등지느러미 끝은 검은색이고, 제2등지느러미와 뒷지느러미, 꼬리지느러미 끝부분은 흰색이다. 머리와 온몸에는 작고 검은 반점들이 흩어져 있다.

주요 형질 몸은 길며 앞쪽은 둥글고, 뒤쪽은 옆으로 납작하다. 제2등지느러미 연조 수 9~12개, 뒷지느러미 연조 수 10~11개, 종렬 비늘 수 69~77개, 새파 수 8~11개다. 머리가 크며 위아래로 납작하고, 이마는 편평하다. 눈은 머리 위쪽에 볼록하게 솟아 있으며, 두 눈 사이의 간격이 넓다. 입은 크며, 위턱과 아래턱의 길이는 비슷하고 육질돌기가 1쌍 있다. 비늘은 원린이며 머리에는 비늘이 없다. 꼬리지느러미 끝부분은 둥글다. 배지느러미는 서로 붙어 흡반을 형성하며, 꼬리지느러미 끝이 둥글다.

생태 특성

서식지 물 흐름이 빠른 강 하구 자갈 바닥의 담수역에 서식한다.

먹이습성 수서곤충, 물벼룩, 실지렁이 등을 먹는다.

행동습성 산란기는 5~7월이며 암컷은 돌 밑에 알을 낳고, 수컷은 알자리에서 수정된 알을 지킨다.

국내 분포 전국 연안의 기수역과 연결된 하천 중·하류에 분포한다.

국외 분포 일본, 시베리아에 분포한다.

서식특성	상류	상류/중류	중류	중류/하류	정수역	기수역
	수층종		저서종		여울-저서성종	
내성특성	민감종		중간종		내성종	
섭식특성	초식성		충식성		육식성	잡식성
관리현황	멸종위기I급		멸종위기II급	고유종	천연기념물	외래종

농어목 〉 망둑어과 • Perciformes 〉 Gobiidae

문절망둑

Acanthogobius flavimanus (Temminck and Schlegel, 1845)

몸 앞쪽은 원통형이며, 꼬리는 작고 옆으로 납작하다.

1 위턱이 아래턱보다 길며 입이 크고 주둥이 끝이 열린다. **2** 꼬리지느러미 위쪽 2/3 지점에 톱니 모양 반점이 줄을 이룬다. **3** 등지느러미에는 검은 반점이 비스듬한 줄을 이룬다.

형태 특성

몸길이 보통 10~20㎝이며, 최대 25㎝까지 자란다.

체색과 무늬 전체적으로 담황갈색 또는 담회황색이며, 등 쪽은 짙고 배 쪽은 연하다. 옆면 가운데에 불규칙한 암갈색 반문이 이어진다. 등지느러미에는 검은 반점이 비스듬한 열을 이루고, 꼬리지느러미 위쪽 2/3에는 톱니 모양 반점이 줄을 이룬다.

주요 형질 앞쪽은 원통형이며, 꼬리는 작고 옆으로 납작하다. 제2등지느러미 연조 수 12~14개, 뒷지느러미 연조 수 10~12개, 종렬 비늘 수 45~61개다. 위턱이 아래턱보다 길며, 입은 크고 주둥이 끝에 있다. 뺨과 새개부의 위쪽, 후두부는 아주 작은 원린으로 덮여 있고, 몸 옆면은 즐린으로 덮여 있다. 배지느러미끼리 붙어서 흡반을 형성하며, 가슴지느러미 기부보다 약간 후방에서 시작한다. 꼬리지느러미 뒷가장자리는 바깥쪽으로 둥글게 타원형을 이룬다.

생태 특성

서식지 강 하구의 기수역과 연안 개펄이나 모래 지역에 서식하며, 여름에는 다수의 어린 개체가 하구의 간석지나 하천 하류역까지 분포한다.

먹이습성 저서성 작은 갑각류, 작은 어류, 조류, 갯지렁이를 먹는다.

행동습성 산란기는 2~5월이며 수컷은 진흙을 파서 'Y'자 모양으로 암컷이 알을 낳을 공간을 마련하고, 암컷이 적당한 장소를 정하면서 짝짓기가 이루어진다. 수컷은 알이 부화할 때까지 지키고, 암컷은 짝짓기를 마치면 곧 죽는다.

국내 분포 남해안 및 서해안에 인접한 강 하구에 분포한다.

국외 분포 중국, 일본에 분포한다.

서식특성	상류	상류/중류	중류	중류/하류	정수역	기수역
	수층종		저서종		여울-저서성종	
내성특성	민감종		중간종		내성종	
섭식특성	초식성		충식성		육식성	잡식성
관리현황	멸종위기I급	멸종위기II급		고유종	천연기념물	외래종

농어목 〉 망둑어과 • Perciformes 〉 Gobiidae

흰발망둑
Acanthogobius lactipes (Hilgendorf, 1879)

암컷. 몸은 원통형이지만, 머리는 둥글고 가슴지느러미부터는 좌우로 약간 납작하다.

1 뺨은 도톰하고, 눈은 머리 위로 튀어나왔다. **2** 꼬리지느러미 위쪽 2/3에 검은 반문이 있다. **3** 등지느러미가 2개이며, 몸통 상단에 불규칙한 반문이 꼬리지느러미 시작 부분까지 이어진다.

형태 특성

몸길이 5~8cm이다.

체색과 무늬 전체적으로 황갈색이며, 몸통 상단의 불규칙한 반문이 꼬리지느러미 시작 부분까지 이어진다. 등에서 배로 이어지는 흰 줄무늬가 10~14개 있다. 등지느러미에는 희미한 반점이 배열되고, 꼬리지느러미 위쪽 2/3에 검은 반문이 있다. 흡반을 형성하는 배지느러미는 성장하면 검은색으로 변한다.

주요 형질 몸은 원통형이지만, 머리는 둥글고 가슴지느러미부터는 좌우로 약간 납작하다. 제2등지느러미 연조 수 10~11개, 뒷지느러미 연조 수 9~11개, 옆줄 비늘 수 33~37개, 새파 수 10~13개다. 뺨은 도톰하고, 눈은 머리 위쪽으로 튀어나왔다. 입은 크며 위턱과 아래턱의 길이는 같다. 뺨, 새개부, 후두부는 비늘이 없고 몸통은 즐린으로 덮여 있다. 등지느러미는 2개이며, 산란기의 수컷은 제1등지느러미의 가시가 실 모양으로 길어지고, 제2등지느러미와 뒷지느러미도 길어져 그 끝이 꼬리지느러미 시작 부분까지 달한다.

생태 특성

서식지 갯벌의 웅덩이나 모래와 자갈이 깔린 강 하구에 서식하며, 거의 담수인 곳에서부터 해수까지 서식해 염분 농도 변화에 적응도가 높다.

먹이습성 잡식성으로 저서동물이나 갑각류, 갯지렁이, 조류를 먹는다.

행동습성 산란기는 5~9월이며 하천에서 부화해 바다로 이동하지만 일생을 하천에서만 사는 것도 있다. 산란기의 암컷은 제1등지느러미 후방에 검은색 반점이 1개 나타나며, 수컷의 경우 더욱 뚜렷하다. 몸통에 담황색 세로 줄무늬가 11~12개 나타나며, 배지느러미 중앙을 제외한 가장자리와 뒷지느러미가 검게 보인다.

국내 분포 전국 연안의 기수역과 하천 중·하류에 분포한다.
국외 분포 일본과 중국, 연해주에 분포한다.

서식특성	상류	상류/중류	중류	중류/하류	정수역	기수역
	수층종		저서종		여울-저서성종	
내성특성	민감종		중간종		내성종	
섭식특성	초식성		충식성		육식성	잡식성
관리현황	멸종위기I급		멸종위기II급		고유종	천연기념물	외래종

농어목 〉 망둑어과 • Perciformes 〉 Gobiidae

풀망둑
Synechogobius hasta (Temminck and Schlegel, 1845)

몸은 긴 원통형이며, 꼬리는 가늘고 옆으로 납작하다.

1 머리와 주둥이는 길고, 배지느러미가 붙어서 빨판을 형성한다. **2** 꼬리지느러미에는 반문이 없고 짙은 회갈색을 띤다. **3** 등지느러미에는 희미한 반점이 비스듬히 배열된다.

형태 특성

몸길이 보통 12~20㎝이며, 최대 40㎝까지 자란다.

체색과 무늬 전체적으로 황갈색 바탕에 배는 희고 약간 푸른색을 띤다. 등지느러미에는 희미한 반점이 비스듬히 배열되었으며, 꼬리지느러미에는 반문이 없고, 약간 짙은 회갈색을 띤다. 몸통 가운데에 불분명한 갈색 반점이 9~12개 배열된다.

주요 형질 몸은 긴 원통형이며, 꼬리는 가늘고 옆으로 납작하다. 제2등지느러미 연조 수 18~20개, 뒷지느러미 연조 수 14~17개, 종렬 비늘 수 56~69개, 새파 수 10~14개다. 머리와 주둥이는 길고 위턱과 아래턱의 길이가 거의 비슷하다. 머리를 제외한 부분은 비늘로 덮여 있다. 배지느러미가 붙어서 빨판을 형성하지만 뒤로 가면 갈라진다. 아래턱 봉합부 바로 뒤 양쪽에 짧은 수염 같은 돌기가 1개씩 있다. 망둑어과 중에서 가장 크다.

생태 특성

서식지 기수역이나 연안의 개펄에 서식하며 때로는 강을 거슬러 올라가기도 한다.

먹이습성 갑각류, 작은 물고기, 새우류, 두족류, 갯지렁이, 실지렁이 등을 먹는다.

행동습성 산란기는 4~5월이며 수컷은 진흙을 파서 'Y'자 모양으로 알 낳을 공간을 마련하고, 암컷이 낳은 알을 수정시킨 뒤 부화할 때까지 지킨다. 대부분 5월 중순 이후 산란을 끝낸 후 배 부위가 검게 변하며 곧 죽게 된다. 번식기의 암컷은 주둥이와 가슴지느러미, 꼬리지느러미에 노란색을 띤다.

국내 분포 서해와 남해 연안에 분포한다.

국외 분포 중국, 일본, 대만, 인도네시아에 분포한다.

서식특성	상류	상류/중류	중류	중류/하류	정수역	기수역
	수층종		저서종		여울-저서성종	
내성특성	민감종		중간종		내성종	
섭식특성	초식성		충식성		육식성	잡식성
관리현황	멸종위기I급	멸종위기II급		고유종	천연기념물	외래종

농어목 〉 망둑어과 · Perciformes 〉 Gobiidae

갈문망둑
Rhinogobius giurinus (Rutter, 1897)

몸은 원통형으로 가늘고, 꼬리 쪽으로 갈수록 옆으로 납작하다.

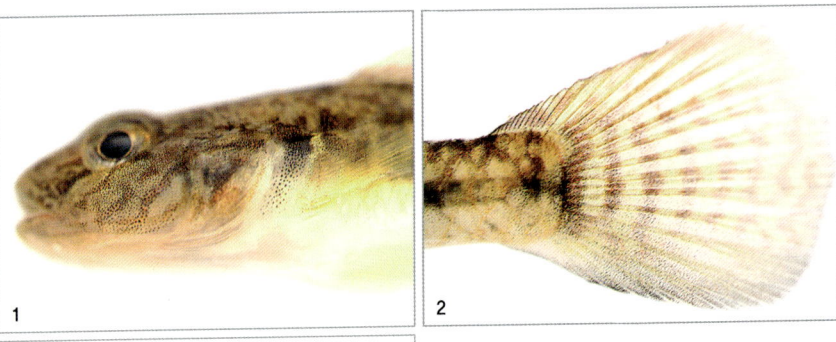

1 뺨에 사선으로 된 줄무늬가 4~5개 있다. 2 꼬리지느러미 끝이 둥글다. 3 갈색 무늬 몇 개가 옆구리 가운데에 있다.

형태 특성

몸길이 7~9cm이다.
체색과 무늬 전체적으로 연한 녹황색이며 머리와 배 부분이 흰색이다. 뺨에는 사선으로 된 줄무늬가 4~5개 있으며, 아가미 뒤 위쪽으로 검은색 반점이 있다. 갈색 무늬 몇 개가 옆구리 가운데에 파도처럼 구부러져 있다. 머리에는 짙은 갈색 반점들이 흩어져 있고, 이외에도 몸 곳곳에 갈색 반점이 있다.
주요 형질 몸은 원통형으로 가늘며, 꼬리 쪽으로 갈수록 옆으로 납작하다. 제2등지느러미 연조 수 7~8개, 뒷지느러미 연조 수 8개, 종렬 비늘 수 29~30개, 새파 수 9개다. 머리는 위아래로 납작하고 주둥이는 길고 뾰족하다. 눈은 작고 머리 양쪽 가운데 부분보다 앞 등 쪽에 붙어 있다. 배지느러미의 흡반이 타원형이다. 옆줄은 없다.

생태 특성

서식지 물 흐름이 느리고 바닥에 자갈이 깔린 하천 하류나 기수역, 또는 호수나 저수지에 서식한다.
먹이습성 수서곤충이나 부착조류, 작은 동물을 먹는다.
행동습성 산란기는 7~9월이며, 수심 약 50cm, 유속이 초속 약 30cm인 하류권의 넓은 웅덩이 돌 밑에 지름 3~5cm인 원형 또는 타원형으로 알을 한 겹 낳으며, 수컷은 수정된 알을 지킨다. 번식기에는 수컷의 몸 색깔이 화려해진다.

국내 분포 전국의 하천 하류와 저수지, 제주도 천지연 폭포에서 분포한다.
국외 분포 일본과 중국에도 분포한다.

서식특성	상류	상류/중류	중류	중류/하류	정수역	기수역
	수층종		저서종		여울-저서성종	
내성특성	민감종		중간종		내성종	
섭식특성	초식성		충식성		육식성	잡식성
관리현황	멸종위기I급	멸종위기II급		고유종	천연기념물	외래종

농어목 〉 망둑어과 ・ Perciformes 〉 Gobiidae

밀어

Rhinogobius brunneus (Temminck and Schlegel, 1845)

머리는 위아래로 납작하고, 그 후방은 원통형이나 점차 옆으로 납작하다.

1 눈 앞쪽에 폭이 좁은 황갈색 'V'자 모양 반문이 있다. **2** 꼬리지느러미 끝부분은 둥글다. **3** 등지느러미는 극조부와 연조부로 나뉘고, 각 지느러미에는 횡반이 여러 개 있으며 둘레에 흰색 띠가 있다.

형태 특성

몸길이 6~8cm이다.
체색과 무늬 몸 색깔과 반문에 변이가 많다. 보통 담갈색 바탕에 몸 옆면 가운데에는 큰 암갈색 반점이 7개 정도 있다. 몸 색의 변화가 심해 일본에서는 8개, 대만에서는 3가지 형(type)으로 구분하기도 한다. 등지느러미, 뒷지느러미, 꼬리지느러미에 횡반이 여러 줄 있으며, 둘레에 흰색 띠가 있다. 눈 앞쪽에는 폭이 좁은 황갈색 'V'자 모양 반문이 있다.
주요 형질 머리는 위아래로 납작하고, 그 후방은 원통형이나 점차 옆으로 납작하다. 제2등지느러미 연조 수 8~9개, 뒷지느러미 연조 수 7~9개, 새파 수 11~13개다. 주둥이의 외연은 둥글고 위턱이 아래턱보다 약간 길어서 앞으로 튀어나왔다. 머리는 갈문망둑보다 더 납작하다. 눈은 머리 위로 튀어나왔다. 악골에는 이빨이 없거나 연한 융모형 이빨이 있다. 꼬리지느러미 끝부분은 둥글고, 등지느러미는 극조부와 연조부로 나뉜다. 배지느러미 빨판은 원형이다. 수컷의 제1등지느러미 첫 기조가 길다.

생태 특성

서식지 하천 중·하류에 고르게 퍼져 살며 여울에서도 서식한다.
먹이습성 수서곤충과 물벼룩, 작은 동물을 먹는다.
행동습성 산란기는 5~7월이다. 암컷은 돌 밑에 좁은 틈을 만들고 알을 한 층으로 붙이며, 수컷이 알을 지킨다. 번식기에 수컷들은 작은 돌을 두고 다툼을 벌인다. 돌을 차지한 수컷이 돌 밑에 있는 모래를 입으로 물어내서 공간을 만들면 암컷이 다가와 알을 낳는다.

국내 분포 울릉도와 제주도를 포함한 전국 담수역에 분포한다.
국외 분포 중국, 일본, 연해주, 대만에 분포한다.

서식특성	상류	상류/중류	중류	중류/하류	정수역	기수역
	수층종		저서종		여울-저서성종	
내성특성	민감종		중간종		내성종	
섭식특성	초식성		충식성		육식성	잡식성
관리현황	멸종위기I급	멸종위기II급		고유종	천연기념물	외래종

농어목 〉 망둑어과 • Perciformes 〉 Gobiidae

민물두줄망둑
Tridentiger bifasciatus Steindachner, 1881

몸은 짧고, 앞부분은 원형에 가까우나, 뒤로 갈수록 옆으로 납작하다.

1 주둥이 끝이 뭉툭하고 아래턱이 위턱보다 길다. **2** 꼬리지느러미 끝부분이 둥글다. **3** 가슴지느러미는 흡반을 형성한다. **4** 몸통 가운데에 암갈색 줄무늬가 2개 있다.

형태특성

몸길이 8~10cm이다.

체색과 무늬 전체적으로 연한 갈색이고, 등과 몸 가운데에 암갈색 줄무늬가 2개 있으며, 몸 옆면 중앙의 것은 주둥이 끝에서 꼬리지느러미 시작 부분까지 길게 이어진다. 아가미 위에 흰 점이 산재하며 제2등지느러미와 뒷지느러미 가장자리에 노란색 띠가 있다. 색체와 반문의 변화가 심하다. 산란기에 수컷은 온몸이 검은색으로 변한다.

주요 형질 몸은 짧고, 앞부분은 원형에 가까우나 뒤로 갈수록 옆으로 납작해진다. 제2등지느러미 연조 수 12개, 뒷지느러미 연조 수 10~11개, 종렬 비늘 수 50~60개, 새파 수 10~11개다. 주둥이는 끝이 뭉툭하며 아래턱이 위턱보다 약간 길다. 이마는 편평하고, 눈은 작으며 머리 위쪽에 있다. 산란기에는 제1등지느러미가 커진다. 꼬리지느러미 끝부분이 둥글다.

생태특성

서식지 바위나 암벽 혹은 개펄로 된 강 하구의 기수역과 담수역에 서식한다.

먹이습성 작은 갑각류와 갯지렁이 등을 먹는다.

행동습성 산란기는 4~8월이며 암컷이 돌 밑에 알을 낳으면 수컷이 알들이 부화할 때까지 그 자리에서 보호한다. 번식기 수컷의 몸 색깔은 검은색으로 변하며, 주둥이와 아가미덮개가 불룩해진다. 다른 수컷이 다가오면 입을 벌리고 공격해 몰아내지만 암컷이 나타나면 꼬리지느러미를 좌우로 흔들면서 맞이한다.

국내 분포 전국 강 하구의 기수역과 담수역에 분포한다.

국외 분포 일본, 중국, 연해주에 분포한다.

서식특성	상류	상류/중류	중류	중류/하류	정수역	기수역
	수층종		저서종		여울-저서성종	
내성특성	민감종		중간종		내성종	
섭식특성	초식성		충식성		육식성	잡식성
관리현황	멸종위기I급		멸종위기II급	고유종	천연기념물	외래종

농어목 〉 망둑어과 · Perciformes 〉 Gobiidae

검정망둑

Tridentiger obscurus (Temminck and Schlegel, 1845)

몸은 길고, 앞부분이 약간 옆으로 납작한 원통형이다.

1 머리에 푸른 반점이 있고, 가슴지느러미 시작 부분에 노란색 띠가 있다. **2** 꼬리지느러미 끝은 둥글다. **3** 제1등지느러미 2, 3기조가 매우 길다.

형태특성

몸길이 8~10cm이다.

체색과 무늬 등 쪽은 암갈색, 배 쪽은 담황색을 띠며 머리에는 푸른색 반점이 있다. 가슴지느러미 시작 부분에 노란색 띠가 있다.

주요 형질 몸은 길고, 앞부분은 약간 옆으로 납작한 원통형이다. 등지느러미 연조 수 10~11개, 뒷지느러미 연조 수 9개, 종렬 비늘 수 34~57개다. 주둥이는 뭉툭하고 위턱과 아래턱의 길이는 같다. 제1등지느러미로부터 머리 중간 부분 옆에 즐린이 많지만 머리 앞쪽에는 없고, 후두부 뒤쪽과 배에는 비늘이 있다. 입가에 수염이 1쌍 있다. 옆줄은 완전하며 몸통 옆면 가운데를 따라 직선으로 이어진다. 성숙한 수컷의 제1등지느러미 2, 3기조가 매우 길어서 등 후방으로 길게 펼 경우 제2등지느러미 중간 부분을 지난다.

생태특성

서식지 강 하구나 하구에 연결된 하천 하류의 돌, 바위, 구조물 틈, 방파제 등에 서식한다.

먹이습성 조류, 작은 물고기, 무척추동물 등을 먹는다.

행동습성 산란기는 5~9월이며 수컷이 돌 밑을 차지하고 몸을 흔들어 구애하면 암컷이 다가와 알을 낳는다. 세력권에 침입하는 다른 물고기들을 쫓아내는 습성이 있다.

국내 분포 동해(삼척 마읍천), 제주도(서귀포)를 포함한 남해안에 분포한다.

국외 분포 일본, 중국에 분포한다.

서식특성	상류	상류/중류	중류	중류/하류	정수역	기수역
	수층종		저서종		여울-저서성종	
내성특성	민감종		중간종		내성종	
섭식특성	초식성		충식성		육식성	잡식성
관리현황	멸종위기I급		멸종위기II급	고유종	천연기념물	외래종

농어목 〉 망둑어과 • Perciformes 〉 Gobiidae

민물검정망둑

Tridentiger brevispinis Katsuyama, Arai and Nakamura, 1972

머리는 위아래로 납작하고, 몸은 뒤로 갈수록 옆으로 납작하다.

1 가슴지느러미 시작 부분에 노란색 띠가 있다. 머리와 뺨에 연한 반점이 불규칙하게 산재한다. **2** 꼬리지느러미 끝은 둥글게 펴진다. **3** 수컷 제1등지느러미 기조의 길이가 검정망둑보다 짧다.

형태특성

몸길이 10~15㎝이다.
체색과 무늬 전체적으로 자줏빛을 띤 암갈색이다. 물속에서는 검은색을 띠나 물 밖으로 나오면 연한 갈색으로 변한다. 가슴지느러미 시작 부분에 황백색 띠가 있다. 머리와 뺨에는 연한 반점이 산재한다.
주요 형질 머리는 위아래로 납작하고 몸은 뒤로 갈수록 옆으로 납작하다. 제2등지느러미 연조 수 10~12개, 뒷지느러미 연조 수 9~10개, 종렬 비늘 수 31~36개, 새파 수 8~11개다. 주둥이는 뭉툭하며 입술은 두껍고 위턱과 아래턱의 길이는 같다. 머리는 검정망둑보다 작고 뺨이 불룩하다. 눈은 작고 머리 위로 약간 튀어나왔다. 머리 위와 그 뒷부분, 배에 비늘이 있다. 성숙한 수컷의 제1등지느러미 제3기조의 길이는 검정망둑보다는 짧아서 후방으로 길게 펼 경우 제2등지느러미 전단에 미친다.

생태특성

서식지 검정망둑과 달리 염분이 없는 순수 담수역에서만 서식하며, 하상에 자갈과 돌이 깔린 하천과 저수지, 대형 댐호에서 주로 서식한다.
먹이습성 부착조류, 수서곤충, 작은 물고기를 먹는다.
행동습성 산란기는 5~7월이며 돌 틈에 산란실을 만들어 서양 배 모양의 알을 1층으로 조밀하게 부착시키며, 수컷은 이 알들이 부화할 때까지 그 자리에서 보호한다. 수컷은 구애 행동 중에 머리를 흔들며 소리를 내며, 이 때 암컷은 몸 색깔이 밝아진다.

국내 분포 전국의 하천 중·하류에 널리 분포한다.
국외 분포 일본에 분포한다.

서식특성	상류	상류/중류	중류	중류/하류	정수역	기수역
	수층종		저서종		여울-저서성종	
내성특성	민감종		중간종		내성종	
섭식특성	초식성		충식성		육식성	잡식성
관리현황	멸종위기I급	멸종위기II급		고유종	천연기념물	외래종

농어목 〉 망둑어과 · Perciformes 〉 Gobiidae

날개망둑

Favonigobius gymnauchen (Bleeker, 1860)

몸은 길고 원통형이며 몸 뒷부분은 옆으로 납작하다.

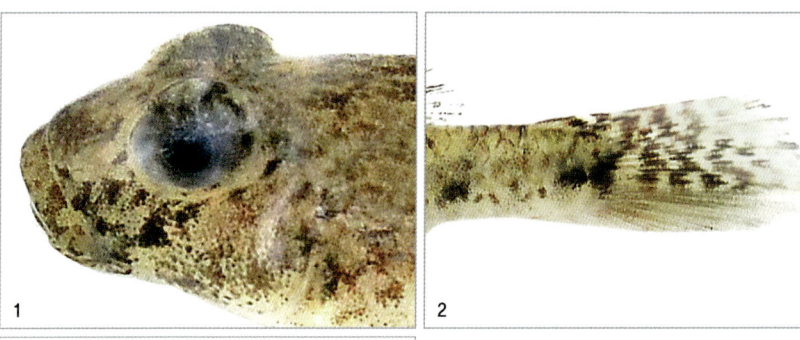

1 눈은 머리 양쪽 약간 앞 위쪽에 있다. **2** 꼬리지느러미는 둥글게 퍼지며 길지 않다. **3** 등지느러미는 2개이며 제1등지느러미의 제2극이 다른 극조에 비해 길다.

형태특성

몸길이 약 10㎝이다.

체색과 무늬 전체적으로 보라색을 띤 짙은 갈색이며 등 쪽에는 검은 반점이 있고, 아래쪽은 밝은 색으로 무늬가 없다. 몸 옆면에 진갈색 세로 줄이 2개씩 있으며, 한 줄은 길고 한 줄은 짧다. 머리에는 눈 밑, 뺨, 새개 위의 검은색 무늬가 아래로 뻗었다.

주요 형질 몸은 길고 원통형이며, 뒷부분은 옆으로 납작하다. 제2등지느러미 연조 수 8~9개, 뒷지느러미 연조 수 9개, 옆줄 비늘 수 28~30개, 새파 수 9~13개다. 주둥이는 끝이 뾰족하고 위턱과 아래턱의 길이가 같다. 눈은 머리 양쪽 약간 앞 위쪽에 있다. 등지느러미는 2개로 제1등지느러미의 제2극이 다른 극조에 비해 길게 사상으로 연장되었다. 꼬리지느러미는 둥글게 퍼지며 길지 않다.

생태특성

서식지 기수역이나 연안의 모래바닥에 서식한다.

먹이습성 갑각류, 갯지렁이, 실지렁이 등을 먹는다.

행동습성 산란기는 4~8월이며 조개껍데기 안쪽에 알을 낳고 수컷이 지키며, 산란 후 암수 모두 죽는다.

국내 분포 서해와 남해 연안에 분포한다.

국외 분포 북한, 중국, 일본, 러시아, 필리핀에 분포한다.

서식특성	상류	상류/중류	중류	중류/하류	정수역	기수역
	수층종		저서종		여울-저서성종	
내성특성	민감종		중간종		내성종	
섭식특성	초식성		충식성		육식성	잡식성
관리현황	멸종위기I급	멸종위기II급		고유종	천연기념물	외래종

농어목 〉 망둑어과 • Perciformes 〉 Gobiidae

모치망둑

Mugilogobius abei (Jordan and Snyder, 1901)

머리는 원통형이나 위아래로 약간 납작하고 뒤로 갈수록 옆으로 납작하다.

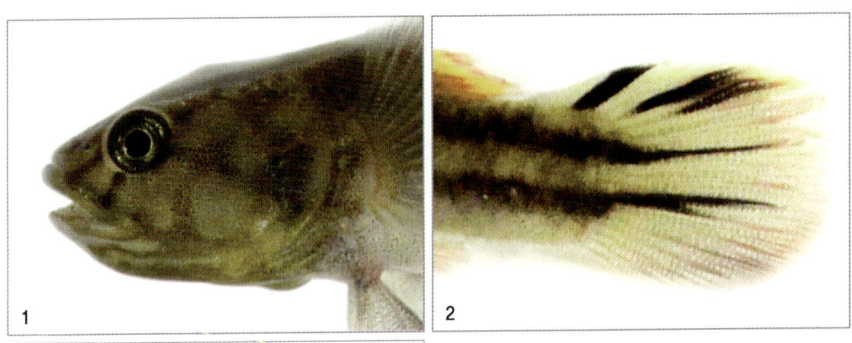

1 주둥이는 둥글고 두 눈 사이는 약간 볼록하다. **2** 꼬리지느러미의 뒷가장자리는 둥글며 노란색을 띠고, 기조를 따라 검은색 띠가 있다. **3** 제1등지느러미 뒷부분에 검은 점이 1개 있고, 2번째 지느러미 줄기는 실처럼 길다.

형태 특성

몸길이 약 5cm이다.

체색과 무늬 전체적으로 회갈색을 띤다. 몸의 앞쪽 절반에는 암갈색 세로 줄무늬가 약 5개 있고, 뒤쪽 절반에는 어두운 띠 2개가 꼬리지느러미 앞까지 이어진다. 제1등지느러미 뒷부분에 검은 점이 1개 있고, 제2등지느러미, 뒷지느러미, 가슴지느러미, 배지느러미는 회색이다. 꼬리지느러미는 노란색을 띠며, 기조를 따라 검은색 띠가 있다.

주요 형질 머리는 원통형이나 위아래로 약간 납작하고, 뒤로 갈수록 옆으로 납작하다. 제2등지느러미 연조 수 8개, 뒷지느러미 연조 수 8개, 종렬 비늘 수 37~40개다. 주둥이는 둥글고 위턱과 아래턱의 길이는 거의 비슷하다. 옆면을 향한 눈은 보통 크기이고 두 눈 사이는 약간 볼록하다. 등지느러미는 2개이며 제1등지느러미의 제2번째 지느러미 줄기가 실처럼 길게 늘어난다. 꼬리지느러미의 뒷가장자리는 둥글다.

생태 특성

서식지 강 하구의 기수역과 연안 개펄이나 모래지역에 서식한다.

먹이습성 수서곤충과 작은 동물을 모래와 같이 흡입한 후, 모래는 아가미 밖으로 뿜어내고 먹이를 삼킨다.

행동습성 산란기는 5~7월이며 모래에 알을 낳고 모래로 덮는다. 수온 21℃에서 6일이면 몸길이가 4mm인 새끼가 깨어난다. 위협을 느끼면 모래를 파고 들어가 숨는다.

국내 분포 서해 및 남해 유입 하천에 분포한다.
국외 분포 중국, 일본에 분포한다.

서식특성	상류	상류/중류	중류	중류/하류	정수역	기수역
	수층종		저서종		여울-저서성종	
내성특성	민감종		중간종		내성종	
섭식특성	초식성		충식성		육식성	잡식성
관리현황	멸종위기I급	멸종위기II급		고유종	천연기념물	외래종

농어목 〉 망둑어과 • Perciformes 〉 Gobiidae

짱뚱어

Boleophthalmus pectinirostris (Linnaeus, 1758)

몸은 길며, 앞부분은 원형에 가까우나 뒤로 갈수록 옆으로 납작하고 가늘다.

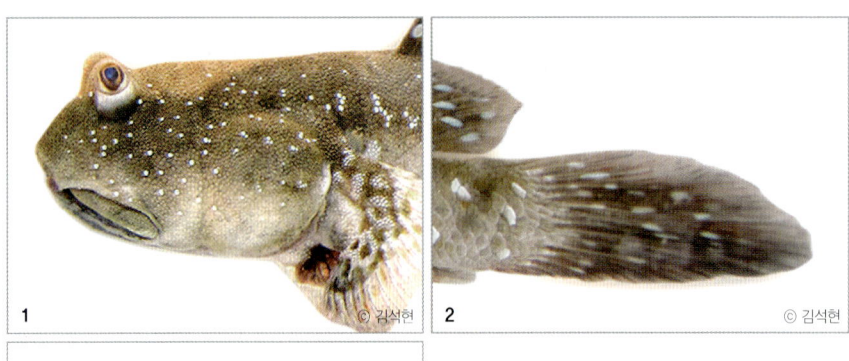

1 머리는 크고 위아래로 납작해 머리의 폭이 몸의 폭보다 넓다. **2** 꼬리지느러미 끝부분이 튀어 나왔다. **3** 등지느러미는 2개로 제1등지느러미의 극조는 끝이 길고 부채 모양이며, 청색 점이 흩어져 있다.

형태특성

몸길이 15~20㎝이다.

체색과 무늬 전체적으로 회청색이며 등 쪽은 짙고 배 쪽은 색깔이 연하다. 청색 반점이 몸통을 중심으로 등 쪽과 배 쪽에 넓게 산재한다. 등지느러미, 뒷지느러미, 꼬리지느러미에 청색 점이 흩어져 있다.

주요 형질 몸은 길며, 앞부분은 원형에 가까우나 뒤로 갈수록 옆으로 납작하고 가늘다. 제2등지느러미 연조 수 23~25개, 뒷지느러미 연조 수 22~23개, 종렬 비늘 수 100~130개, 새파 수 6~7개다. 머리는 크고 위아래로 납작해 머리의 폭이 몸의 폭보다 넓다. 주둥이는 끝이 뭉툭하고 입은 아래쪽에 수평으로 열린다. 아래턱과 위턱의 길이는 거의 같고, 전단부에는 크고 날카로운 송곳니가 3~4개 있으며, 후단에는 작고 날카로운 이빨이 빼곡히 있다. 눈은 머리 위쪽으로 튀어나왔다. 등지느러미는 2개이며 제1등지느러미의 극조는 끝이 길고 부채 모양이다. 꼬리지느러미 끝부분이 밖으로 튀어나왔다. 가슴지느러미는 육질과 단단한 기조막으로 형성되었다.

생태특성

서식지 강 하구나 연안의 개펄에 구멍을 파고 서식한다. 50~90㎝로 파고 내려가면서 출입공이 두개인 'Y'자 모양을 만든다.

먹이습성 개펄 표면의 동물성 플랑크톤과 부착조류를 먹는다.

행동습성 산란기는 5~8월이며 개펄 구멍 안에 알을 낳고 수컷은 수정된 알을 지킨다. 수컷은 암컷에게 구애하기 위해 높이 점프한다. 활동 중 몸이 마르면 고인 물에 몸을 굴려 골고루 적시고 다른 개체를 만나면 입을 크게 벌려 물어뜯거나 모든 지느러미를 활짝 펴서 위협한다. 간조인 낮 시간에 활동한다.

국내 분포 서해와 남해로 흐르는 하천 하구와 연안, 연안 일대의 섬에 분포한다.

국외 분포 일본, 중국, 대만, 미얀마에 분포한다.

서식특성	상류	상류/중류	중류	중류/하류	정수역	기수역
	수층종		저서종		여울-저서성종	
내성특성	민감종		중간종		내성종	
섭식특성	초식성		충식성		육식성	잡식성
관리현황	멸종위기Ⅰ급	멸종위기Ⅱ급		고유종	천연기념물	외래종

농어목 〉 망둑어과 • Perciformes 〉 Gobiidae

말뚝망둑어
Periophthalmus modestus Cantor, 1842

몸은 길며 머리는 원통형이고, 가슴지느러미 부근이 좌우로 약간 납작하다.

1 눈은 머리 위로 튀어나왔다. 뺨에는 흰색. 몸에는 검은색 반점이 흩어져 있다. **2** 꼬리지느러미는 둥글다. **3** 등지느러미는 2개이며, 제2등지느러미 기부는 뒷지느러미 기부와 같은 위치에 있다.

형태 특성

몸길이 약 10cm이다.
체색과 무늬 전체적으로 진한 갈색이며 등 쪽은 짙고 배 쪽은 연하다. 뺨에는 흰색, 몸에는 검은색 반점이 흩어져 있다. 등에는 커다란 반점이 5~6개 있다.
주요 형질 몸은 길며 머리는 원통형이고, 가슴지느러미 부근은 좌우로 약간 납작하다. 제2등지느러미 연조 수 10~12개, 뒷지느러미 연조 수 10~11개, 종렬 비늘 수 75~84개다. 눈은 머리 위로 튀어나왔다. 위턱이 아래턱보다 길고, 육질돌기 1쌍이 마치 수염처럼 아래턱으로 내려져 있다. 턱에는 이빨이 많다. 배지느러미는 가슴지느러미 시작 부분보다 앞쪽에서 시작하고, 뒷부분은 'V'자 모양이다. 가슴지느러미 앞부분은 육질로, 바깥 부분은 기조막으로 형성되었다. 등지느러미는 2개이며, 제2등지느러미 기부는 뒷지느러미 기부와 같은 위치에 있다. 꼬리지느러미는 둥글다. 주둥이, 뺨, 두 눈 간격을 제외하고 몸 전체가 즐린으로 덮여 있으며, 꼬리 쪽의 비늘이 약간 크다.

생태 특성

서식지 강 하구나 연안 또는 기수역의 개펄에 구멍을 파고 살며, 썰물 때에는 개펄 위를 기어 다니며 활동한다.
먹이습성 작은 갑각류나 개펄 표면의 규조류, 곤충 등을 먹는다.
행동습성 산란기는 5~8월이며 개펄 구멍에 알을 낳고 수컷은 수정된 알을 지킨다. 개펄에 물이 차오르거나 기온이 낮은 동절기에는 구멍 안에서 지낸다. 활동 중에 피부가 건조해지면 고인 물에 몸을 굴려 적신다. 짱뚱어나 큰볏말뚝망둥어보다 몸집이 작고, 제1등지느러미도 작다.

국내 분포 서해와 남해로 흐르는 하천 하구와 연안에 분포한다.
국외 분포 일본, 중국, 오스트레일리아, 인도, 홍해에 분포한다.

서식특성	상류	상류/중류	중류	중류/하류	정수역	기수역
	수층종		저서종		여울-저서성종	
내성특성	민감종		중간종		내성종	
섭식특성	초식성		충식성	육식성		잡식성
관리현황	멸종위기I급	멸종위기II급		고유종	천연기념물	외래종

농어목 > 망둑어과 • Perciformes > Gobiidae

큰볏말뚝망둥어
Periophthalmus magnuspinnatus Lee, Choi and Ryu, 1995

몸은 길며 몸 뒷부분이 옆으로 약간 납작하다.

1 뺨에는 작고 흰 반점이, 몸에는 작고 검은 반점이 흩어져 있다. **2** 제1등지느러미는 전반적으로 연한 검은색이시만, 가장 바깥쪽 가장자리는 흰색, 그 안쪽 가장자리는 짙은 검은색, 가장 안쪽으로는 연한 검은색을 띤다.

형태 특성

몸길이 8~10㎝이다.

체색과 무늬 전체적으로 흑갈색이고 배 쪽은 색깔이 연하다. 뺨에는 작고 흰 반점이, 몸에는 작고 검은 반점이 흩어져 있다. 제1등지느러미는 전반적으로 연한 검은색이지만, 가장 바깥쪽 가장자리는 흰색이고 그 안쪽 가장자리는 짙은 검은색이며, 가장 안쪽으로는 연한 검은색을 띤다. 제2등지느러미 가운데 부분에는 검은색 줄무늬가 있고, 그 안쪽으로 연한 검은색을 띤다.

주요 형질 몸은 길며 몸 뒷부분은 옆으로 약간 납작하다. 제2등지느러미 연조 수 12~14개, 뒷지느러미 연조 수 11~12개, 종렬 비늘 수 86~90개다. 머리는 높고, 눈은 머리 위로 튀어나왔다. 위턱이 아래턱보다 길다. 가슴지느러미 앞부분은 육질로, 바깥 부분은 기조막으로 형성되었다. 제1등지느러미가 말뚝망둥어보다 크다. 꼬리지느러미 후연은 둥글다. 뺨을 제외한 몸 전체가 원린으로 덮여 있다. 성적 이형이 분명해 수컷의 생식기가 뾰족한데 비해 암컷은 삼각형이고, 수컷의 등지느러미는 암컷보다 약간 길다.

생태 특성

서식지 강 하구나 연안의 개펄에 구멍을 파고 살며 개펄 위를 기어 다닌다. 말뚝망둥어와 서식처가 거의 비슷하지만 미소 서식처가 달라 생태적으로 분리되는 것으로 추정된다.

먹이습성 갑각류나 곤충, 개펄 표면의 조류 등을 먹는다.

행동습성 산란기는 5~8월이며 암컷은 개펄 구멍에 알을 낳고 수컷은 수정된 알을 지킨다. 겨울에는 구멍 안에서 지낸다. 말뚝망둥어에 비해 몸집이 크고 제1등지느러미가 크다. 짱뚱어, 말뚝망둥어와 함께 물 밖에서도 생존하는 수륙양서어(amphibious fish)이다.

국내 분포 서해와 남해로 흐르는 하천 하구와 연안에 분포한다.

특이 사항 한국 고유종

서식특성	상류	상류/중류	중류	중류/하류	정수역	기수역
	수층종		저서종		여울-저서성종	
내성특성	민감종		중간종		내성종	
섭식특성	초식성		충식성		육식성	잡식성
관리현황	멸종위기I급	멸종위기II급		고유종	천연기념물	외래종

농어목 〉 망둑어과 • Perciformes 〉 Gobiidae

미끈망둑
Luciogobius guttatus Gill, 1859

등지느러미 기부 앞쪽은 원통형이며, 등지느러미 위치의 몸통은 옆으로 납작하다.

1 머리는 편평하나 가운데 골이 파였다. **2** 꼬리지느러미와 접하는 부위는 육질로 덮여 약간 두껍다. **3** 몸 전체에 연하거나 짙은 작은 반점들이 있다.

형태특성

몸길이 약 8cm이다.
체색과 무늬 전체적으로 황갈색 또는 적갈색이며 등 쪽은 흑갈색을 띠고 배는 연갈색을 띤다. 머리와 몸 전체에 연하거나 짙은 작은 반점들이 있으며, 각 지느러미는 안쪽이 약간 어둡다.
주요 형질 등지느러미 기부 앞쪽은 원통형이며, 등지느러미 위치의 몸통은 옆으로 납작하다. 등지느러미 연조 수 10~13개, 뒷지느러미 연조 수 11~13개, 새파 수 7~8개다. 아래턱은 위턱보다 약간 크거나 거의 동일하고 입은 크고 수평으로 열린다. 악골에는 매우 작고 부드러운 융모형 이빨이 조금 있다. 머리는 편평하나 가운데 골이 파였다. 배지느러미 흡반은 매우 작다. 등지느러미는 1개로 몸 뒷부분에 있다. 가슴지느러미 가장 위쪽 연조 1개는 분리되었고, 아랫부분에는 분리된 연조가 없다. 꼬리지느러미 후연은 둥글고 꼬리지느러미와 접하는 부위는 육질로 덮여 약간 두껍다. 비늘은 없고 미끈거린다.

생태특성

서식지 연안성 물고기로 하천 하류의 자갈이 있는 기수역이나 1m 이내 조수 웅덩이의 자갈과 돌이 많은 조간대에 서식하며 때때로 민물에도 들어간다.
먹이습성 작은 무척추동물이나 부착조류 등을 먹는다.
행동습성 산란기는 6~7월이며 저녁부터 새벽 사이에 산란하고 알은 진흙이나 모래 속에 묻는다. 비가 온 뒤에 산란행동을 한다. 암컷 한 마리에 수컷 5~6마리가 서로 경쟁하며, 암컷의 배와 가슴을 쪼다가 그중 수컷 한 마리가 암컷의 배를 휘감고 눌러서 알을 배출하도록 해 수정한다. 이때 수컷은 가슴지느러미 기부에 있는 골질반을 암컷의 옆구리 배에 고정해 암컷의 몸에서 떨어지지 않도록 한다.

국내 분포 울릉도를 포함한 동해안과 남해안, 서해안의 연안과 기수역에 분포한다.
국외 분포 일본, 연해주에 분포한다.

서식특성	상류	상류/중류	중류	중류/하류	정수역	기수역
	수층종		저서종		여울-저서성종	
내성특성	민감종		중간종		내성종	
섭식특성	초식성		충식성		육식성	잡식성
관리현황	멸종위기I급	멸종위기II급		고유종	천연기념물	외래종

농어목 〉 망둑어과 • Perciformes 〉 Gobiidae

사백어

Leucopsarion petersii Hilgendorf, 1880

몸은 가늘고 길며, 머리는 위아래로 납작하고, 아가미 뚜껑 뒷부분부터는 옆으로 납작하다.

1 아래턱이 위턱보다 길고, 아가미갈퀴는 가늘고 길며, 아가미구멍은 넓다. **2** 꼬리지느러미의 뒷가장자리 가운데는 약간 오목하다. **3** 살아있을 때에는 반투명해 체벽을 통해 몸속의 부레가 보인다.

형태특성

몸길이 4~5cm이다.

체색과 무늬 몸 표면에는 색소가 없으며, 살아 있을 때에는 반투명해 몸속에 있는 부레가 체벽을 통해 보인다. 표본하거나 죽으면 체색이 흰색으로 변한다. 배 쪽에 붉은 점이 열을 지어 있다. 입술이나 머리 뒷부분에 작은 갈색 점이 있다.

주요 형질 몸은 가늘고 길며 머리는 위아래로 납작하고, 아가미 뚜껑 뒷부분부터는 옆으로 납작하다. 등지느러미 연조 수 13~14개, 뒷지느러미 연조 수 18개다. 눈은 비교적 크며 머리 옆면에 있다. 주둥이는 짧고 둔하며 입이 크다. 양 턱에는 이빨이 1줄 있고 아래턱에는 송곳니 모양 이빨이 없으며, 혀끝은 깊이 갈라져 있다. 아래턱이 위턱보다 길고 아가미갈퀴는 가늘고 길며 아가미구멍은 넓다. 배지느러미는 좌우가 합쳐져서 작은 흡반을 형성한다. 등지느러미는 1개로 몸 뒤쪽에 있으며 그 기저는 뒷지느러미 기저보다 짧다. 가슴지느러미는 크며 나뭇잎 모양이다. 꼬리지느러미의 뒷가장자리 가운데는 약간 오목하다. 몸에 비늘이 없다. 암컷이 수컷보다 크다.

생태특성

서식지 해안선이 움푹 들어가서 파도의 영향이 없는 깨끗한 연안에 서식한다. 봄이 되면 알을 낳기 위해 하천 하류로 거슬러 올라간다.

먹이습성 작은 갑각류를 섭식한다.

행동습성 연안에 살면서 산란기인 3~4월에 하구로 몰려와 하천을 거슬러 올라가며 큰 돌 밑에 산란한다. 민물에 올라온 성어는 전혀 먹지 않고 소화관은 퇴화한다. 암컷은 산란이 끝나면 죽고, 수컷은 부화할 때까지 보호하다가 죽는다. 부화하면 바다로 흘러가서 파도가 일지 않는 조용한 연해의 거머리말이 우거진 곳에서 중층을 헤엄치며 생활한다.

국내 분포 동해안으로 유입되는 경남 일대의 하천과 남해 연안 및 강 하구에서 서식한다.

국외 분포 중국, 일본에 분포한다.

서식특성	상류	상류/중류	중류	중류/하류	정수역	기수역
	수층종		저서종		여울-저서성종	
내성특성	민감종		중간종		내성종	
섭식특성	초식성		충식성		육식성	잡식성
관리현황	멸종위기I급	멸종위기II급		고유종	천연기념물	외래종

농어목 > 망둑어과 · Perciformes > Gobiidae

개소겡

Odontamblyopus lacepedii (Temminck and Schlegel, 1845)

몸은 가늘고 길며 앞쪽은 원통형이지만 뒤쪽은 옆으로 납작하다.
등지느러미와 뒷지느러미가 꼬리지느러미와 연결된다.

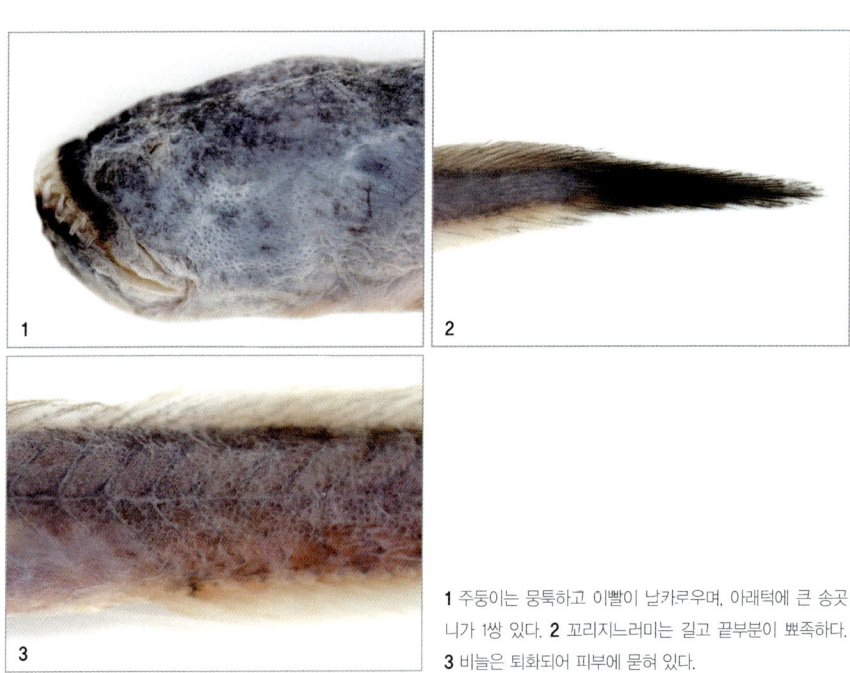

1 주둥이는 뭉툭하고 이빨이 날카로우며, 아래턱에 큰 송곳니가 1쌍 있다. **2** 꼬리지느러미는 길고 끝부분이 뾰족하다. **3** 비늘은 퇴화되어 피부에 묻혀 있다.

형태특성

몸길이 30~40㎝이다.

체색과 무늬 몸은 적청색을 띠고 배 쪽은 약간 붉은색을 띤다. 특별한 무늬나 반점이 없이 등 쪽은 조금 진하고 배 쪽은 연하다.

주요 형질 몸은 가늘고 길며 앞쪽은 원통형이지만 뒤쪽은 옆으로 납작하다. 머리는 위아래로 납작하며 아랫면이 넓다. 등지느러미 극조수 6개, 연조수 42개, 뒷지느러미 연조수 41개, 새파 수 34~60개이다. 주둥이는 뭉툭하고 위턱과 아래턱의 길이가 거의 같다. 아래턱 밑에 돌기가 3쌍 있다. 입은 위쪽으로 열리며 이빨이 날카롭고, 아래턱에는 큰 송곳니가 1쌍 있다. 눈이 아주 작아 점처럼 보이며 머리 위쪽으로 치우쳐 있다. 가슴지느러미의 대부분은 기조로만 되어 있으며, 매우 길고 아래쪽 일부에만 기조막이 있다. 등지느러미와 뒷지느러미가 꼬리지느러미와 연결되어 있다. 꼬리지느러미는 길고 끝부분이 뾰족하다. 비늘은 퇴화되어 피부에 묻혀 있다.

생태특성

서식지 강 하구나 연안 갯벌에서 구멍을 파고 살며, 만조 때 밖으로 나와 먹이를 잡는다.

먹이습성 어릴 때는 동물성 플랑크톤을 먹고, 자라면 고동이나 조개류, 작은 물고기를 먹는다.

행동습성 간조시 간석지에 형성된 수심이 얕은 웅덩이에 구멍을 파고 산다. 보통 구멍에는 입구가 4~6개 있고 대롱 모양이며, 각각 비스듬하게 지그재그 모양으로 아래로 내려가면서 끝에서 하나로 연결된다. 구멍의 깊이는 50~90㎝이다.

국내 분포 서해로 흐르는 금강, 만경강, 영산강 하구와 연안에 분포한다.
국외 분포 중국, 일본, 인도에 분포한다.

서식특성	상류	상류/중류	중류	중류/하류	정수역	기수역
	수층종		저서종		여울–저서성종	
내성특성	민감종		중간종		내성종	
섭식특성	초식성		충식성		육식성	잡식성
관리현황	멸종위기I급	멸종위기II급		고유종	천연기념물	외래종

농어목 〉 버들붕어과 • Perciformes 〉 Osphronemidae

버들붕어
Macropodus ocellatus Cantor, 1842

몸은 긴 타원형이며 옆으로 납작하다.

1 아가미덮개 윗부분에 작은 청색 반점이 있고 그 바깥쪽은 붉은색이다. 2 몸에 진갈색 호피무늬가 있으며 가슴지느러미와 뒷지느러미가 매우 길다. 3 가슴지느러미는 거의 투명하다.

형태 특성

몸길이 4~7㎝이다.

체색과 무늬 전체적으로 황갈색이고, 진갈색 호피무늬가 있다. 머리 아랫면에서 뒷지느러미 전단부까지의 배 쪽은 밝은 노란색이다. 몸 가운데에는 담홍색 횡반이 10개 이상 있다. 아가미덮개 윗부분에는 크기가 작은 청색 반점이 있고, 그 바깥쪽은 붉은색이다. 가슴지느러미는 거의 투명하며, 그 외의 지느러미는 몸의 색과 같거나 그보다 약간 밝고, 꼬리지느러미 뒤쪽은 적색이다.

주요 형질 몸은 긴 타원형이며 옆으로 아주 납작하다. 등지느러미 연조 수 6~8개, 뒷지느러미 연조 수 10~11개, 종렬 비늘 수 29~30개, 새파 수 2개다. 머리는 크고, 눈도 큰 편으로 눈의 지름이 주둥이의 길이보다 약간 짧다. 주둥이는 끝이 뾰족하고 입은 작으며 주둥이의 끝에서 약간 위를 향해 비스듬히 열린다. 아래턱은 위턱보다 약간 길어 앞으로 나왔다. 위턱은 짧아서 말단이 눈의 중심부를 약간 지난다. 가슴지느러미와 뒷지느러미가 매우 길어 꼬리지느러미 중간에 닿거나 그것보다 길다. 옆줄은 없다. 비늘은 즐린으로 머리와 몸 옆면 및 배 전면에 덮여 있다.

생태 특성

서식지 연못이나 늪, 농수로 또는 정체된 소하천의 수초가 많은 곳에 서식한다.
먹이습성 수서곤충을 먹는다.
행동습성 산란기는 6~7월이며 수컷이 점액을 내어 수면에 기포 방울로 둥지를 만든 후 암컷을 유인한다. 그런 뒤 수컷이 암컷을 몸으로 감싸 안은 채 180° 회전해 암수의 생식기가 기포를 향하게 한 후, 수회에 걸쳐서 산란과 방정을 한다. 알은 분리부성란으로 구형이며 담회색이다. 번식기 수컷의 등지느러미와 뒷지느러미가 커지고, 혼인색이 매우 화려하며 검은색으로 변한다.

국내 분포 전국에 분포한다.
국외 분포 중국, 일본에 분포한다.

서식특성	상류	상류/중류	중류	중류/하류	정수역	기수역
	수층종		저서종		여울-저서성종	
내성특성	민감종		중간종		내성종	
섭식특성	초식성		충식성	육식성		잡식성
관리현황	멸종위기Ⅰ급	멸종위기Ⅱ급		고유종	천연기념물	외래종

농어목 〉 가물치과 • Perciformes 〉 Channidae

가물치

Channa argus (Cantor, 1842)

몸은 가늘고 길며 원통형이다.

1 머리는 위아래로 납작하다. 아래턱이 위턱보다 약간 길게 튀어나왔다. **2** 꼬리지느러미에는 갈색 줄무늬가 3개 있다. **3** 등지느러미는 아가미 상단부에서 꼬리지느러미 앞까지 길다. 몸통 옆면에 마름모꼴 얼룩무늬가 13개 정도 있다.

형태특성

몸길이 보통 50~60cm이다. 최대 1m 까지도 자란다.
체색과 무늬 전체적으로 연한 갈색이며 등 쪽은 짙고 배 쪽은 회백색이거나 노란색이다. 흑갈색 불규칙한 마름모꼴 얼룩무늬가 옆줄 위와 아래에 각 13개 정도씩 있다. 등지느러미와 가슴지느러미, 꼬리지느러미에는 갈색 줄무늬가 3개 있다.
주요 형질 몸은 가늘고 길며 원통형이다. 머리는 위아래로 납작하다. 등지느러미 연조 수 48~50개, 뒷지느러미 연조 수 31~35, 옆줄 비늘 수 59~69개, 새파 수 3개다. 아래턱이 위턱보다 약간 길게 튀어나왔으며, 날카로운 송곳니 모양 이빨이 일렬로 배열된다. 새파는 독특하게 넓적한 판 모양이다. 몸 전체는 원린으로 덮여 있다. 등지느러미는 아가미 상단부에서 시작해 꼬리지느러미 앞까지 있다. 옆줄은 아가미 후단에서 꼬리지느러미까지 완전하며 거의 직선으로 되어 있다.

생태특성

서식지 수온변화에 내성이 강하고, 오염된 물이나 거의 무산소 상태의 물에서도 살 수 있다. 물이 천천히 흐르거나 정체된 하천과 저수지, 늪, 연못 및 호수의 진흙이 깔리고 수초가 많은 깊이 1m 내외에 서식한다.
먹이습성 치어일 때는 물벼룩을 먹으며, 성어로 자라면 수초 사이에 머물다가 지나가는 물고기나, 양서류(특히 개구리), 수서곤충을 먹는다.
행동습성 산란기는 5~8월이며 암수가 함께 수초를 이용해 물 위에 지름 1m 정도로 둥지를 만들어 알을 낳고, 수정된 알을 암수가 같이 지킨다. 아가미 호흡과 함께 공기 호흡을 하며 습기가 많은 새벽이나 비가 오는 날이면 물 밖으로 나와 기어 다니기도 한다.

국내 분포 한강, 금강, 영산강, 섬진강, 낙동강 수계 및 기타 하천, 저수지 등 전역에 분포한다.
국외 분포 일본과 중국에 분포한다.

서식특성	상류	상류/중류	중류	중류/하류	정수역	기수역
	수층종		저서종		여울-저서성종	
내성특성	민감종		중간종		내성종	
섭식특성	초식성		충식성		육식성	잡식성
관리현황	멸종위기I급	멸종위기II급		고유종	천연기념물	외래종

가자미목 〉 가자미과 • Pleuronectiformes 〉 Pleuronectidae

도다리

Pleuronichthys cornutus (Temminck and Schlegel, 1846)

몸은 옆으로 심하게 납작하고 몸높이가 매우 높다.

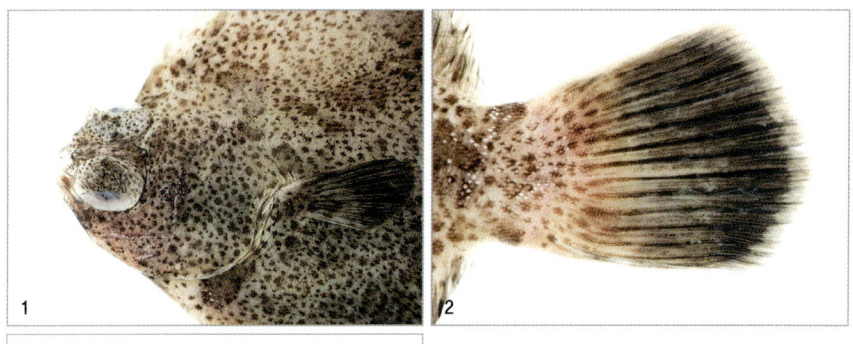

1 눈이 몸 오른쪽에 치우쳐 있으며 입이 작고 이빨이 없다. **2** 꼬리지느러미 끝부분은 둥글며 검은색이다. **3** 등지느러미는 눈 앞 가장자리 위쪽에서 시작되어 꼬리지느러미에 이른다.

형태 특성

몸길이 약 30㎝이다.
체색과 무늬 전체적으로 연한 갈색이나 진회색이고, 지느러미를 제외한 몸 전체에 별 모양 검은색 반점이 있다. 눈이 있는 쪽 몸통에는 작은 암갈색 반점이 산재하며, 눈이 없는 쪽은 흰색이다. 꼬리지느러미 끝부분은 검은색이다.
주요 형질 몸은 옆으로 심하게 납작하고 몸높이가 매우 높아 마름모꼴에 가깝다. 제2등지느러미 연조 수 12~13개, 뒷지느러미 연조 수 7~8개, 옆줄 비늘 수 86~92개, 새파 수 23~26개다. 눈이 몸의 오른쪽으로 치우쳤으며 입이 작고 이빨이 없다. 눈은 작지만 튀어나왔고, 두 눈 사이에 날카로운 가시가 2개 있다. 몸은 작고 둥근 비늘로 덮여 있다. 옆줄은 거의 일직선으로 가슴지느러미 부위에서도 동일한 형태다. 등지느러미는 눈 앞 가장자리 위쪽에서 시작되며 꼬리지느러미에 달한다. 꼬리지느러미는 둥글다.

생태 특성

서식지 수심 100m 미만의 모래나 개펄 바닥에 서식한다.
먹이습성 작은 연체류, 갑각류, 갯지렁이, 동물성 플랑크톤 등을 먹는다.
행동습성 산란기는 가을에서 겨울(10~3월)로 강 하구나 담수역까지 올라오며, 산란기 동안 여러 번에 걸쳐 알을 낳는다. 알에서 깬 새끼는 몸길이가 12㎜ 정도 되면 왼쪽 눈이 이동해 한쪽으로 쏠리기 시작하며, 25㎜ 정도 되면 오른쪽으로 완전히 이동한다. 서해안의 경우 가을에서 겨울에 남쪽으로 이동해 월동하고, 봄이 되면 북쪽으로 이동하는 계절 회유를 한다.

국내 분포 동해안 연안에 분포한다.
국외 분포 일본 북해도 이남, 대만, 동중국해에 분포한다.

서식특성	상류	상류/중류	중류	중류/하류	정수역	기수역
	수층종		저서종		여울-저서성종	
내성특성	민감종		중간종		내성종	
섭식특성	초식성		충식성		육식성	잡식성
관리현황	멸종위기I급	멸종위기II급		고유종	천연기념물	외래종

복어목 〉 참복과 · Tetraodontiformes 〉 Tetraodontidae

복섬
Takifugu niphobles (Jordan and Snyder, 1901)

몸은 유선형이며 머리 부분이 뭉툭하고 뒷부분은 좁다.

등에 작고 흰 원형 반점이 산재한다.

1 주둥이는 뭉툭하고 위턱과 아래턱에 강하고 납작한 이빨이 2개씩 있다. 2 꼬리지느러미는 연한 노란색을 띠며 끝이 직각이다.

형태 특성

몸길이 10~15㎝이다.

체색과 무늬 등 쪽은 암녹색 바탕에 흰색 반점이 흩어져 있고 배 쪽은 흰색이다. 등지느러미와 뒷지느러미는 흰색이고, 등 쪽에는 검은색 반점이 있다. 꼬리지느러미와 가슴지느러미는 연한 노란색을 띤다.

주요 형질 몸은 유선형으로 머리 부분은 뭉툭하고, 뒤쪽으로 갈수록 좁아지며, 꼬리 부분은 원통형이다. 등지느러미 연조 수 13~14개, 뒷지느러미 연조 수 10~12개다. 주둥이는 뭉툭하고 위턱과 아래턱에는 강하고 납작한 이빨이 2개씩 있다. 눈은 머리 가운데 윗부분에 있고 배지느러미는 없다. 등과 배 쪽에 비늘에서 변한 가시가 있어 피부가 매우 까칠하다.

생태 특성

서식지 연안에 주로 살며, 강 하구와 하류에도 진출한다.

먹이습성 유생기 때는 동물성 플랑크톤을 먹고, 다 자라면 갑각류, 갯지렁이, 작은 물고기를 먹는다.

행동습성 산란기는 5~7월이며 하구나 연안의 자갈밭에 집단으로 모여 밀물 때 암수가 뒤섞이며 자갈 위에 알을 낳는다. 모래 속에 몸을 숨기기도 하며, 위협을 감지하면 배를 크게 부풀린다. 내장에 피부에 피해를 입히는 강한 독이 있다.

국내 분포 울릉도와 제주도를 제외한 전국의 연안과 하구에 분포한다.

국외 분포 일본, 중국 동쪽 연안에 분포한다.

서식특성	상류	상류/중류	중류	중류/하류	정수역	기수역
	수층종		저서종		여울-저서성종	
내성특성	민감종		중간종		내성종	
섭식특성	초식성		충식성		육식성	잡식성
관리현황	멸종위기I급		멸종위기II급	고유종	천연기념물	외래종

복어목 〉 참복과 • Tetraodontiformes 〉 Tetraodontidae

흰점복
Takifugu poecilonotus (Temminck and Schlegel, 1850)

몸은 유선형이며, 머리 부분은 뭉툭하고 뒤쪽으로 갈수록 좁아지며, 꼬리 부분은 원통형이다.

1 머리는 뭉툭하고 흰색 반점이 산재한다. 2 꼬리지느러미 기조막은 노란색이고, 기조는 황갈색이거나 흑갈색이다. 3 몸통 상단은 바탕이 황갈색이며 크기가 다양한 반점이 산재하며 담황색을 띤다.

형태 특성

몸길이 보통 15~20cm이며, 최대 30cm까지 자란다.

체색과 무늬 등과 몸통 상단은 바탕이 황갈색이며, 크기가 다양한 흰색 반점이 산재한다. 일부는 등 쪽에 희미한 검은색 반문이 7개 있기도 하다. 꼬리지느러미의 기조막은 노란색이고, 기조는 황갈색이거나 흑갈색이다. 이 외의 지느러미는 담황색이다.

주요 형질 몸은 유선형이며 머리 부분은 뭉툭하고, 뒤쪽으로 갈수록 좁아지며, 꼬리 부분은 원통형이다. 등지느러미 연조 수 10~11개, 뒷지느러미 연조 수 11~13개다. 등 쪽과 배 쪽에는 소극이 다수 있으며 몸통에도 소극이 있어 서로 연결된다. 두골과 액골 중앙의 융기연이 전액골에 이르지 못하고 액골 사이에 도달한다.

생태 특성

서식지 대부분 연안에 서식하나, 일부는 조류가 번성하는 기수역 및 하구에 서식한다.

먹이습성 갑각류와 조개류, 오징어류, 작은 물고기를 먹는다.

행동습성 산란 및 생활사는 알려진 것이 거의 없다. 5~7월 연안과 기수의 갈조류가 있는 곳에서 산란하는 것으로 추정된다. 최대 산란 수는 10만개다. 간과 난소는 맹독성이고, 정수와 표피와 장은 장독성이며, 근육에도 약한 독이 있다.

국내 분포 동해와 남해 연안에 분포한다.

국외 분포 일본(북해도 이남)과 인도차이나 반도 주변에 분포한다.

서식특성	상류	상류/중류	중류	중류/하류	정수역	기수역
	수층종		저서종		여울-저서성종	
내성특성	민감종		중간종		내성종	
섭식특성	초식성		충식성		육식성	잡식성
관리현황	멸종위기I급	멸종위기II급		고유종	천연기념물	외래종

주요 참고 문헌

김익수, 박종영. 2002. 『(원색도감) 한국의 민물고기』. 교학사. 467 pp.

노세윤. 2009. 『민물고기 쉽게 찾기』. 진선출판사(주). 397 pp.

이완옥, 노세윤. 2007. 『(원색도감) 특징으로 보는 한반도 민물고기』. 지성사. 432 pp.

최기철, 이원규. 1994. 『우리 민물고기 백가지』. 현암사

Arai, R. and Y. Akai. 1988. *Acheilognathus melanogaster*, a senior synonym of a *A. moriokae*, with a revision of the genera of the subfamily Acheiloognathinae (Cypriniformes, Cyprinidae). Bull. nat. Sci. Mus. Tokyo, Ser. A, 14(4); 199-213

Arai, R., S. R. Jeon, and T. Ueda. 2001. Rhodeus pseudosericeus sp. nov., a new bitterling form South Korea (Cyprinidae, Acheilognathinae). Ichthyol. Res 48: 275-282.

Banarescu, P. 1992. A critical updated checklist of Gobioninae (Pisces, Cyprinidae). Trav. Mus. Hist. nat. "Grigore Antipa", 32: 303-330.

Banarescu, P. and T. T. Nalbant. 1995. A generical Classification of Nemacheilinae with description of two new genera (Teleostei: Cypriniformes: Cobitidae). Trav. Mus. Hist. nat. "Grigore Antipa" Vol. 35: 429-496.

Banarescu, P. and T.T. Nalbant. 1973. Pisces, Teleostei, Cyprinidae (Gobioninae). Das Tierrdich, Lieferung93. Walter de Gruyter, Berlin. 304 pp.

Chae, B. S. 1999. First record of Odontobutid, *Odontobutis obscura* (Pisces: Gobioidei) from Korea. Korean J. Ichthyol. 11(1): 12-16.

Chae, B. S. and H. J. Yang. 1999. *Microphysogobio rapidus*, a new species of gudgeon (Cyprinidae, Pisces) from Korea, with revised key to species of the genus Microphysogobio from Korea. Korean J. Biol. Sci. 3: 17-21.

Eschmeyer, W. N. 1998, Catalog of fishes. Vol. 3. Genera of fishes, species and Genera in a classification, literature cited and appendices. California Academy of Sciences, U.S.A. 1821-2905.

Fujii, R., Y. Choi, and M. Yabe. 2005. A new species of freshwater sculpin, *Cottus koreanus* (Pisces: Cottidae) from Korea. Species Diversity, 2005, 10: 7-17.

Holcik, J. 1986. (ed.) The freshwater fishes of Europe. Vol. 1. Part. 1. Petromyzontiformes, Aula, Wiesbaden. 313pp.

Howes, G. J. 1985. A revised synonymy of the minnow genus Phoxius Rafinesque, 1820 (Teleostei: Cyprinidae) with comments on its relationships and distribution. Bull. Br. Mus. (Nat. Hist.) Zool. V. 48(1): 57-74.

Hubb, C. L. and K. F. Lagler. 1964. Fishes of the great lakes region. The Univ. Mich. Press. xv+213.

Iwata, A. and S. R. Jeon. 1987. First record of four gobiid fishes from Korea. Kor. J. Lim. 20(1): 1-12.

Iwata, A., S. R. Jeon, N. Mizuno and K. C. Choi, 1985. A revision of the eleotrid goby genus *Odontobutis* in

Japan, Korea and China. Japan. J. Ichthyol. 31(4): 373-388.

Iwata, A., S. R. Jeon. 1987. First record of four gobiid fishes from from Korea. Kor. J. Lim. 20(1): 1-12.

Jordan, D. S. and C. W. Metz. 1913. A catalog of the fishes known from the waters of Korea. Memoirs of the Carnegie Museum. 6: 1-65. pls, 10.

Kim, I. S. and E. H. Lee. 2000. Hybridization experiment of diploid-triploid cobitid fishes, *Cobitis sinensis-longicorpa* complex (Pisces: Cobitidae). Folia Zool. 49(S1): 17-22(2000).

Kim, I. S. and H. Yang. 1998. *Acheilognathus majusculus*, a new bitterling (Pisces, Cyprinidae) from Korea, with revised key to species of the genus Acheilognathus of Korea. Korean J. Biol. Sci. 2: 27-31.

Kim, I. S. and H. Yang. 1999. A revision of the genus *Microphysogobio* in Korea with description of a new species (Cypriniformes, Cyprinidae). Kor. J. Ichthyol. 11: 1-11.

Kim, I. S. and J. Y. Park. 1997. *Iksookimia yongdokensis*, a new cobitid fish (Pisces: Cobitidae) from Korea with a key to the species of *Iksookimia*. Ichthyologicl Research. 44: 249-256.

Kim, I. S., J. Y. Park and T. T. Nalbant. 1997. Two new genera of loaches (Pisces: Cobitidae: Cobitinae) from Korea. Trav. Mus. Hist. nat. "Grigore Antipa", 37: 191-195.

Kim, I. S., J. Y. Park and T. T. Nalbant. 1999. The far east species of the genus *Cobitis* with the description of three new taxa (Pisces: Ostariophysi: cobitidae). Trav. Mus. Nus. Natl. Hist. Nat (Grigore Antipa)., 39: 373-391.

Kim, I. S., J. Y. Park and T. T. Nalbant. 2000. A new species of *Koreocobitis* from Korea with a redescription of *K. rotundicaudata*. Kor. J. Ichthyol. 12: 89-95.

Kim, I. S., J. Y. Park, Y. M. Son, and T. T. Nalbant. 2003. A review of the loaches, genus *Cobitis* (Teleostomi: Cobitidae) from Korea, with the description of a new species *Cobitis hankugensis*. Kor. J. Ichthyol. 15(1): 1-11.

Kim, I. S., M. Oh, and K. Hosoya. 2005. A new species of cyprinid fish, *Zacco koreanus* with redescription of *Z. temminckii* (Cyprinnidae) from Korea. Kor. J. Ichthyol. 17(1): 1-17.

Lee, C. L. and I. S. Kim. 1990. A taxonomic revision of the family Bagridae (Pisces: Siluriformes) from Korea. Korean J. Ichthyology. 5(1): 1-40.

Mori, T. 1935. Description of three new cyprinoids (Rhodeina) from Chosen, Japan, Zool. 47: 559-574. (In Japanese).

Mori, T. 1936. Studies on the geographical distribution of freshwater fishes in Korea. Bull. Biogeo. Soc. Jap. 6(7): 31-61.

Mori, T. 1952. Checklist of the fishes Korea. Mem. Hyogo Univ. Agr. 1(3). Biol. Ser. 1. 228pp.

Nalbant, T. T. 1963. A study of the genera of Botiinae and Cobitinae and Cobitinae (Pisces, Ostariophysi, Cobitidae). Trav. Mus. Hist. nat. "Grigore Antipa", 4: 343-379.

Nalbant, T. T. 1993. Some problems in the systematics of the genus Cobitis and its relatives (Pisces, Ostariophysi, Cobitidae). Rev. Roum. Biol. (Biol. Anim), 38(2): 101-110.

Nalbant, T. T. 1994. Studies on loaches (Pisces, Ostariophysi, Cobitidae). I. An evaluation of the valid genera of Cobitinae. Trav. Mus. Hist. nat. "Grigore Antipa", 34: 375-380.

Nelson, J. S. 1994. Fishes of the world(3th ed.). John Wiley & Sons., 523pp.

Vladykov. V. D. and E. Kott. 1982. Comment on Reeve M. Bailet's view of lamprey systematics. Can. J. Fish. Aguat. Sci., 39: 1215-1217.

사진으로 찾아보기

1. 칠성장어 *Lethenteron japonicus* 36
2. 다묵장어 *Lethenteron reissneri* 38
3. 뱀장어 *Anguilla japonica* 40
4. 웅어 *Coilia nasus* 42

5. 밴댕이 *Sardinella zunasi* 44
6. 전어 *Konosirus punctatus* 46
7. 잉어 *Cyprinus carpio* 48
8. 이스라엘잉어 *Cyprinus carpio* 50

9. 붕어 *Carassius auratus* 52
10. 떡붕어 *Carassius cuvieri* 54
11. 초어 *Ctenopharyngodon idellus* 56

12-1. 흰줄납줄개(수컷) *Rhodeus ocellatus* 58
12-2. 흰줄납줄개(암컷) *Rhodeus ocellatus* 58
13. 한강납줄개 *Rhodeus pseudosericeus* 60
14. 각시붕어 *Rhodeus uyekii* 62
15. 떡납줄갱이 *Rhodeus notatus* 64

16-1. 납자루(수컷) *Acheilognathus lanceolata* 66
16-2. 납자루(암컷) *Acheilognathus lanceolata* 66
17. 묵납자루 *Acheilognathus signifer* 68
18. 칼납자루 *Acheilognathus koreensis* 70
19. 임실납자루 *Acheilognathus somjinensis* 72

20-1. 줄납자루(수컷) *Acheilognathus yamatsuatae* 74
20-2. 줄납자루(암컷) *Acheilognathus yamatsuatae* 74
21. 큰줄납자루 *Acheilognathus majusculus* 76
22. 납지리 *Acheilognathus rhombeus* 78
23. 큰납지리 *Acanthorhodeus macropterus* 80
24. 가시납지리 *Acanthorhodeus gracilis* 82
25. 참붕어 *Pseudorasbora parva* 84
26. 돌고기 *Pungtungia herzi* 86
27. 감돌고기 *Pseudopungtungia nigra* 88
28. 가는돌고기 *Pseudopungtungia tenuicorpa* 90

29. 쉬리 *Coreoleuciscus splendidus* 92
30-1. 새미(수컷) *Ladislabia taczanowskii* 94
30-2. 새미(암컷) *Ladislabia taczanowskii* 94
31. 참중고기 *Sarcocheilichthys variegatus wakiyae* 96
32. 중고기 *Sarcocheilichthys nigripinnis morii* 98
33. 줄몰개 *Gnathopogon strigatus* 100
34. 긴몰개 *Squalidus gracilis majimae* 102
35. 몰개 *Squalidus japonicus coreanus* 104
36. 참몰개 *Squalidus chankaensis tsuchigae* 106
37. 점몰개 *Squalidus multimaculatus* 108

38. 누치 *Hemibarbus labeo* 110
39. 참마자 *Hemibarbus longirostris* 112
40. 어름치 *Hemibarbus mylodon* 114
41. 모래무지 *Pseudogobio esocinus* 116
42. 버들매치 *Abbottina rivularis* 118
43. 왜매치 *Abbottina springeri* 120
44. 꾸구리 *Gobiobotia macrocephala* 122
45. 돌상어 *Gobiobotia brevibarba* 124
46. 흰수마자 *Gobiobotia nakdongensis* 126
47. 모래주사 *Microphysogobio koreensis* 128

48. 돌마자 *Microphysogobio yaluensis* 130
49. 여울마자 *Microphysogobio rapidus* 132
50. 됭경모치 *Microphysogobio jeoni* 134
51. 배가사리 *Microphysogobio longidorsalis* 136
52. 대두어 *Aristichthys nobilis* 138
53. 황어 *Tribolodon hakonensis* 140
54. 연준모치 *Phoxinus phoxinus* 142
55. 버들치 *Rhynchocypris oxycephalus* 144
56. 버들개 *Rhynchocypris steindachneri* 146

57. 금강모치 *Rhynchocypris kumgangensis* 148
58. 버들가지 *Rhynchocypris semotilus* 150
59. 왜몰개 *Aphyocypris chinensis* 152
60. 갈겨니 *Zacco temminckii* 154
61. 참갈겨니 *Zacco koreanus* 156
62. 피라미 *Zacco platypus* 158
63. 끄리 *Opsariichthys uncirostris amurensis* 160
64. 눈불개 *Squaliobarbus curriculus* 162
65. 강준치 *Erythroculter erythropterus* 164
66. 백조어 *Culter brevicauda* 166

67. 치리 *Hemiculter eigenmanni* 168
68. 대륙종개 *Orthrias nudus* 170
69. 종개 *Orthrias toni* 172
70. 쌀미꾸리 *Lefua costata* 174
71. 미꾸리 *Misgurnus anguillicaudatus* 176
72. 미꾸라지 *Misgurnus mizolepis* 178
73. 새코미꾸리 *Koreocobitis rotundicaudata* 180
74. 얼룩새코미꾸리 *Koreocobitis naktongensis* 182
75. 참종개 *Iksookimia koreensis* 184
76. 부안종개 *Iksookimia pumila* 186

77. 미호종개 *Iksookimia choii* 188
78. 왕종개 *Iksookimia longicorpa* 190
79. 남방종개 *Iksookimia hugowolfeldi* 192
80. 동방종개 *Iksookimia yongdokensis* 194
81. 기름종개 *Cobitis hankugensis* 196
82. 점줄종개 *Cobitis lutheri* 198
83. 줄종개 *Cobitis tetralineata* 200
84. 북방종개 *Iksookimia pacifica* 202
85. 수수미꾸리 *Kichulchoia multifasciata* 204
86. 좀수수치 *Kichulchoia brevifasciata* 206

87. 동자개 *Pseudobagrus fulvidraco* 208
88. 눈동자개 *Pseudobagrus koreanus* 210
89. 꼬치동자개 *Pseudobagrus brevicorpus* 212
90. 대농갱이 *Leiocassis ussuriensis* 214
91. 밀자개 *Leiocassis nitidus* 216
92. 종어 *Leiocassis longirostris* 218
93. 메기 *Silurus asotus* 220
94. 미유기 *Silurus microdorsalis* 222
95. 자가사리 *Liobagrus mediadiposalis* 224
96. 퉁가리 *Liobagrus andersoni* 226

97. 퉁사리 *Liobagrus obesus* 228
98. 빙어 *Hypomesus nipponensis* 230
99. 은어 *Plecoglossus altivelis altivelis* 232
100. 산천어(육봉형), 송어(강해형) *Oncorhynchus masou masou* 234
101. 무지개송어 *Oncorhynchus mykiss* 236
102. 숭어 *Mugil cephalus* 238
103. 가숭어 *Chelon haematocheilus* 240
104. 송사리 *Oryzias latipes* 242
105. 대륙송사리 *Oryzias sinensis* 244
106. 학공치 *Hyporhamphus sajori* 246

107. 큰가시고기 *Gasterosteus aculeatus* 248
108. 가시고기 *Pungitius sinensis* 250
109. 잔가시고기 *Pungitius kaibarae* 252
110. 드렁허리 *Monopterus albus* 254
111. 둑중개 *Cottus koreanus* 256
112. 한둑중개 *Cottus hangiongensis* 258
113. 꺽정이 *Trachidermus fasciatus* 260
114. 농어 *Lateolabrax japonicus* 262
115. 쏘가리 *Siniperca scherzeri* 264
116. 꺽지 *Coreoperca herzi* 266

117. 꺽저기 *Coreoperca kawamebari* 268
118. 블루길 *Lepomis macrochirus* 270
119. 큰입배스 *Micropterus salmoides* 272
120. 나일틸라피아 *Oreochromis niloticus* 274
121. 주둥치 *Leiognathus nuchalis* 276
122. 강주걱양태 *Repomucenus olidus* 278
123. 동사리 *Odontobutis platycephala* 280
124. 얼룩동사리 *Odontobutis interrupta* 282
125. 남방동사리 *Odontobutis obscura* 284
126. 좀구굴치 *Micropercops swinhonis* 286

127-1. 날망둑(수컷) *Gymnogobius castaneus* 288
127-2. 날망둑(암컷) *Gymnogobius castaneus* 288
128. 꾹저구 *Gymnogobius urotaenia* 290
129. 문절망둑 *Acanthogobius flavimanus* 292
130. 흰발망둑 *Acanthogobius lactipes* 294

131. 풀망둑 *Synechogobius hasta* 296
132. 갈문망둑 *Rhinogobius giurinus* 298
133. 밀어 *Rhinogobius brunneus* 300
134. 민물두줄망둑 *Tridentiger bifasciatus* 302
135. 검정망둑 *Tridentiger obscurus* 304

136. 민물검정망둑 *Tridentiger brevispinis* 306
137. 날개망둑 *Favonigobius gymnauchen* 308
138. 모치망둑 *Mugilogobius abei* 310
139. 짱뚱어 *Boleophthalmus pectinirostris* 312
140. 말뚝망둥어 *Periophthalmus modestus* 314
141. 큰볏말뚝망둥어 *Periophthalmus magnuspinnatus* 316
142. 미끈망둑 *Luciogobius guttatus* 318
143. 사백어 *Leucopsarion petersii* 320
144. 개소갱 *Odontamblyopus lacepedii* 322
145. 버들붕어 *Macropodus ocellatus* 324

146

147

148

149

146. 가물치 *Channa argus* 326
147. 도다리 *Pleuronichthys cornutus* 328
148. 복섬 *Takifugu niphobles* 330
149. 흰점복 *Takifugu poecilonotus* 332

국명 찾아보기

가는돌고기 90
가물치 326
가숭어 240
가시고기 250
가시납지리 82
각시붕어 62
갈겨니 154
갈문망둑 298
감돌고기 88
강주걱양태 278
강준치 164
개소겡 322
검정망둑 304
금강모치 148
기름종개 196
긴몰개 102
꺽저기 268
꺽정이 260
꺽지 266
꼬치동자개 212
꾸구리 122
꾹저구 290
끄리 160
나일틸라피아 274
날개망둑 308
날망둑 288
남방동사리 284
남방종개 192
납자루 66
납지리 78

농어 262
누치 110
눈동자개 210
눈불개 162
다묵장어 38
대농갱이 214
대두어 138
대륙송사리 244
대륙종개 170
도다리 328
돌고기 86
돌마자 130
돌상어 124
동방종개 194
동사리 280
동자개 208
됭경모치 134
둑중개 256
드렁허리 254
떡납줄갱이 64
떡붕어 54
말뚝망둥어 314
메기 220
모래무지 116
모래주사 128
모치망둑 310
몰개 104
무지개송어 236
묵납자루 68
문절망둑 292
미꾸라지 178
미꾸리 176

미끈망둑 318
미유기 222
미호종개 188
민물검정망둑 306
민물두줄망둑 302
밀어 300
밀자개 216
배가사리 136
백조어 166
밴댕이 44
뱀장어 40
버들가지 150
버들개 146
버들매치 118
버들붕어 324
버들치 144
복섬 330
부안종개 186
북방종개 202
붕어 52
블루길 270
빙어 230
사백어 320
산천어(육봉형) 234
새미 94
새코미꾸리 180
송사리 242
송어(강해형) 234
수수미꾸리 204
숭어 238
쉬리 92
쌀미꾸리 174

355

쏘가리 264
어름치 114
얼룩동사리 282
얼룩새코미꾸리 182
여울마자 132
연준모치 142
왕종개 190
왜매치 120
왜몰개 152
웅어 42
은어 232
이스라엘잉어 50
임실납자루 72
잉어 48
자가사리 224
잔가시고기 252
전어 46
점몰개 108
점줄종개 198
좀구굴치 286
좀수수치 206
종개 172
종어 218
주둥치 276
줄납자루 74
줄몰개 100
줄종개 200
중고기 98
짱둥어 312
참갈겨니 156
참마자 112
참몰개 106

참붕어 84
참종개 184
참중고기 96
초어 56
치리 168
칠성장어 36
칼납자루 70
큰가시고기 248
큰납지리 80
큰볏말뚝망둥어 316
큰입배스 272
큰줄납자루 76
퉁가리 226
퉁사리 228
풀망둑 296
피라미 158
학공치 246
한강납줄개 60
한둑중개 258
황어 140
흰발망둑 294
흰수마자 126
흰점복 332
흰줄납줄개 58

학명 찾아보기

Abbottina rivularis 118
Abbottina springeri 120
Acanthogobius flavimanus 292
Acanthogobius lactipes 294
Acanthorhodeus gracilis 82
Acanthorhodeus macropterus 80
Acheilognathus koreensis 70
Acheilognathus lanceolata 66
Acheilognathus majusculus 76
Acheilognathus rhombeus 78
Acheilognathus signifer 68
Acheilognathus somjinensis 72
Acheilognathus yamatsuatae 74
Anguilla japonica 40
Aphyocypris chinensis 152
Aristichthys nobilis 138
Boleophthalmus pectinirostris 312
Carassius auratus 52
Carassius cuvieri 54
Channa argus 326
Chelon haematocheilus 240
Cobitis hankugensis 196
Cobitis lutheri 198
Cobitis tetralineata 200
Coilia nasus 42
Coreoleuciscus splendidus 92
Coreoperca herzi 266
Coreoperca kawamebari 268
Cottus hangiongensis 258
Cottus koreanus 256

Ctenopharyngodon idellus 56
Culter brevicauda 166
Cyprinus carpio 48
Cyprinus carpio 50
Erythroculter erythropterus 164
Favonigobius gymnauchen 308
Gasterosteus aculeatus 248
Gnathopogon strigatus 100
Gobiobotia brevibarba 124
Gobiobotia macrocephala 122
Gobiobotia nakdongensis 126
Gymnogobius castaneus 288
Gymnogobius urotaenia 290
Hemibarbus labeo 110
Hemibarbus longirostris 112
Hemibarbus mylodon 114
Hemiculter eigenmanni 168
Hypomesus nipponensis 230
Hyporhamphus sajori 246
Iksookimia choii 188
Iksookimia hugowolfeldi 192
Iksookimia koreensis 184
Iksookimia longicorpa 190
Iksookimia pacifica 202
Iksookimia pumila 186
Iksookimia yongdokensis 194
Kichulchoia brevifasciata 206
Kichulchoia multifasciata 204
Konosirus punctatus 46
Koreocobitis naktongensis 182
Koreocobitis rotundicaudata 180
Ladislabia taczanowskii 94

Lateolabrax japonicus 262
Lefua costata 174
Leiocassis longirostris 218
Leiocassis nitidus 216
Leiocassis ussuriensis 214
Leiognathus nuchalis 276
Lepomis macrochirus 270
Lethenteron japonicus 36
Lethenteron reissneri 38
Leucopsarion petersii 320
Liobagrus andersoni 226
Liobagrus mediadiposalis 224
Liobagrus obesus 228
Luciogobius guttatus 318
Macropodus ocellatus 324
Micropercops swinhonis 286
Microphysogobio jeoni 134
Microphysogobio koreensis 128
Microphysogobio longidorsalis 136
Microphysogobio rapidus 132
Microphysogobio yaluensis 130
Micropterus salmoides 272
Misgurnus anguillicaudatus 176
Misgurnus mizolepis 178
Monopterus albus 254
Mugil cephalus 238
Mugilogobius abei 310
Odontamblyopus lacepedii 322
Odontobutis interrupta 282
Odontobutis obscura 284
Odontobutis platycephala 280
Oncorhynchus masou masou 234

Oncorhynchus myskiss 236
Opsariichthys uncirostris amurensis 160
Oreochromis niloticus 274
Orthrias nudus 170
Orthrias toni 172
Oryzias latipes 242
Oryzias sinensis 244
Periophthalmus magnuspinnatus 316
Periophthalmus modestus 314
Phoxinus phoxinus 142
Plecoglossus altivelis altivelis 232
Pleuronichthys cornutus 328
Pseudobagrus brevicorpus 212
Pseudobagrus fulvidraco 208
Pseudobagrus koreanus 210
Pseudogobio esocinus 116
Pseudopungtungia nigra 88
Pseudopungtungia tenuicorpa 90
Pseudorasbora parva 84
Pungitius kaibarae 252
Pungitius sinensis 250
Pungtungia herzi 86
Repomucenus olidus 278
Rhinogobius brunneus 300
Rhinogobius giurinus 298
Rhodeus notatus 64
Rhodeus ocellatus 58
Rhodeus pseudosericeus 60
Rhodeus uyekii 62
Rhynchocypris kumgangensis 148
Rhynchocypris oxycephalus 144
Rhynchocypris semotilus 150

Rhynchocypris steindachneri **146**

Sarcocheilichthys nigripinnis morii **98**

Sarcocheilichthys variegatus wakiyae **96**

Sardinella zunasi **44**

Silurus asotus **220**

Silurus microdorsalis **222**

Siniperca scherzeri **264**

Squalidus chankaensis tsuchigae **106**

Squalidus gracilis majimae **102**

Squalidus japonicus coreanus **104**

Squalidus multimaculatus **108**

Squaliobarbus curriculus **162**

Synechogobius hasta **296**

Takifugu niphobles **330**

Takifugu poecilonotus **332**

Trachidermus fasciatus **260**

Tribolodon hakonensis **140**

Tridentiger bifasciatus **302**

Tridentiger brevispinis **306**

Tridentiger obscurus **304**

Zacco koreanus **156**

Zacco platypus **158**

Zacco temminckii **154**